U0589749

小故事
GREAT INSPIRATION IN LITTLE STORIES
大启迪

图书代号： SK13N0679

图书在版编目（CIP）数据

小故事 大启迪 / 东方笑主编.—西安：陕西师范大学出版总社有限公司，2005.6（2013.7 重印）

ISBN 978-7-5613-2464-6

Ⅰ. ①小… Ⅱ. ①东… Ⅲ. ①人生哲学—通俗读物 Ⅳ. ①B821—49

中国版本图书馆CIP数据核字(2013)第116881号

小故事 大启迪

东方笑 主编

责任编辑：周 宏

版型设计：赵芝英

出版发行：陕西师范大学出版总社有限公司

（西安市长安南路199号 邮编 710062）

网 址：http//www.snupg.com

经 销：新华书店

印 刷：北京中印联印务有限公司

开 本：787mm×1092mm 1/16

印 张：24

字 数：334千字

版 次：2005年6月第1版

印 次：2013年7月第2次印刷

书 号：ISBN 978-7-5613-2464-6

定 价：39.80元

读者购书、书店添货或发现印装问题，请与营销部联系、调换。

电话：（029）85307864 85303629 传真：（029）85303879

目 录

第二篇　爱在左右

第三篇　瞬间永恒

第四篇　达观处世

第五篇　自求多福

第六篇　迷悟之间

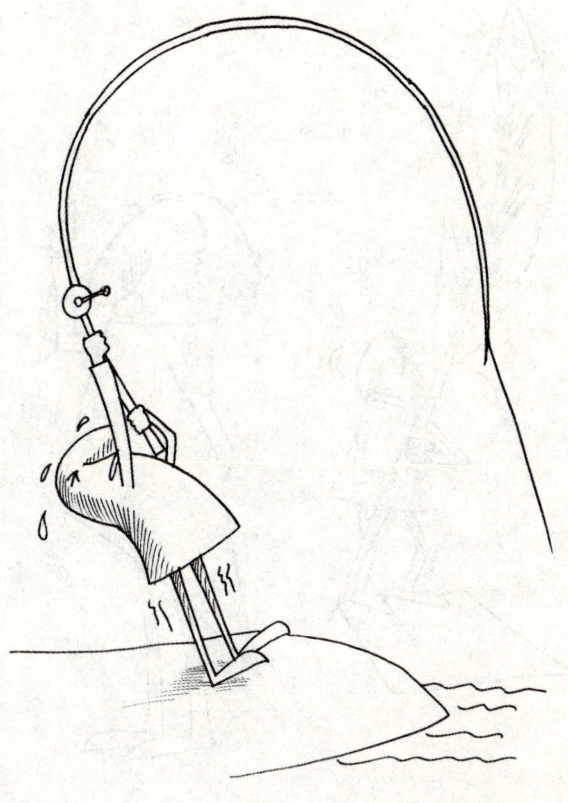

第七篇　事在人为

第八篇　认识自己

第九篇　财智人生

第一篇

情满人间

1. 爱的觉悟

你问我爱是什么？爱是笼罩在晨雾中的一颗星。

——海涅

近来，格瓦在教12岁的女儿学用假蝇饵垂钓。这通常既有趣又安全，不过也有麻烦的时候，比如对付涨潮和急流，格瓦教女儿时一点也不敢掉以轻心。

早春时节，格瓦最中意的那片水塘便开始有蜉蝣出现。这种小昆虫身体略呈紫红，正如树木开始长出嫩叶前那种特有的赭色。为把这种颜色掺入人造蝇饵，格瓦在用来充作蝇体的仿狐皮中加进一点紫毛。不久，格瓦又拿些澳大利亚袋貂皮，取一块放在锅里染色。染的时候，格瓦站在锅的一边，女儿站在另一边。她突然问："爱的滋味是怎么样的？"口气坦诚率真，宛若在问他水里什么时候会有白色的蜉蝣。他俩透过锅里腾起的紫色雾气相互对视着。"有各种各样的爱。"他回答。

"比如说？"

"嗯，你可能会热恋。"格瓦说。女儿望着格瓦，似乎在玩味这话的意思。

"另外，"格瓦接着说，"还有别的爱。你可以爱朋友。你会同某人结婚，白头50年，到那时候，你的感情与求爱之初大不一样，它会变得更强烈。爱的种类多着呢！"

“哪种最好？”

格瓦看看锅里，沸滚中微微起伏的紫色表面结了一层蛛网似的泡沫。格瓦用长叉把毛皮从锅底捞起。染液流下，滴回锅里，这声音似乎代表了他对往事的回忆和女儿对未来期望的绝妙结合。

“我喜欢那种历久不渝的爱。”格瓦说，“不过，你喜欢哪种该由你自己决定。”

“我们春天去钓鱼，是吗？”

“当然，”我说，“去的，一定去，宝贝儿。”

一场关于爱的讨论就这样微妙地同捕钓鳟鱼混为一体，给格瓦留下许多问号。格瓦告诉了女儿蜉蝣和五彩虹鳟的习性，但格瓦真正想要向她传达的是什么呢？

一次，当格瓦想起常去垂钓的那个狭长池塘时，答案豁然出现了。池塘边有棵苹果树，到蜉蝣开始出没的季节，树上的花朵倒映在水面上。鱼儿浮上来找食，使池水泛起阵阵涟漪，有时则跃出水面溅起水花。格瓦于是投下蝇饵，在那些有鱼浮上的地点垂钓。

在这个特别心爱的地方，格瓦度过了许多个愉快的下午。格瓦仿佛是存在于时光之外，但同时又会产生某种回忆，以及一些穿透人内心的亲切感。说格瓦此刻心境悠然自得，倒不如说他身心舒畅，生气蓬勃，满怀兴奋。他虽是孑然一人，却绝不孤独。

他想，他试图传达给女儿的正是这么一个时刻。但愿有朝一日，当她站在这同一池塘边抛下钓绳时，也会想起父女一起染毛皮、一起讨论爱情的夜晚。

大启迪：父亲给女儿上了一堂有关爱的教育课，可实际上他很难准确地评论爱。后来他才发现（我们常常有这个时刻），爱其实就蕴藏在一个个幸福的时刻里，好好享受这些时刻吧，你会对爱有新的觉悟。

2. 美金中的爱

生活中有些东西是可以用金钱来买卖的，但还有一些东西是永远无法用金钱来衡量的。

——拉罗什富科

一位父亲下班回到家已经很晚了，很累并有点烦，发现他5岁的儿子靠在门旁等他。

“我可以问你一个问题吗？”儿子问。

“什么问题？”

“爸爸，你1小时可以赚多少钱？”

“这与你无关，你为什么问这个问题？”父亲生气地说。

“我只是想知道，请告诉我，你1小时赚多少钱？”儿子哀求着。

“假如你一定要知道的话，我1小时赚20美元。”

“喔，”小孩低下了头，接着又说，“爸爸，可以借我10美元吗？”

父亲发怒了：“如果你问这问题只是要借钱去买毫无意义的玩具的话，给我回到你的房间并上床。好好想想为什么你会那么自私。我每天长时间地辛苦劳作，没时间和你玩小孩子的游戏。”

儿子安静地回到自己的房间并关上门。

父亲坐下来还生气。大约一小时后，他平静下来了，开始想他可能对孩子太凶了——或许孩子真的很想买什么东西，再说他平时很少要过钱。

父亲走进儿子的房间："你睡了吗？"

"爸爸，还没。我还醒着。"儿子回答。

"我刚才可能对你太凶了，"父亲说，"我将今天的气都爆发出来了——这是你要的10美金。"

"爸爸，谢谢你。"儿子欢叫着从枕头下拿出一些被弄皱的钞票，慢慢地数着。

"为什么你已经有钱了还要？"父亲生气地说。

"因为这之前还不够，但我现在足够了。"小孩回答，"爸，我现在有20美元了，我可以向你买一个小时的时间吗？明天请早一点回家——我想和你一起吃晚餐。"

大启迪：时间可以换取金钱，也可以换取家庭的亲情和快乐。给家庭挤出些时间吧，因为有些东西是金钱买不到的。不要把时间都用在其它事情上，爱永远是无法用金钱来估量的。

3. 爱你的亲人

爱我们身边所有的人，因为爱是人类延续的一大原因。

——贝特曼

一个非洲裔美籍家庭，他们的父亲去世了，家人们从父亲的人寿

保险中获得了一万美元。

母亲认为这笔遗产是个大好机会，可以让全家搬离哈林贫民区，住进乡间一栋有园子可种花的房子。

聪明的女儿则想利用这笔钱去实现念医学院的梦想。

然而大儿子提出一个难以拒绝的要求。他希望获得这笔钱，好让他和“朋友”一起开创事业。他告诉家人，这笔钱可以使他功成名就，并让家人生活好转。他答应只要取得这笔钱，他将补偿家人多年来忍受的贫困。母亲虽感到不妥，还是把钱交给了儿子。她承认他从未有过这样的机会，他配获得这笔钱的使用权。然而，他的“朋友”很快带着钱逃之夭夭。失望的儿子只好带着坏消息，告诉家人未来的理想已被偷窃，美好生活的梦想也成为过去。

妹妹用各种难听的话讥讽他，用每一个想得出来的字眼来责骂他。她对兄长生出无限的鄙视。

当她骂得差不多时，母亲插嘴说：“我曾教你要爱他。”

女儿说：“爱他？他已没有可爱之处。”

母亲回答：“总有可爱之处。你若不学会这一点，就什么也学不会。你为他掉过眼泪吗？我不是说为了一家人失去了那笔钱，而是为他，为他所经历的一切及他的遭遇。孩子，你想什么时候最应该去爱人：当他们把事情做好，让人感到舒畅的时候？若是那样，你还没有学会，因为那还不是时候。不，应当在他们最消沉，不再信任自己，受尽环境折磨的时候。孩子，衡量别人时，要用中肯的态度，要明白他走过了多少高山低谷，才成为这样的人。”

大启迪：有人问，世间最有力量的是什么？那是爱！爱是人性中最耀眼的光芒无情的嘲讽和尖刻的指责，不能救赎任何人的罪过，而爱却让我们审视我们的内心。

4. 天堂的玫瑰

在人类一切感情中，只有一种是不需要任何理由的，这就是爱。

——靳凡

罗丝最喜欢红玫瑰，她的名字也是玫瑰的意思。每一年，丈夫都会送给她一些玫瑰花，花上系着漂亮的丝带。这一年，她丈夫去世了，玫瑰花依然送到了她的门前，卡片上仍然像从前一样写着："做我的妻子吧！"

她丈夫年年给她送花，每一次他都写着这样的话："对你的爱今朝更胜往年，时光流转爱你越来越多。"她想，今年的玫瑰一定是丈夫提前预定的。以后再也不会有玫瑰花了。一想到这些，罗丝禁不住泪如泉涌。

她心爱的丈夫并不知道自己会如此逝去。他总是喜欢把事情提前安排妥当，以往即使再忙的时候，凡事仍能从容办好。

罗丝修剪了玫瑰，把花插进一只很特别的花瓶里，花瓶旁摆放着丈夫满面笑容的遗像，她在丈夫心爱的椅子里一坐就是几个小时，伴着玫瑰花，痴望着他的相片，沉浸在美好的回忆中。

一年过去了，失去了丈夫的日子使她觉得十分难熬，孤独和寂寞占据了她的生命。让她做梦也想不到的是：情人节前夕，门铃响了，有人送来了玫瑰花。

她把花拿进来，心中非常惊讶。是谁在恶作剧，为什么要惹她痛苦？于是她打电话给花店。

店主向她解释说："我知道您的丈夫一年前去世了，也知道您会打电话来询问究竟。您今天收到的花，是您丈夫提前预购的。您丈夫总是提前做好计划，万无一失。他预付了货款，委托我们每年送花给您。去年他还写了一张特别的小卡片，嘱咐说如果他不在了，卡片就在第二年送给你。"她谢过店主，挂上了电话，泪水涌流而下。手指不住地颤抖着，慢慢地打开了附在玫瑰花上的卡片。

卡片里是一张他写给她的便条。她静静地看着："你好吗，我的妻子？我知道我已经去世一年了，我希望挺过一年你没有受太多的苦。我知道你一定很孤单，很痛苦。我们的爱曾使生活里的一切如此美好，我爱你千言万语说不尽，你是完美的妻子，是我的朋友和情人，让我心满意足。时光只过去了一年，请不要悲伤，我要你即使是流泪的时候也是幸福的，这就是为什么玫瑰花将会年年送来给你。当你收到玫瑰的时候，想想所有的快乐吧，我们曾经是多么幸福啊。我的妻子，你一定要好好地活着啊。请……珍惜生命，追寻幸福吧。我知道那不容易，但是你一定要想想办法。玫瑰花每年都会如期而至，除非你不再应门，花店才会停止送花。那一天，花店的伙计会上门来访5次，以防你只是出门去了。但是，访问过5次之后，他就可以确认：这些花该送到另一处我指示给他的地方——我们重逢相聚的地方。"

大启迪：假如有人对你说："我永远爱你。"你是否会相信呢？我们没有什么理由不相信。无论将来变成怎样，我们会愿意相信这个承诺，会把这份承诺变成永远。也许明天的爱不复炽热，以后的日子归于平淡，但我们相信，远方有个人在为我们守候，期限是，一万年。

5. 平凡的真爱

真正的爱常常隐藏在平凡的地方，只要我们认真观察，一定会发现生活中充满了爱。

——唐纳

玛丽莲不止一次想象过他们的银婚典礼：在一个用鲜花装饰着的白色帐篷里，有一个6人管弦乐队；几百个客人拥挤在帐篷内外，丈夫和她交换着钻石手镯；乐队奏起乐曲，他俩摇摇摆摆地跳着舞；然后，爬上游船，打开香槟酒，泪水涟涟的儿女们在码头上向他们挥手……

而实际情况呢？孩子们把两个汉堡包和几个热狗扔在烤架上，扔得乱七八糟的食品等着他们去收拾，桌子上是他们互赠的礼物：一件看起来什么人都能穿的浴衣，一瓶带喷嘴的淋浴剂。

25年了。玛丽莲时时感到，她和丈夫几乎成了一个人：思想、经历、观点和处理事情的办法已经完全融为一体。

有时玛丽莲会奇怪，在这25年间，她究竟都为他做了些什么，而他又做了什么，让他们互相不能割舍？他不是个兴趣广泛的人，只是偶尔和不多的好友一起散散步，钓钓鱼，她也不是一个脾气温顺的女人，每一个或者两个星期中都要有一把把蔬菜扔到他身上，怒气冲冲地告诉他，她不喜欢总吃同样的食品。现在，她第一次想到，他是否知道她有什么烦恼，是否想过什么办法为她解忧？

丈夫从烤架上拿起最后一个汉堡包，问玛丽莲想不想吃。

“你知道，理查德给利丝买了一枚贵重的钻戒，她给他买了一件长毛皮大衣。”玛丽莲说。

“住在这么热的地方，毛皮大衣有什么用？”他笑着回答。

他开始收拾东西。玛丽莲看着他。

他们一起经历了两次经济危机，3次流产，住过5所房子，养育了3个孩子，用过9辆汽车，有23件家具，度过7次旅行假期，换过12种工作，共有19个银行存折和3张信用卡。

玛丽莲给他剪头发，掖好过33 488次右边的衬衣领子；玛丽莲每次怀孕时，他就给玛丽莲洗脚；有18 675次在玛丽莲用完车后，他把车子停到它该停的地方。

他们共用牙膏、橱柜，共有账单和亲戚，同时，他们也相互分享友情和信任……难道这就是他们在一起生活了25年的一切？

丈夫走过来，对玛丽莲说：“我给你准备了一件礼物。”

“什么？”玛丽莲惊喜地问。

“闭上你的眼睛。”

当玛丽莲睁开眼睛时，只见他捧着一棵养在泡菜坛子里的椰菜花。

“我一直偷偷地养着它，叫孩子们看见，就该把它毁了。”他乐滋滋地说，“我知道你喜欢椰菜花。”

大启迪：也许，爱情就藏在这些琐碎、简单的事情之中。生活中到处充满爱，学会从琐碎、平常的事情中去发掘你的爱，你会找到爱的真谛。爱就是从细微中体会出来的滋味。真正的爱永远经得起时间的考验。

6. 向妻子道歉

有时候，我们说了不该说的话，做了不该做的事，那么接下来，我们就应该去说该说的话，去做该做的事。

——罗曼·罗兰

下班已经三个多小时了，可瑞艾还没有等到客户预约的电话。心里正烦躁的时候，听到了电话铃声。

瑞艾满怀期待地抓起话筒，听到的却是妻子不耐烦的声音："你在干什么？都几点了？你知不知道今晚我们请客？我忙晕了头却没有人来帮我？"

听到她的抱怨，瑞艾更不耐烦地答道："芭芭拉，我早跟你说过，最近我很忙，叫你不要请客人到家里来吃饭，你偏不听！你看，你不听我的话，现在还怪我，你自己去收拾局面吧，不知道我现在正忙着呢？不跟你多说了，我还要等客户的电话呢。"

瑞艾怒气冲冲地挂上电话，却突然意识到，瑞艾刚才对芭芭拉的回答，完全是无意识的消极被动回应。她的抱怨合情合理：丈夫不在家，妻子一个人在厨房里忙得昏天黑地，客人晾在一边无人招呼。瑞艾不但不体谅她，反而做出更鲁莽的回答。

瑞艾就这样在自责中继续等着那该死的客户电话。

瑞艾不想破坏他与妻子之间那美好的感情，可瑞艾却没有体谅她，没有耐心，没有了解她，在压力下大发脾气。瑞艾错误的原因在于瑞艾习惯地根据那一刻的感受，想也没想，说了不该说的话，瑞艾陷入了当时情况所导致的极坏情绪中。

瑞艾再也不能深陷这种情绪中，再做出不该做的事。

好在客户的电话终于等到了，办完了事，已是深夜12点。

瑞艾顺便在夜市买了一枝玫瑰，回家送给怒气未消的妻子，真诚地向她道歉："芭芭拉，都怪我太耍小孩子脾气，太不谅解你了。其实你是多么需要我的帮助？"

妻子破涕为笑，接过玫瑰对瑞艾说："嗨，都怪我不好！"

大启迪：爱是需要彼此牺牲的……片面的牺牲只能造成片面的爱，夫妻之间更需要相互的理解，不断沟通，只有这样才能相扶相持、白头偕老。

7. 没有上锁的门

世界上任何一种爱都没有母爱那样无私，母爱是人类情感中最高贵的真爱。

——罗兰德

在苏格兰的格拉斯哥，一个小女孩像今天许多年轻人一样，厌倦了枯燥的家庭生活和父母的管制。

她离开了家，决心要做世界名人。可不久，在经历多次挫折打击后，她日渐沉沦，最终走上街头，开始出卖肉体。

许多年过去了，她的父亲死了，母亲也老了，可她仍在泥沼中醉生梦死。

这期间，母女从没有任何联系。可当母亲听说女儿的下落后，就不辞辛苦地找遍全城的每个街区，每条街道。她每到一个收容所，都哀求道："请让我把这幅画挂在这儿，行吗？"画上是一位面带微笑、满头白发的母亲，下面有一行手写的字："我仍然爱着你……快回家！"几个月后，这个女孩子懒洋洋地晃进一家收容所，那儿，等着她的是一份免费午餐。她排着队，心不在焉，双眼漫无目的地从告示栏里随意扫过。就在那一瞬，她看到一张熟悉的面孔："那会是我的母亲吗？"

她挤出人群，上前观看。不错！那就是她的母亲，底下有行字："我仍然爱着你……快回家！"

她站在那里，泣不成声。这会是真的吗？这时，天已黑了下来，但她不顾一切地向家奔去。当她赶到家的时候，已经是凌晨了。

站在门口，任性的女儿迟疑了一下，该不该进去？终于她敲响了门，奇怪！门自己开了，怎么没锁？不好！一定是有贼闯了进来。记挂着母亲的安危，她三步并作两步冲进卧室，却发现母亲正安然地睡觉。她把母亲摇醒，喊道："是我！是我！女儿回来了！"

母亲不敢相信自己的眼睛。她擦干眼泪，果真是女儿。娘儿俩紧紧地抱在一起，女儿问："门怎么没有锁？我还以为有贼闯了进来。"

母亲柔柔地说："自打你离家后，这扇门就再也没有上过锁。"

大启迪：母爱是最伟大的，它没有任何附加条件，无论你优秀还是普通，甚至是……母爱之门永不会关闭，它时刻向每一个子女敞开着，母爱永远是儿女最温暖的亲吻。

8. 街对面的真心

没有什么东西比爱更能治疗那些伴随灾难而来的痛苦。

——惠特曼

当那个漂亮迷人的女人拄着一根盲杖小心翼翼地上车时，全车的乘客都对她报以同情的目光。她把车钱付给司机，摸索着走到司机留给她的座位，然后坐下来，将公文包放在膝盖上，那根白色的棍子就靠在她的腿边。

她是34岁的苏珊，一年前由于一次医疗上的误诊，她在突然之间失去了视力，从此被抛入黑暗、愤怒、沮丧和对自己的怜悯之中。

阴云笼罩着苏珊曾经乐观的心灵。每一天，她都在痛苦沮丧与疲惫不堪中度过，而她惟一所依靠的就是她的丈夫——马克。

马克是一位空军军官，他深深地爱着苏珊。当看到失明令苏珊那么沮丧与痛苦时，他便决心帮助妻子鼓起勇气与信心去开始新的生活。马克的军旅生涯曾训练他如何面对任何困难，但是他知道这一次却是最为困难的一场“战斗”。

最终，苏珊感到自己可以回去上班了。可她该如何到那儿去呢？她过去是乘公交车，但现在害怕一个人去。她还是如此脆弱，失明引起的怨恨还没有从心中消除。这个时候提这些，她会怎么想？

正如马克所预料的那样，苏珊害怕再搭公交车。

“我是个瞎子！”她愤怒地说，“我怎么知道自己到了哪儿？我想你是嫌我累赘了，想扔下我不管了！”

苏珊的这番话让马克的心都要碎了，但他知道什么是必须做的。他向苏珊保证每个早晨和晚上都会陪她一块乘车，接送她，直到她完全能够应付为止。

事情就按照马克所说的那样开始了。接下来的整整两个星期，马克身穿制服，每天都同苏珊一起搭车。

每天早上他们一起出发，把她送到地方以后，马克再乘出租车去自己的办公室。终于在一个星期一的早上，苏珊离家前，伸出胳膊搂住马克——她的同伴、她的丈夫、她最好的朋友。她的眼睛里充满了泪水，为马克的忠诚、耐心，以及对她的挚爱而深深感动。她对他说再见，之后——这么长时间以来——他们第一次各自走各自的。

星期一、星期二、星期三、星期四，每一天苏珊都很顺利，她以前从没感到这样好过。她成功了！她终于可以自己去上班了！

星期五早上，苏珊像往常一样坐车去上班，当她付车费时，司机说：“孩子，我好羡慕你。”

司机的话让苏珊感到纳闷，于是她反问道：“你这是什么意思？”

司机说：“你知道吗？过去几天，每个早上，在你下车时，都有一个穿一身军装，长得很帅的小伙子站在拐角对面的街上注视着你，在确定你安全地穿过街道并走进办公室以后，他会向你的方向抛一个飞吻，然后才转身离开。你真是一个幸运的女人。”

大启迪：苏珊如此的幸运，是因为他所给她的不仅仅是视力所能代替的，还有她不需要见着就能感到的珍贵的礼物——那是爱情，是爱情给她的黑暗世界带来了光明与希望。

9. 弟弟

真爱是火，可以烧掉一切虚伪。

——海明威

在劳伦成长的屋子里，在同一间房的一个角落，在同样的窗下和同样的乳黄色的墙壁旁，劳伦的弟弟奥立佛，迎面朝天在他的床上渡过了整整33个春秋。奥立佛又瞎又哑，双腿奇异地扭曲在一起，甚至没有力量抬起自己的头，当然更不能有学习任何东西的智力了。

劳伦现在已是一名英语教师，每当劳伦给学生们介绍又瞎又聋的女孩海伦·凯勒顽强生存的故事时，劳伦总要告诉他们自己的弟弟奥立佛的事。曾经有一个男孩儿举起手问："哦，德·纹克先生，你是说，他只是一株植物吗？"

"是，我想你可以把他称为一株植物，可他仍是我的弟弟奥立佛。"

劳伦母亲怀奥立佛的时候，曾被一个煤气罐里漏出的煤气熏倒，劳伦父亲把她抱出门外，才使她很快苏醒过来。

奥立佛出生后看起来十分健康、丰满、漂亮。几个月后，劳伦母亲才意识到她可爱的宝宝竟是个瞎子。后来，劳伦父亲逐渐了解到，失明仅仅是问题的一部分。

医生告诉劳伦父母，对于奥立佛他们已无能为力了，他说："你们可以把他送到慈善机构去。"

但劳伦父母坚持要带他回家并且好好爱他。

在圣诞节，他们为奥立佛包好一盒婴儿麦片，放在圣诞树下；在七月的热浪中，他们用清凉的毛巾轻抚他汗湿的面颊；在他的床头，他们请来了教父挂上他的洗礼证书……

即使在奥立佛去世后的5年里，他也一直是劳伦所遇见的最为孱弱、最为无助的人，然而他却又是最为强有力的人们中的一员。除了呼吸、睡觉和吃饭，他决不可能做任何事，但是他却肩负着爱，激励着别人洞察世界的责任。

当劳伦还是孩子的时候，劳伦母亲常说："你能看见这个世界，这难道不是一件很奇妙的事吗？"她描述着："当你走进天堂，奥立佛会扑向你，拥抱你，他会对你说：'谢谢你。'"

劳伦刚20出头时，遇上了一个女孩并堕入了情网。几个月以后，劳伦带她去见父母，劳伦问那女孩："你想看看奥立佛吗？"

"不。"她说。

不久，劳伦碰到了露易。到了该劳伦去喂奥立佛时，劳伦很为难地问露易是否愿意去看看奥立佛。

"那当然。"她回答。

劳伦坐在奥立佛的床边开始喂他，一匙，二匙。

"我能喂他吗？"露易满怀同情地问劳伦。劳伦把碗递给她……

这就是无力者独具的力量。他能使您知道该和哪个女孩结婚。如今，劳伦和露易已有三个可爱的孩子了。

大启迪：亲情可贵之处就在于它的不可改变的稳固以及那份如影随形般的牵挂和思念。有时一个亲人的存在本身就是对你的最大肯定，至于他是否健康、是否富有，并不重要。

10. 归来的浪子

真正能感动人的只有一个字，那就是——“爱”。

——培根

他们一行共六人，三个小伙子，三个姑娘，正动身去佛罗里达州的某海滨胜地度假。他们的纸袋里装着三明治和酒，在34号街他们搭上了长途汽车。纽约城阴冷的春天在他们身后悄然隐去。现在，他们渴望着金色的沙滩和滚滚的海潮。车过新泽西时，他们发现车上有个叫温葛的人像被“定身法”定住似的一动不动，一声不吭。

在几天漫长的旅途中，年轻人的热情终于感染了温葛，他开始痛苦地、缓缓地对他们说起了自己的生平。这四年他一直在纽约坐牢，而现在他正要回家去。

“您有妻子吗？”

“不知道。”

“怎么会不知道？”大家都吃了一惊。

“唉。怎么给您说呢。我在牢里写信给妻子，对她说：玛莎，如果你不能等我，我是理解你的。我说我将离家很久。要是她无法忍受，要是孩子们经常问为什么没有了爸爸——那会刺痛她的心的。那么，你可以将我忘却而另找一个丈夫。真是，她算得上是个好女人，我告诉她不用给我回信，什么都不用，而她后来也的确没给我写回信。三年半了一直音讯全无。”

“现在你在回家的路上——她也不知道吗？”

“是这么回事。”他难为情地说，“上星期，当我确知我将提前出狱时，我写信告诉她：如果她已改嫁，我能原谅她，不过要是她还是独身一人，要是她还不厌弃我，那她应该让我知道。我们一直住在布朗斯威克镇，就在贾克逊村的前一站。一进镇，就可以看到一株大橡树。我告诉她：假如她要我回家，就可以在树上挂一条黄手绢，假如她不愿我回去，那她完全可以忘记此事，见不到黄手绢，我将自奔前程——前面的路还长着呢。”

“呀，原来是这么回事！”年轻人一时不知道说些什么才好。

温葛拿出他妻子和三个孩子的照片给他们看。距布朗斯威克镇只有20公里了，年轻人赶忙坐到右边靠窗的座位上，等待那一棵大橡树扑入眼帘。而温葛心怯，他不敢再向窗外观望。他重新板起一张木然的脸，似乎正努力使自己镇静下来。

突然，晴天一声霹雳——青年们一下子都站起身，爆发出一阵欢呼！他们一个个欢喜若狂，手舞足蹈。

只有温葛不知所措，呆若木鸡。

大橡树上挂满了黄手绢，20条，30条，也许有几百条吧——好像微风中飘扬着一面面欢迎他的旗帜。在年轻人的呼喊声中，老囚犯慢慢地从座位上站起身，向车门走去，他迈出了回家的步子，腰杆挺得直直的。

大启迪：树上的黄手绢是最能够给老囚犯信心和温暖的标志，因为那是爱的象征。只有爱才能让世界更美丽，只有爱才能挽救一切，世界上最美好的莫过于真爱。多少人为爱抛弃一切，为爱魂牵梦绕。

11. 女孩的《家庭新闻》

世界上最珍贵的不是珍珠、玛瑙、钻石……而是亲人间的真情，亲情永远无法用金钱来衡量。

——伏尔泰

鲍勃因为工作关系，要阅读许多种刊物，他最喜欢的一本叫《家庭新闻》。它的主编是伊利诺斯州莱尔镇14岁的女孩希瑟·柯克。

希瑟认为她所有的亲戚都应该知道彼此的近况，因此每隔几个月，她就编一期《家庭新闻》。她母亲把它复印50份，她就把它们一一寄出。收到《家庭新闻》的亲戚有73人，分别在九个州，年龄从4岁到94岁。由于这份报，希瑟的家庭能够保持联系，这是大多数家庭都办不到的。鲍勃喜欢《家庭新闻》，是因为它温馨亲切，那上面写的都是些普通而简单的话语，但对于阅读它的人来说，却十分有用。

以下是它的一些"报道"：

"凯文参加高尔夫球比赛，在他那一组得了第一名，他开心极了！"

"麦特长出了第二颗牙。他整天在地上来回跑，到他想到的地方去。"

"奶奶、希瑟和凯文一起把落叶扫到一起，然后在后院把它们烧掉。发出很多烟，飘到了街上。"

"斯提夫买了辆新的小货车，深蓝色的，你简直可以住在里面。"

“希瑟开始编《家庭新闻》时，只有七岁。”她母亲珍妮·艾腾朵夫说，“那时我没有预料它能维持到今天。可是对她和我们家里每个人来说，这刊物显然很重要。它发扬了一种团结作用。我的小叔汤姆捐钱买邮票。叔叔法兰克从不写信给别人，但居然写信给希瑟，请她继续出报——他不可能收到比它更重要的报纸。”

希瑟不认为编这份报是苦差。

“它很有趣，”她说，“我一有时间就去拜访亲人，看有没有新鲜事，然后发表在下一期，最令我开心的事情是听到亲人说它对他们多么重要。我计划一直编下去，直到我真正老了——比方说18岁。”

大启迪：世界每天发生许多重大的新闻值得我们关心，然而亲朋之间的“小新闻”对我们更有意义。不一定非要编家庭报纸，可以打个电话、发个E-mail，亲人们之间的这种沟通交流更有益于增进感情，增进了解，加强亲人的联络。

12. 吻

伴侣间的心是相通的，爱无法被任何困境隔断。

——海明威

拉丽是护士。每天值班查病房时都会看到凯特和查尔斯夫妇二人坐在那里，腿上放着一个大大的相册，好像在追忆往事。

凯特和查尔斯形影不离，人们知道查尔斯是个坚强的人，能挺得住。可凯特却只有依靠查尔斯才能生存。

“如果先去世的是查尔斯，那凯特会怎么样呢？”人们常谈论这个问题。

晚上就寝前，拉丽总是要给病人们送去晚上服用的药。每次凯特都是穿着睡衣和拖鞋坐在椅子上等拉丽。每次都是拉丽和查尔斯看着她把药吃下。然后，查尔斯便小心翼翼地把她从椅子上扶到床上，再给她掖好被子，关掉床上灯，接着他温柔地弯下身去，两人轻轻地吻着。尔后，查尔斯轻轻地拍拍凯特的脸蛋，两人便会心地相视而笑。接着，查尔斯把凯特床边的栏杆升起，随后他便转过身去吃他自己的药。

当拉丽走到走廊时，总能听到查尔斯说：“晚安，凯特！”凯特也用同样的声调说：“晚安，查尔斯！”

拉丽休了两天班，回来上班时，听到的第一个消息是：“查尔斯昨天早上去世了，心脏病。”

人们对凯特特殊照顾了一段时间，让她在房间里吃饭，大家轮流用各种特殊的方式照料她。后来，她逐渐地又恢复了正常。每当人们经过她房间时，总会看到凯特坐在椅子上，腿上放着那个大相册，神情悲伤地瞅着相册中的查尔斯。

就寝的时候是凯特一天中最难熬的一段时光。尽管已答应了她的要求，让她搬到查尔斯的床上；尽管又常常和她在一起聊天、说笑，夜里也给她掖被子，可依然驱赶不走凯特的悲伤、寂寞与孤独。

有一次，拉丽看着她睡了一小时后才走，可当拉丽又经过她的房间时，却发现她依然睁着双眼，凝视着天花板。

几个星期过去了，情况仍没有好转。她像是烦躁，又很害怕。为什么会这样呢？为什么凯特夜里的情绪要比白天坏呢？

后来，有天晚上，拉丽又来到了凯特的房间。只见她像往常一样，木呆呆地大睁着双眼。拉丽冲动地问她：“凯特，你是怀念你那晚安前的吻？”说着拉丽俯下身去，在她那布满皱纹的脸上吻了一下。

拉丽的这一吻像是打开了阻塞她感情洪流的闸门，滚滚泪水夺眶而出。她紧紧地抓住拉丽的手，呜咽着说："查尔斯总是这样吻我的。我真想他啊！这么多年，他一直是在祝福晚安前这样吻我的。"她停了停，擦了擦眼泪又说："没有他的吻，我就睡不着啊。"

大启迪：虽然只是那普通的吻，可是其中蕴藏了多少爱又有谁能够说得清？爱情的吻是任何东西都无法替代的，只有扶持着走过的人才能够真正体会到其中所包含的爱有多重。所以，经世的爱情，胜过一生的富贵。

13．十米白色塔夫绸

伟大的爱情产生于伟大的心灵。

——莎士比亚

凯那年16岁，很幸运被一家大商店招为学徒，在妇女用料专柜干活。他的手接触过各式各样的绸料。一有空闲，凯就要望着商店里的天窗，从那儿可以看见一方小小的天。一只鸟儿忽地掠过了阴暗的天空，恰在此时，门开了，一位女顾客走了进来。她来到柜台边，凯卷着一捆料子。他打量着这位顾客。她年轻，有一张活泼可爱的面庞，双眼闪烁着探询式的目光，小嘴像一朵含苞待放娇艳欲滴的红玫瑰。

"我要一种做裙子的绸子，每走一步它都要发生响声。"

“那你最好买塔夫绸，”富有经验的凯建议道，“我们进了许多五光十色、艳丽多彩的塔夫绸。咦，那颜色要很特别吗？”

“颜色倒无所谓，只要能听到响声就行。”

这可就别出心裁了，然而凯仍很有礼貌地说：“肯定能发出响声，这正是塔夫绸的特点。”

凯顺着她的示意把一些绸料展开给她看。她放下手套，轻轻抚摸着，还把整幅的料子披在身上比试着，来回走动。

“能听见声音吗？”她问凯。

“嗯”，凯肯定地回答道，“听起来非常清晰。”

她买了10米，付款后就离开了商店。凯目送她离去。忽然，他感到商店里变得空荡荡的，连鸟儿的踪迹也不见了，那一小块天竟是那么空旷了。那些沉默的丝绸包围着他，五光十色却死气沉沉。

一双兽皮手套。凯抓起那双兽皮手套，飞奔着追上了女顾客。

“对不起，您的手套。”凯上前彬彬有礼地说。

“你真是太好了。”她看见他的面颊变得红扑扑的，眼睛在冬日的寒风中闪着光。

凯情不自禁地问：“您能告诉我，您为何偏偏要买那种有响声的料子呢？请原谅我的冒昧。”

“这是用来做结婚礼服的。”她答道，“我未婚夫是一个盲人，他虽然看不见我穿着这件礼服，但他可以听见。这样就会知道，我永远在他的身边。”

“他既然看中了你，他就不会是盲人。”凯喃喃地重复着。

大启迪：对待爱情，越来越多的年轻人习惯于将其虚拟、简化，像一碗速食面，急吐出那亘古不变的三个字。然而，爱情本身并不是一件轻松的事，而是一项沉重的工作。

14. 耳环

家庭的爱是一种温馨的爱，这种爱总在成员之间游弋。

——休谟

当时苏珊娜10岁，母亲34岁。苏珊娜想的是海边有幢房子，母亲想的是钻石耳环。苏珊娜憧憬家里仆人如云，手托银盘，以巧克力、奶油糖、冰淇淋侍候他们。母亲并不知道怎样放胆做大梦。她想的是一副每只大约有半克拉钻石的小耳环。母亲的梦先实现了。第二年她生日，父亲就买了耳环给她。父亲是警察局督察，身材魁梧，人很聪明。苏珊娜记得他不喜欢别的男人对母亲多望一眼。

只有盛装外出，母亲才戴上那副耳环。家境不宽裕的时候，她说只要有耳环，不必添新装。不大景气的那几年，情况很坏。他们虽然还不至于挨饿，可是市政府发给父亲的薪水，其中一部分是债券。耳环没有了，苏珊娜好久都不知道。耳环原来被母亲当了。

苏珊娜长大以后，母亲给苏珊娜看一张当票，说总要赎回来的。她担心忘记去付利息。有一年，她果然忘掉，耳环就此没有了。

母亲倒没有抱怨。就戴着那些一夹就行的耳环，是便宜货。苏珊娜也就忘记母亲的梦想了。他们兄妹三人都结了婚，生了孩子。岁月催人，日历一张张撕掉，好像落在草坪上的枯叶一样。

这时苏珊娜想起母亲的梦想，不觉整整过了42年。她已经76岁了，瘦瘦小小的，无复当年丰采。她说手杖是她最好的伴侣，走到哪

儿都少不了。有时孙子重孙的名字也会弄错。

四年前，苏珊娜把两老接到海滨去，苏珊娜的房子在沙丘上，不很大，是幢小房子，就在防波堤后面。没有仆役，咖啡罐里倒有奶油糖，母亲说："地方不错。真挺不错。"苏珊娜送母亲一只小丝绒盒子。她手颤抖抖地接了，笑自己紧张。

"约翰，"她喊爸爸，"来帮个忙，我手笨。"

爸爸打开盒子，告诉她耳环很漂亮。"真漂亮。"他说。

母亲吻苏珊娜，摩挲她的头发。她本来就喜欢哭。她把耳环戴好，说："你们看看，我样子怎么样？"

他们说，真漂亮。但母亲自己看不见。她已经瞎了。

大启迪：没有了温暖的亲情，茫茫人海中，人会冷得发抖。而没有了父母的爱，就算是拥有了所有的财富，你依旧感觉一贫如洗。

15．钥匙中的爱

有一种爱很伟大，因为她常在我们需要时出现。

——拉尔夫

13岁时，美莲丝发育还不成熟，长得又瘦又高，爸爸便教美莲丝如何像大姑娘一样站立、行走。17岁那年，美莲丝深深地堕入了情网。美莲丝向爸爸请教怎样在学校做一名新生。

“讲话要保持中庸。”他劝告说，“不妨跟那个小伙子谈一谈他的汽车。”美莲丝接受了他的建议，然后便是向他汇报每天的进展：“泰瑞陪我走到了我的衣帽柜！你猜发生了什么，泰瑞抓住了我的手！爸，他邀请我出去了！”

泰瑞和美莲丝的关系稳定地发展了一年多。不久爸爸开玩笑说：“我可以告诉你怎样得到一个男人，最厉害的一招就是甩了他。”

大学毕业后，美莲丝便准备展翅高飞了。美莲丝找到一份进行特殊教育的工作。学校坐落在加利福尼亚州的卡其拉。

一天，放学后美莲丝留下来重新安排教室。准备离校时，却发现大门锁了！查看每一个出口，美莲丝最后发现学校后门下面仅能勉强钻过去。美莲丝先把包塞出去，仰面躺下，慢慢地挪了出去。

美莲丝拾起包，向汽车走去，车停在楼后的一片空地上。阴森可怕的夜色笼罩了整个校园。

突然美莲丝听到人声，向四周一瞥，看到至少有八个高年级的男生正紧跟着美莲丝，离她有半个街区远。即使在暮色中，美莲丝也能看到他们那流氓团伙的标记。

美莲丝一边走，一边把手伸进包中拿钥匙串，如果美莲丝拿到钥匙，美莲丝想，她便能打开车门，躲进去……美莲丝的心怦怦地跳了起来。糟糕！我摸遍了整个包，钥匙串却不在！

“喂，咱们捉住那个女人！”一个人在喊。

“上帝，救救我。”美莲丝默默地祈祷。突然，美莲丝在包中摸到了一把松掉的钥匙，美莲丝不知道那是不是车上的，便拿了出来，紧紧地攥在手中。

美莲丝气喘吁吁地穿过草地，奔向汽车，把钥匙插了进去。正是它！美莲丝打开车门，钻进去，又锁上。这时，那帮流氓围住了车，踢车身，砸车篷。美莲丝颤抖着发动了汽车，开跑了。

后来，在校门口找到了那串钥匙。美莲丝爬出去时丢在了那儿。

当美莲丝回到公寓时，电话铃响了，是爸爸的电话，美莲丝没有

告诉她的险遇。美莲丝不想让他担心。

“噢，我忘了告诉你，”他说，“我配了额外的一把车钥匙，放在你的手提包中，——万一你会用到它。”

现在美莲丝把那把钥匙放在衣柜里，珍藏着。每当美莲丝拿起它，美莲丝便想起这些年来爸爸为她做的一切。虽然美莲丝已长大了，但美莲丝仍然期待着得到他的智慧、指导和安慰。

大启迪：有人说，父爱就像大海一样，虽然外表平静，却博大宽广，悄无声息地托起儿女的生命，让那理想的船帆顺利地驶向彼岸。有时，看似平常的普通举动，却是使奇迹发生的最大力量。

16. 真挚友情

单独一个人可能灭亡的地方，两个人一起可能得救。

——巴尔扎克

有一次，大风雪后，积雪满街，交通断绝。我们公寓大楼中的煤用完了，食品杂货店的人没货来，没有自来水，电梯也因故障而不动。从来没有交谈过的邻居们相互敲门，愿意接济食物、牛奶、唱片等等。有个人家举行舞会，使我们大家兴致热烈起来。参加舞会的人从11岁到75岁的都有，我们这才发现，大楼的管理员会弹钢琴。当时我想：如果平时能有这种友好互助的精神，那么大楼中每天的日常生活会多么精彩！

你当然在旅行时可以冷然拒人于千里之外。但是，那种态度也会使你不能享受众人之乐。你如果看不到世人的内心，你就看不到世界。打开袜盒让顾客挑选的女店员、街头值勤的警察、公共汽车司机、电梯司机、擦鞋童，他们都是有个性的人，每个人都有一个丰富的内心世界。我们大多数人总是陷入刻板的生活，每天见同样那几个人，和他们谈同样的事。其实，和陌生人谈话，特别是和不同行业的人谈话，更能给你提供新的经验和感受。乡野的农夫，偏僻地点加油站的工人，抱着孩子的极为得意的女人，全能使我衷心愉悦，觉得世界上充满了生机。

我们许多人自觉没有什么可以给人，但是我们至少可以接受别人的盛情。如果我们不是熟视无睹，而是仔细看人，我们很可能从他的眼光中看到他心有疑难。我如果看见车站上有一个女人在流泪，一个孩子眼露痛苦之色，或是一个外国人身在异乡、手足无措，而不上去询问帮助，我就不能原谅自己。

我认识的一位妇人乘火车西行，在中途一个荒野小镇停车时下车散步。这时东行的火车也抵站，两列车有很多的乘客在车站上悠闲踱步。她看到个面带笑容的男子，两人便谈起话来，一同散步，火车鸣笛催促乘客上车时，那男子说："我们也许从此不会再见面了。"他们握手道别，却登上了同一列火车！

其后许多年，他们互相通信，直到离世。两人所求的都不是恋情，而是珍贵的友情。

问问你自己：你的知己中，有几个是经过正式介绍而认识的？我记得我在一处海滩下认识的鲍尔德，就是他从水中走上来，我正要走下水去时认识的；我在纽约一家餐馆中遇到艾伯特，是他正在看一本我当时极为欣赏的书时认识的；我在峡谷遇到戈登，他初睹奇景，急欲找人一谈，就在他对我一吐为快时，我们相识了。

亿万人的情绪感觉各有不同：有的孤独，有的抱着希望，有的烦

忧沉郁。在人生的长途中，这种心情和感觉均需要伙伴，需要友情。本来是陌生人，有一个人伸出手来，就成了朋友。

大启迪：友谊来自交流。只有两个人打开心扉，交换相互的思想和感情，才会发现对方是多么独特的一个个体呀。友谊也促人成长，让你多拥有一份人生经历和感受，所以“伸出你的手，伸出我的手，我们永远是朋友”。

17．友谊与爱情

友谊与爱情像一对性格迥异的孪生姊妹，她们既相同，又不同。

——沃克

一个充满稚气的大男孩里查，与一个同样充满稚气的大女孩安妮玩得很好，两人感情很融洽。

“你们在相爱！”旁人评论说。

“是么？我们在相爱么？”他们问别人，也问自己。是的，他们弄不清自己是在与对方相爱，还是在与对方享受朋友间的友谊。于是，他们去问智者。

“告诉我们友谊与爱情的区别吧！”他们恳求道。

智者含笑看着两个年轻人，说道：“你们给我出了一个最难解的

难题。爱情和友谊像一对性格迥异的孪生姊妹，她们既相同，又不同。有时，她们很容易区分，有时却无法辨别……”

“请举例说明吧！”大男孩和大女孩说。

“她们都是人间最美好最温馨的情感。当她们给人们带来美，带来善，带来快乐时，她们无法区别；当她们遇到麻烦和波折时，反映就大不相同了。”

“比如……”男孩和女孩问。

“比如，爱情说：你是属于我一个人的；友谊却说：除了我，你还可以有她和他。”

“友谊来了，你会说：请坐请坐；爱情来了，你会拥抱着她，什么也不说。”

“爱情的利刃伤了你时，你的心一边流血，你的眼却渴望着她；友谊锋芒刺痛了你时，你会转身而去，拔去芒刺，不再理她。”

“友谊远行时，你会笑着说：祝你一路平安！爱情远行时，你会哭着说：请你不要忘了我。”

“爱情对你说：我有时是奔涌的波涛，有时是一江春水，有时又像凝结的冰；友谊对你说：我永远是艳阳照耀下的一江春水。”

“当你与爱情被追杀至绝路时，你会说，让我们一起拥抱死亡吧；当你与友谊被追杀得走投无路时，你会说：让我们各自找条生路吧。”

“当爱情遗弃了你时，你可能大醉三天，大哭三天，又大笑三天；当友谊离你而去时，你可能叹一天气，喝一天茶，又花一天的时间寻找新的友谊。”

“当爱情死亡时，你会跪在她的遗体边说，我其实已经同你一起死了；当友谊死亡之时，你会默默地为她献上一个花圈，把她的名字刻在你的心碑上，悄然而去……”

大男孩和大女孩相视而笑，他们互相问道：

“当我远行时，你是笑呢还是哭？”

大启迪：对于友谊和爱情，每个人都有自己的区分尺度，不管你是否同意智者的话，有一点是可以肯定的，那就是爱情是较友谊更为热烈，更为惟一，更为专注的情感，当你发现自己真爱上一个人，你的心里便不再容纳其它，而当他的爱逝去，你会觉得失去的是整个的世界。

18．上帝创造母亲时

人世间最无法征服的东西是挚爱的深情。

——罗伯特

仁慈的上帝一直在为创造母亲而加班工作着。在进入第6天时，天使来到上帝面前，提醒他说："您在这上面已经花费了许多不必要的时间啦。"

上帝对天使说："你看过有关这份订货的技术要求吗？"

"她必须能够经受任何荡涤，但不是塑料制品；有180个活动零件，可以任意更换；靠不加奶和糖的浓咖啡及残羹剩饭运行；具有站立起来就不会弯曲的膝部关节；拥有一种能够迅速医治创伤和疾病的亲吻，从骨折到失恋都能治愈；此外，她必须有6双手……"

天使缓缓地摇了摇头说："6双手……这怎么可能？"

"令我感到困难的却不是这些手，"上帝回答说，"而是她所必须具有的那3双眼睛。"

“可是，”天使说，“订货单上没提出这个标准……”

“是的，可她需要。”上帝点了点头说，“她需要一双能透过紧闭的房门洞察一切的眼睛，然后她才可以胸有成竹地问：‘孩子们，你们在里面干什么？’另一双眼睛将长在她的后脑勺上，用来专门看她不该看到而又必须了解的事情。当然，在前额下面她也有一双眼睛，当孩子们有了过失或麻烦时，这双眼睛能够看着他，而不必开口，就能够明确地表达出‘我理解你并且爱你’的意思。”

“这太难了，”天使劝道，“上帝啊，您该歇歇了，明天……”

“不行！”上帝打断了天使的话，“我感到我正在创造一件十分接近我自己的造物。你看，眼前的这件母亲模型，已经能够在患病时自我痊愈……能够用一磅汉堡包满足一家6口人的胃口……能把一个9岁的男孩弄到莲蓬头下淋浴……”

天使绕着母亲的模型细细地看了一遍，不由得赞叹道：“她太柔和了！”“但很坚强！”上帝激动地说，“你根本想象不出她有多么能干，也根本想象不出她有多大的忍耐力！”

“她会思考吗？”

“当然！”主说，“她还会说理，商量，妥协……”

这时，天使用手摸了摸母亲模型的脸颊，忽然说道：“这里有一个地方渗漏了。我早就说过，您赋予她的东西太多了，您不能忽略她的承受力嘛！”

上帝上前去仔细看了看，然后用手指轻轻地蘸起了那滴闪闪发光的水珠。“这不是渗漏，”上帝说，“这是一滴眼泪。”

“眼泪？”天使问，“那有什么用？”

“它能表示欢乐、悲哀、失望、怜爱、痛苦、孤独、自豪……”上帝说。

“您真行！”天使赞道。上帝的脸上露出了忧郁。

“不，”他说，“我并没有赋予她这么多功能。”

大启迪：凡俗中有千万种智慧，人们常常运用这些智慧去争取人生的成功，而真正懂智慧的人明白，一切智慧之源是爱，它超越了所有聪慧的头脑所能够驾驭的智慧，超越了智慧本身，却能创造人间奇迹。

19．一线的光芒

生与死是无法抗拒的，我们只能享受二者之间的一段时光。死亡的黑幕将衬托出生命的光彩。

——桑塔亚娜

玛丽是个14岁的女孩，一个独生女，三天前还在练习做啦啦队队长，接着就突然得了脑膜炎。现在，在一个明朗的夏日，尽管他们有的是医学本领和先进技术，她的脑子已没有了生命。她母亲——一个单亲——和她外婆，坐在她床沿，等待她咽气。

护士和艾德把病床四周的帘幕拉上，艾德又把呼吸器关掉。他们守在房间两边。那母亲抚摸孩子的头，外婆捉住她的手时，艾德则瞧着她们和那个时钟。为了某些原因，不知怎的艾德的眼泪开始滚滚而下。

艾德目睹过许多死亡，虽然艾德总是恰如其分地表示同情，但通常不会流泪。但现在，艾德发觉自己为那个殒灭了的生命而哭泣，为那母亲将会体验到的无法形容的寂寞而哭泣；为那外婆失去了再下一代而哭泣。但同时，艾德也为自己的孩子——两个健康的男孩而哭泣。艾德看着女孩死去时，艾德也哀悼她的孩子将来某日免不了的死亡。艾德现在把他们的一部分死亡铭记在心里。

垂死的儿童被切断呼吸器时，生命往往是极不愿意离去的。但这女孩的呼吸节奏却很平和地消逝。她从生到死的转变过程是安静而不干扰别人的。

后来驾车回家途中，艾德想到自己的孩子。他们前一天晚上要为艾德要摘山莓。艾德妻子曾告诉过他们艾德喜欢吃鲜山莓当早点。没有什么比它更好吃，但（像所有真正珍贵的东西一样）也没有什么比它更不经久。艾德决定停下来到店里买一套球拍和网球，以答谢他们和庆祝他们仍然健康活泼。

艾德家在乡下，四周有许多生物，所以死亡也就屡见不鲜，而对他们饲养的金丝雀来说，尤其如此。他们饲养它们是因为喜欢它们的歌声和美丽，而不是因为它们耐养。他们有个习惯：一只鸟死了之后，他们便假装把它变成星星。他们走到院子旁边，把那小鸟的身躯掷入空中，让它落在毗连的麦田里。那鸟儿毫无声息地消失在麦田里。

当晚吃饭时，他们谈到那女孩，他们那3岁的孩子问是否已把她变成星星。艾德告诉他已经把她变成星星了，等睡觉的时候会指给他看。

那天夜里，艾德梦见女孩的母亲和艾德把她带到他们的院子旁边，然后把她摇来荡去。他们把她抛到麦田里，就像抛金丝雀一样，她在半空中无声无息地消失了。

艾德霍然惊醒，挺坐在床上，然后走进孩子的房间里，亲吻他们的额头，替他们盖好被。艾德万分感激那女孩。她的死亡教导了艾德如何生活。

大启迪：生命是一个周期，有开始也有结束，不可能像星星般永恒，所以它才是那么珍贵。这位父亲也领悟到孩子们有限生命中无限爱的可贵。

20．一个家庭的遗产

没有比由生带来的死更加绚丽，没有比由死孕育的生更加高贵。

——安吉勒斯

在某种程度上，这是影响他人一生的一项决定，当这一抉择到来时，曾在丽艾父亲眼中出现的骄傲，又闪现在丽艾女儿的眼中。

丽艾永远也忘不了1965年那个炎热的夏天，妈妈突然死于一种医学上都无法解释的疾病，时年仅36岁。

当天下午，一位警官拜访了丽艾父亲，征得爸爸同意，医院将要取出妈妈的主动脉膜及眼角膜。

丽艾几乎完全被眼前这一事实击昏了，医生要解剖妈妈，把妈妈身体的一部分移到别人身上！丽艾这样想着，冲出屋子，眼泪夺眶而出。那时丽艾14岁，丽艾还不能理解为什么有人可以把丽艾深深爱戴的人割裂开来。但爸爸却对那位警官说：“好吧。”

“你怎么能让他们那样对待去世的妈妈。”丽艾冲着爸爸哭喊着，“妈妈完整地来到这个世界，也应该让她完整地离开这个世界。”

“琳达，”

爸爸用手臂环绕着丽艾，温和地对丽艾说，“你能献给人类的最好礼物就是你自己身体的一部分。你妈妈和我很早以前就决定了，如果我们死后能对别人的生活产生好的影响，那么我们的死也就有意义了。”

那天，爸爸给丽艾上的这堂课成了丽艾一生中最重要的一部分。

数年过去了，丽艾结了婚，拥有了自己的小家庭。1980年，爸爸患了严重的肺气肿，就搬过来和他们一同生活，在以后的6年里，他们花费了大量的时间探讨生与死的问题。

爸爸高兴地告诉丽艾他去世后，不管怎样都要将身体的一部分捐献出去，特别是要捐献眼睛。“视觉是我能给予别人的最好的礼物，”爸爸说，“如果能帮助一个双目失明的孩子恢复视力，使他也能像温迪那样画马，那对这个孩子来说是多么幸福和激动啊。”

温迪是丽艾的女儿，一直都在画马，还曾多次获得绘画奖。

“想像一下，如果盲童像温迪一样能够绘画，那么做父母的该多么自豪啊，”爸爸说，“如果我的眼睛能使盲人实现绘画的愿望，那么你也会感到骄傲的。”

丽艾把爸爸的话告诉了温迪，温迪的眼泪夺眶而出，她紧紧地拥抱着外祖父。她当时不过14岁——与丽艾被告知要捐献母亲器官时的年龄相同，可是他们两人又是多么不相同啊！

爸爸于1986年4月11日去世了，他们按照他生前的愿望捐献了他的眼睛。

三天后，温迪对丽艾说：“妈妈，我为你替外祖父做的这件事感到骄傲。”

“这怎么能使你骄傲呢？”丽艾问。

“您当然值得骄傲，你想过吧，什么也看不见该是多么的痛苦，我死的时候也要像外公那样把眼睛捐献出去。”

直到这时丽艾才体会到，爸爸付出的不只是眼睛，他捐献了更多的东西，那就是闪现在温迪眼睛里的骄傲。

当丽艾怀抱着温迪时，丽艾几乎不知道究竟发生了什么事，丽艾在捐献说明书上签名才不过两个星期。

丽艾那个美丽、聪明的温迪在路上骑马时，被一辆卡车撞成重伤。当丽艾看着捐献书时，温迪的话一遍又一遍地在脑子里闪现：您想过吗，什么也看不见该是多么地痛苦。

温迪去世后三个星期，我们接到一封来自俄勒冈州狮城眼库的信，信中写道：亲爱的丽艾夫人：我们想让你们知道，眼角膜移植手术获得了成功，现在两个双目失明的盲人又重见天日了，他们视觉的恢复象征着对你们的女儿的最好纪念——一个热爱生命的人分享了她的美丽。

大启迪：勇敢的人不仅要热爱生命，而且敢于直面死亡。死亡是一个人必然的归宿，那么用身体的器官去帮助活着的人，也可以看作是生命的一种延续。

21. 有人在为您加油

我们的辛勤工作不是做给他人看的，因为我们在创造自己的价值。

——达·芬奇

有一个美式足球队的球员比尔，他十分懒惰，喜欢观众的掌声与喝彩，但却懒惰到不愿意练球、也不愿意培养体力。

有一天，球队的经理拿着一封电报来找这位懒惰的比尔，他甚至懒得自己看，对球队经理说："你念给我听就好了。"

球队经理念出电报的内容，是比尔的母亲发来的电报："父亲病故，速回。"

这个懒惰的比尔登时吓呆了，马上动身赶回家里。

一段时间之后，他又回到球队上，这时他的球队正处于冠军决战的阶段，球队的球员，个个负伤累累，教练正处于无兵可用的窘境。懒惰的比尔竟然一反常态，主动向教练争取上场的机会。虽然教练信不过他，但苦于调度不开来，也只好勉为其难地让他上场比赛。

不料，这位懒惰的比尔上场后，行径大大异于往常，竟然连连得分，卖力的程度，只有"奋不顾身"四个字方足以形容他的表现，终于为他的球队赢得了最后的胜利。素来知道比尔习性的教练，在比赛过后，好奇地问他，为什么会有这么大的转变。

这位原本懒惰的杰出球员比尔，闷闷地说："我的父亲是个盲人，生前他根本看不到我的球赛；现在他在天堂，我相信他可以看到了，我不能让他失望。"

大启迪：如果人生就像一场球赛——而所有我们喜爱，以及喜爱我们的人，无时无刻不在观众席上，欣赏我们的演出，是不是我们的表现，就会更加杰出与卓越？每一个人一生当中，必定要经历失去亲人的极大悲痛，但若能像故事中的那位球员，十分清楚地知道，失去的亲人此刻正在天堂的贵宾席，聚精会神地看着我们的表现，我们就会更有力量。

第二篇

爱在左右

22．希望的播种

面对任何困难我们都不能放弃心中的希望，没有希望的人就看不到生活的远方。

——吉恩

小时候，克奇尔每年夏天都要随父母去内布拉斯加的爷爷那里。

克奇尔记忆中的爷爷是佝偻着身子，瘸了腿的老人。听爸爸说，爷爷年轻时很英俊，很能干，他做过教师，26岁时就当选为州议员了，正是事业如日中天的时候他患了病——严重的中风。

宽阔的原野，高高的草垛，哞哞的牛声，脆脆的鸟鸣，使克奇尔留连忘返。

“爷爷，我长大了也要来农场，种庄稼！”一天早上，克奇尔兴致勃勃地说出了他的愿望。

“那，你想种什么呢？”爷爷笑了。

“种西瓜。”

“唔，”爷爷棕色的眼睛快活地眨了眨，“那么让我们赶快播种吧！”

克奇尔从邻居玛丽姑姑家要来了五粒黑色的瓜籽，取来了锄头。在一橡树下，爷爷和克奇尔翻松了泥土，然后把西瓜籽撒下去。做完这一切，爷爷说：“接下去就是等待了。”

当时克奇尔并不懂“等待”是怎么回事。那个下午，克奇尔不知跑了多么趟——去看看他的西瓜地，也不知为此浇了多少次水，把西瓜地变成一片泥浆。谁知，直到傍晚，西瓜苗却连影子也没有。

晚餐桌上，克奇尔问爷爷："我都等了整整一下午了，还得等多久？"

第二天早晨，克奇尔一醒来就往瓜地跑。咦！一个大大的、滚圆滚圆的西瓜正瞅着他笑呢！克奇尔兴奋极了——他种出世界上最大的西瓜了！

稍大些，克奇尔知道这个西瓜是爷爷从家里搬到瓜地里的。尽管这样，克奇尔不认为那是一种游戏，是慈爱的爷爷哄骗孙子的把戏，那是在一个不懂事的孩子心中适时播下的一颗希望的种子。

如今，克奇尔已有了自己的孩子，事业上也有所成就。而克奇尔觉得自己乐天的性情与成功的生活是爷爷为他在橡树底下播的种子长成的——爷爷本来可以告诉他，在内布拉斯加州种不了西瓜，八月中旬也不是种瓜的时节，而且树荫下边也不宜种瓜……但是他没有这么做，而是让克奇尔实地体验了"希望"与"成功"的滋味。

大启迪：生活中，有很多事物都受到自然条件的限制，然而，给他人快乐、爱心、希望、却不受任何条件的限制，只要你愿意的话。我们要让自己的希望永远生长在沃土中，不断地成长，不要因为任何小事而放弃最纯真的梦想。

23．关爱的秘密

爱是一种付出，爱更是一种艺术，对他人的爱必须注意方式，否则爱会变成一种负担。

——阿丽达

“对不起，您能听一下这孩子的话吗？”那是阿丽达在作百货玩具柜台工人时遇到的一件一生都难以忘记的事情。

阿丽达被一位三十多岁的母亲叫住，有一位小学一年级左右的男孩子紧张地站在母亲身旁。那男孩儿像贝壳一样闭着嘴，眼睛只是向下看。他母亲以严厉的语气说：“快点，这位阿姨很忙！”

阿丽达感到空气骤然紧张起来，到底是什么事呢？她一边猜想着，一边仔细看着这母子俩。这时她发现那男孩儿手中握着什么东西，小手还有点颤抖——那是件当时很受孩子们欢迎的玩具，这种玩具每次进货都被抢购一空，而且被盗窃的数量不亚于销售量。

“怎么了，你说点什么呀！”他母亲很生气，眼眶里充满了泪水，这时男孩子已经上气不接下气地哭了。

阿丽达的心脏仿佛被猛戳了一下，阿丽达又一次面向孩子，阿丽达想她必须要听他说句话，阿丽达甚至感到这个瞬间可能会左右孩子今后的人生。

这时，他的手不自然地伸开，被揉搓得破烂的包装中露出了玩具。

“我没想拿……”他费了很大力气才说出这句话，阿丽达至今还记得，孩子最后泣不成声地说了一句：“对不起。”

母亲那时的表情难以形容，阿丽达感到她好像放心地深叹了一口气。

然后，他母亲干脆地对阿丽达说：“请叫你们负责人来，我来跟他说。”这时，阿丽达第一次懂得了母亲对孩子深深的爱和教育子女的不易，阿丽达被他母亲的行为深深地感动了。

“不用了，我收下这玩具钱，这件事就作为我们三个人的秘密吧，孩子也明白了自己做错了事，这就够了。”

阿丽达觉得自己只道出了心情的一半，阿丽达的眼泪已流到面颊。那位母亲几次向阿丽达鞠躬表示歉意的身影，阿丽达现在也忘不掉，永远也忘不掉。

大启迪：教育孩子不能光靠溺爱，没有点原则是不行的，对待原则上的错误倾向必须如此，不要把爱与溺爱混为一谈。

24. 心灵的栅栏

人与月亮的距离并不遥远，因为人与人心灵间的距离更为遥远。

——王尔德

当玛格丽特的丈夫杰瑞因脑瘤去世后，她变得异常愤怒，生活太不公平，她憎恨孤独。孀居3年，她的脸变得紧绷绷的。

一天，玛格丽特在小镇拥挤的路上开车，忽然发现一幢她喜欢的房子周围竖起一道新的栅栏。那房子已有一百多年的历史，颜色变白，有很大的门廊，过去一直隐藏在路后面。如今马路扩展，街口竖起了红绿灯，小镇已颇有些城市味，只是这座漂亮房子前的大院已被蚕食得所剩无几了。

可院子总是打扫得干干净净，上面绽开着鲜艳的花朵。玛格丽特注意到一个系着围裙、身材瘦小的女人，清扫着枯叶，侍弄鲜花，修剪草坪。

每次玛格丽特经过那房子，总要看看迅速竖立起来的栅栏。一位年老的木匠还搭建了一个玫瑰花阁架和一个凉亭，并漆成雪白色，与房子很相称。

一天，玛格丽特在路边停下车，长久地凝视着栅栏。木匠高超的手艺令她几乎流泪。玛格丽特实在不忍离去，索性熄了火，走上前去，抚摸栅栏。它们还散发着油漆味。玛格丽特看见那女人正试图开动一台割草机。

“喂！你好！”玛格丽特喊道，一边挥着手。

“嘿，亲爱的！”那女人站起身，在围裙上擦了擦手。

“我在看你的栅栏。真是太美了。”

那女人微笑道：“来门廊上坐一会吧，我告诉你栅栏的故事。”

她们走上后门台阶，那女人打开栅栏门，玛格丽特不由得欣喜万分，她终于来到这美丽房子的门廊，喝着冰茶，周围是不同寻常又赏心悦目的栅栏。

“这栅栏其实不是为我设的。”那女人直率地说道，“我独自一人生活，可有许多人到这里来，他们喜欢看到真正漂亮的东西，有些人见到这栅栏后便向我挥手，几个像你这样的人甚至走进来，坐在门廊上与我聊天。”

“可面前这条路加宽后，这儿发生了那么大的变化，你难道不介意？”

“变化是生活中的一部分，也是铸造个性的因素，亲爱的。当你不喜欢的事情发生后，你面临两个选择：要么痛苦愤懑，要么振奋前进。”

当玛格丽特起身离开时，她说："任何时候都欢迎你来做客，请别把栅栏门关上，这样看上去很友善。"

玛格丽特把门半掩住，然后启动车子。她内心深处有种新的感受，她没法用语言表达，只是感到，在她那颗愤懑之心的四周，一道坚硬的围墙轰然倒塌，取而代之的是整洁雪白的栅栏。她也打算把自家的栅栏门开着，对任何准备走近她的人表示出友善和欢迎。

大启迪：我们要时刻抓住生活中的变化，来改变自己的一生。没有变化的生活，并不一定是最好的。有些人总以为自己的生活不可改变，而从不试图改变一下自己的生活。美好的生活是靠自己努力得来的。

25．生命的平分

人间的真情是融化一切困难的烈焰，面对真情谁也无法抗拒。

——亨利

男孩迪克与他的妹妹琼相依为命。父母早逝，琼是迪克惟一的亲人。所以迪克爱琼胜过爱自己。

然而灾难再一次降临在这两个不幸的孩子身上。妹妹染上了重病，需要输血。但医院的血液太昂贵，迪克没有钱支付任何费用，尽

管医院已免去了手术费。但不输血妹妹就会死去。

作为妹妹惟一的亲人，迪克的血型与妹妹相符。

医生问迪克是否勇敢，是否有勇气承受抽血时的疼痛。迪克开始犹豫，10岁的他经过一番思考，终于点了点头。

抽血时，迪克安静地不发出一丝声响，只是向邻床上的妹妹微微笑着。手术完毕后，迪克声音颤抖地问："医生，我还能活多少时间？"

医生正想笑迪克的无知，但转念间又被迪克的勇敢震撼了：在迪克大脑中，他认为输血会失去生命。但他仍然肯输血给妹妹，在那一瞬间，迪克所作出的决定是付出一生的勇敢并下定了死亡的决心。

医生的手心渗出了汗，他握紧了迪克的手说："放心吧，你不会死的。输血不会丢掉生命。"

迪克眼中放出了光彩："真的？那我还能活多少年？"

医生微笑着，充满爱心地说："你能活到100岁，小伙子，你很健康！"

迪克高兴得又蹦又跳。他确认自己真的没事时，就又挽起了胳膊——刚才被抽血的胳膊，昂起头，郑重其事地对医生说："那就把我的血抽一半给妹妹吧，我们两个每人活50年！"

所有的人都震惊了，这不是孩子无心的承诺，这是人类最无私纯真的诺言。同别人平分生命，即使亲如父子，恩爱如夫妻，又有几人能如此快乐、如此坦诚、如此心甘情愿地说出并做到呢？

大启迪：人最伟大的精神是爱，把爱献给自己最喜欢的人是一种幸福；人最伟大的存在是生命，把生命献给自己最喜欢的人也是一种幸福。

26. 深深的体谅

善良的宽广胸怀可以使人们忘记一切世俗的恩怨，而仅剩下对他人的关心。

——沃尔特

康娜的弟弟杰恩斯是初出茅庐的画家，居住在西班牙的马约尔加岛。那是康娜母亲到西班牙看望弟弟要返回美国那天发生的事情。

一大早，母亲和弟弟气喘嘘嘘地把两个大旅行箱从那座具有200年历史的古老公寓的四楼搬下来，他们把旅行箱放在几乎无人通过的路边，坐在箱子上等出租车。

马约尔加岛不是大城市，出租车不会经常往来，当然也无法通过电话叫车，只能在路边等着。谁也不知道出租车何时能来。

康娜的弟弟因为已在岛上住了3年，很了解这种情况，所以显得坦然自在。马约尔加岛的生活与华盛顿快节奏的生活截然不同。

大约过了20分钟，从相反车道过来一辆出租车，杰恩斯立即起身招手，但他看到车内有乘客时就放下手，出租车缓缓地驶去。

然而，那辆车驶了30米左右就停住了，那位乘客下车了。

“噢，真幸运，那人在这里下车呀。”

从车内走出的是一位看起来颇有修养的老绅士。杰恩斯对这个偶然感到很高兴，并迅速把旅行箱装进车的后背箱。

坐进车后，杰恩斯告诉司机。“去机场，”并说，“我们真幸运，谢

谢你。”

司机耸了耸肩膀说：“要谢，你们就谢那位老先生吧，他是特意为你们而提前下车的。”

杰恩斯和母亲不解其意，于是司机又解释道：“那位老先生本想去更远的地方，但是看到你们后就说：‘我在这里下车，让那两位乘客上车吧。这么早拿着旅行箱站在路边，一定是去机场乘飞机的。如果是这样，肯定有时间限制。我反正没什么急事，我在这里下车，等下一辆出租车。’所以你们要谢就谢那位老先生吧。”

杰恩斯很吃惊，他恳请司机绕道去找那位老先生。当车经过老先生身边时，杰恩斯从车窗大声向那位悠然地站在路边的老先生道谢。老人微笑着说：“祝你们旅途愉快。”

后来杰恩斯在给康娜的信中这样写道：“我对他人的体谅与那位老先生相比程度完全不同。我即使体谅他人，自己在心里也会想：能做到这点就不错了……自己随意决定体谅他人的限度，我对自己感到羞耻。我现在真想成为像那位老先生那样的人，成为那种不经意之中就流露出对他人深深体谅的人。”

大启迪：我们对那些具有伟大人格的人，心中总充满了尊敬之心。其实在生活中，只要我们为他人多考虑一些，多做一些力所能及的事，我们也会成为品格高尚者。

27. 永恒的承诺

爱别人，也被别人爱，这就是一切，这是宇宙的法则，因为爱，我们才存在。

——彭沙尔

新泽西的一名矿工在下井刨煤时，一镐刨在哑炮上。哑炮响了，矿工当场被炸死。因为矿工是临时工，所以矿上只发放了一笔抚恤金，不再过问他妻子和儿子以后的生活。

悲痛的妻子在丧夫之痛后又面临着来自生活上的压力，由于她无一技之长，只好收拾行装准备回到家乡那个闭塞的小镇去。这时矿工的队长找到了她，告诉她说矿工们都不爱吃矿工餐厅做的早饭，建议她在矿工开个面包店，卖些面包，说不定可以维持生计。矿工妻子想了一想，便答应了。于是她找人帮忙，面包店就开张了。开张第一天就一下来了8个人。时间推移，买面包的人越来越多。最多时可达二三十人，但最少时却从未少过8个人，而且风霜雨雪从不间断。

时间一长，许多矿工的妻子都发现自己丈夫养成了一个雷打不动的习惯：每天下井之前必须吃一个面包。妻子们百思不得其解。

直至有一天，矿工的队长在刨煤时被哑炮炸成重伤。弥留之际，他对妻子说："我死之后，你一定要接替我每天去买一个面包。这是我们队8个兄弟的约定，自己的兄弟死了，他的老婆孩子怎么生活？咱们不帮谁帮。"

从此以后每天的早晨，在众多买面包的人群中，又多了一位女人的身影。来去匆匆的人流不断，而时光变幻之间惟一不变的是不多不少的8个人。时光飞逝，当年矿工的儿子已长大成人，而他饱经苦难的母亲两鬓花白，却依然用真诚的微笑面对着每一个前来买面包的人。那是发自内心的真诚与善良。更重要的是，前来光临面包店的人，尽管年轻的代替了年老的，女人代替了男人，但从未少过8个人。穿透十几年岁月沧桑，依然闪亮的是8颗金灿灿的爱心。

大启迪：有一种承诺可以抵达永远，用爱心支撑起来的承诺，能够穿越尘世间最昂贵的时光。圣经上说："如今常存的有信、有望、有爱，其中最大的是爱。"爱是人类所能渴望的最终极目标。

28. 共同的信赖

真正的信赖只存在于互相了解，并愿为对方不惜付出一切的人之间。

——托马斯

心理学教授恩科带着一群学生做实验。他先让同学们面朝他站成两排横队，然后，命令后一排的同学做好救助准备，待他喊了"开始"之后，前一排同学就往后一排相对位置的同学身上倒，他说："前面的同学别有顾虑，要尽力往后倒。好，开始！”

前排的同学们嘻嘻哈哈地笑着，按照恩科教授的指令，身子一点点向后倾斜，但是，大家明显地暗自掌握着身体的平衡，并不肯把好端端的自我撂倒到后面那个人的身上；后排的同学本来已经拉开了架势，预备扮演一回救人危难的英雄角色，但是，由于前面送过来的重量太轻，他们也只好扫兴地用手轻触了一下别人的衣服就算完事。

可是，这里面有个例外——一位男生在听到恩科教授的指令之后，紧紧地闭上了双眼，十分真实的向后面倒去。他的搭档是一位小巧玲珑的女生。当她感到他毫不掺假地倒过来时，先是微微一怔，接着就倾尽全力去抱住他。看得出，她有些力不自胜，但却倔强地抿了唇，誓死也要撑起他……她成功了。

恩科教授笑着去握他和她的手。告诉大家说：“他俩是这次实验中表现最为出色的人。这位男生为大家表演了‘信赖’——信赖是什么呢？信赖就是真诚地抽干心里的每一丝猜疑和顾忌，连眼睛都让它暂时歇息，百分之百地交出自己。这名女生为大家表演的则是‘值得信赖’——值得信赖其实是信赖催开的一朵花，如果信赖的春风吝于吹送，那么，这朵花就有可能遗憾地夭折在花苞之中，永远也休想获取绽放的权利；当然，如果信赖的春风吹得温暖，吹得和谐欢畅，那么，被信赖的人就被注入了一种神奇的力量——就像你们看到的那样，一个弱不禁风的女生可以扶起一个虎背熊腰的男生，一只充满了爱意的手可以托举起一个美丽多彩的世界。同学们，值得信赖是幸福的，而信赖他人是高尚的。让我们先试着做高尚的人，然后再去做幸福的人吧。”

大启迪：在生活中，人们渴求他人的信赖，希望别人能相信自己，可是又有多少人能够向他人付出信赖呢？在我们要求别人信赖自己时，最好，先问一下自己。

29. 同情的施舍

世界上的诸物是平等的，我们不能以上帝的眼光来看待他人。

——史提尔

汉斯昂着头，大步地走着。他没带遮阳伞，对灼人的烈日毫不在意。汉斯恪守自己的处世原则，他天生一副傲骨，不屈从于任何人和事。他尽自己的能力帮助别人，却从未指望得到旁人的任何恩惠，追求的只是一辈子活得有尊严、有骨气。

汉斯正走着，一个黄包车夫来到他身边。车夫摇着铃铛，问道："先生，你要车吗？"汉斯转过头去，发现那个人瘦得皮包骨头，目光里似乎包含着贪婪的神情。

"只有那些没人性的家伙才会以人力车代步。"这是汉斯坚定不移的观点。他用那粗布缝制的袖子擦了擦额头上的汗珠，连声说道："不，不，我不要。"一面继续走自己的路。

黄包车夫拉着车子跟在他后面，一路不停地摇铃。突然间，汉斯的脑子里闪出一个念头：也许拉车是这个穷汉惟一的生存手段。汉斯是个有学问的人，许多概念——平等、穷苦人、上帝、劳动分配、农村的赤贫、工业、封建主义等等，片刻之间都闪进了他的脑海。他又一次回头看了看那黄包车夫——天哪，他是那样面黄肌瘦！汉斯心理顿时对他生出了怜悯之情。

黄包车夫摇着铃铛，又招呼汉斯道："来吧，先生！我送您，您要去哪里？"

"去百老汇。你要多少钱？"

"6美分。"

"好吧，你跟我来！"汉斯继续步行。

"请上车，先生。"

"跟我走吧！"汉斯加快了脚步。

拉黄包车的人跟在他后面小跑。时不时地，汉斯回头对车夫说："跟着我！"

到了百老汇，汉斯从衣兜里掏出6美分递给黄包车夫，说："拿去吧！"

"可您根本没坐车呀。"

"我从不坐黄包车。我认为这是一种犯罪。"

"啊？可您一开始就该告诉我！"车夫的脸上露出一种鄙夷的神情。他擦了擦脸上的汗，拉着车子走开了。

"把这钱拿去吧，它是你应得的！"

"可我不是乞丐！"黄包车夫拉着车，消失在街的拐角处。

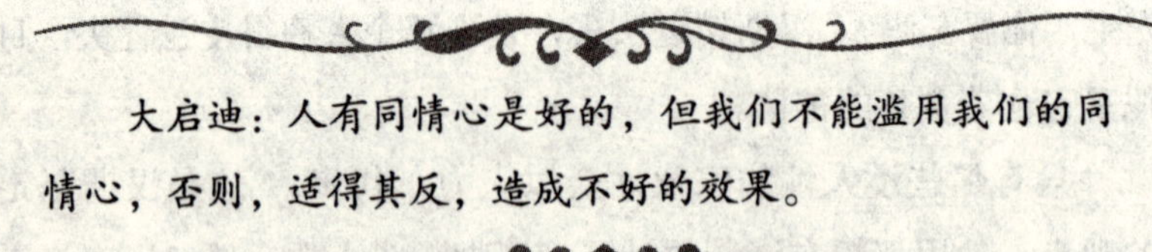

大启迪：人有同情心是好的，但我们不能滥用我们的同情心，否则，适得其反，造成不好的效果。

30. 真正的帮助

希望是引导人生的路标，没有希望的人是没有前途的人，因为他已在人生之路上迷失了自我。

——巴法利

一次8.2级的地震几乎铲平了美国的小石镇，在不到4分钟的短短时间里，3万多人因此丧生！

在一阵破坏与混乱之中，有位父亲将他的妻子安全地安置好了以后，跑到他儿子就读的学校，然而他迎面所见的，却是被夷为平地的校园。

看到这令人伤心的一幕，他想起了曾经对儿子做出的承诺："不论发生什么事，我都会在你身边。"至此，父亲热泪满眶。面对看起来是如此绝望的瓦砾堆，父亲的脑中仍记着他对儿子的诺言。

他开始努力回想儿子每天早上上学的必经之路，终于记起儿子的教室应该就在那幢建筑物边上，他跑到那儿，开始在碎石瓦砾中挖掘搜寻儿子的下落。

当父亲正在挖掘时，其他悲伤的学生家长赶到现场，悲伤欲绝地叫着："我的儿子呀！""我的女儿呀！"有些好意的家长试着把这位父亲劝离现场，告诉他"一切都太迟了！""无济于事的。""算了吧！"等等。

面对这种劝告，这位父亲只是一一回答他们："你们要帮助我吗？”然后继续进行挖掘工作，一瓦一砾地寻找他的儿子。

不久，消防队队长出现了，也试着把这位父亲劝走，对他说：“火灾频传，处处随时可能发生爆炸，你留在这里太危险了，这边的事我们会处理，你快点回家吧！”

而父亲却仍然回答着：“你们要帮助我吗？”

警察也赶到现场，同样让父亲离开。这位父亲依旧回答：“你们要帮助我吗？”

然而，却没有一个人帮助他。

只为了要知道亲爱的儿子是生是死，父亲独自一人鼓起勇气，继续进行他的工作。

时间一分一秒地流逝，挖掘的工作持续了38小时之后，父亲推开了块大石头，听到了儿子的声音。父亲尖叫着：“阿曼！”他听到回音：“爸爸吗？是我，爸爸，我告诉其他的小朋友说，如果你活着，你会来救我。如果我获救时，他们也获救了。你答应过我的：‘不论发生什么事你都会在我身边’，你做到了，爸爸！”

“你那里的情况怎样？”父亲问。

“我们有33个，其中只有14个活着。爸爸，我们好害怕，又渴又饿，谢天谢地，你在这儿。教室倒塌时，刚好形成一个三角形的洞，救了我们。”

“快出来吧！儿子！”

“不，爸爸，让其他小朋友先出去吧！因为我知道你会接我的！不管发生什么事，我知道你都会在我身边！”

大启迪：如果你自己都觉着没希望了，谁还能给你希望呢？不到最后，坚决不要放弃任何一丝哪怕是极其微小的希望。坚定地循着自己的希望出发，直到尽力实现这个希望。

31. 永恒的百合

爱如夏日之热烈，爱如春花之灿烂，爱如高山之肃穆，爱如夜星之永恒。

——毛姆

平静的加利福尼亚海湾褪去了先前的浮躁和凶猛，海面上波澜不惊，这异常沉寂的氛围给人一种无比的压抑之情。只是水面上漂浮着的许多白色的花朵，才给这沉寂压抑的环境带来了些许亮色和温暖。这些天来，大海中漂泊着一束束百合花，每天都有很多人来到海边上散落花朵，他们什么话也不说，只是静静地望着这些圣洁的百合花发呆。人群中有一位身材高挑，长着碧眼金发的女郎，她美丽而忧伤的眼睛中满蓄着泪水。她是“雅典娜”号沉船上22位幸存者中的两位女性之一。

她的名字叫玛丽·琏，来自意大利，她非常喜欢美国，是个典型的美国通。她是独自一人去加州游玩的，当警铃第一次拉响时，玛丽·琏吓坏了。她平生头一次乘船在大海上游玩，根本不知道怎么穿救生衣。面对茫茫无边的大海和汹涌澎湃的巨浪，玛丽·琏吓懵了，泪水止不住地从她美丽的面庞上滑落下来。这时有两位美国男子走过来，帮她穿上了救生衣。

玛丽·琏看到轮船的通道上乱作一团，立即清楚了事情的严重性。她手足无措地向人群跑去，男人们都主动让出了一条道，让妇女、儿童和老人先上甲板。经过数小时的挣扎，“雅典娜”号终于湮没

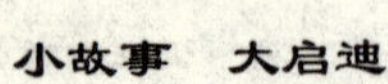

在巨浪滔天的大海中，海水也一下子把船舱淹没了。同舱的几名男子用头颅、手脚等各种手段，终于击碎了钢化玻璃，第一个逃出船舱的是玛丽·琏——男人们再一次把生的希望留给了她。

出了船舱后，玛丽·琏也只能在大海中任凭狂涛巨浪的摆布。突然，她看见一条橡皮救生筏，上面已经坐着一位老人，老人向她伸出了援助之手，她费了九牛二虎之力也未能爬上救生筏。此时一个巨浪扑来，一名男子被卷到了玛丽·琏的身边，那位男子毫不犹豫地把她推上了救生筏，而当玛丽·琏向这位男子伸手时，他却被巨浪卷入了海底，再也找不到一点痕迹……

玛丽·琏被惊呆了，那位老人更是热泪四溅，……筏子依然在怒涛之巅摇荡，玛丽·琏放声痛哭起来，老人抚摩着她的头说：“孩子，不要怕！无论结局如何，我都会尽力帮助你，因为你还年轻，你一定要努力活下去，而我已经一大把年纪了。”玛丽·琏止住了哭声，这时，海面上已有了一丝亮色。猛然间，一个巨浪将筏子打翻，玛丽·琏死死抓住筏绳，而那位老人转眼间就消失在大海的深渊之中。

玛丽·琏已自顾不及，她不会游泳，但曾经看过自救的电影，于是她用两根指头塞住鼻孔，拼命地用嘴吸气，以防海水灌进鼻子把自己呛死。过了很久，玛丽·琏发现自己和筏子已靠近了海岸，岸边的波涛也异常凶猛，有人想拉她但没能拉住，她被反弹离开了海岸。危急中，她赶忙解开筏绳，一阵海浪扑来将她送到了岸上。这时，一个渔民用棉衣包住了她，她终于摆脱了死神的纠缠，幸运地活了下来，可是与她同舟共济的280位同胞却永远地消逝在大海的深渊之中！

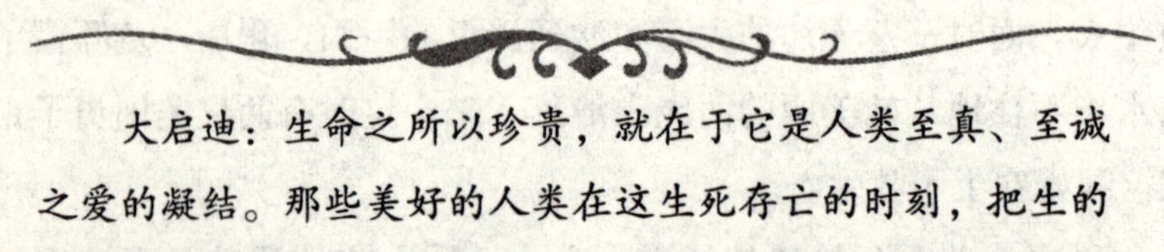

大启迪：生命之所以珍贵，就在于它是人类至真、至诚之爱的凝结。那些美好的人类在这生死存亡的时刻，把生的希望留给了别人，而他们自己却永远地留在了大海深处！

32. 错误的弥补

不要为过错感到尴尬了，了解错误能带来最好的教训，这是最好的自我教育方法之一。

——托夫勒

卡特参加过一个有关人际关系培养的训练班，其间有过一次独特的经历。

教师要求他们列出过去自己曾感到羞愧、负疚、缺憾和悔恨的事情。一周后他请大家大声宣读自己所列的清单。这看起来有涉隐私，但确实有勇敢之人自告奋勇地宣读。听了别人的陈述，卡特的清单越发长起来，3周之后竟达101条之多。之后老师建议他们想法弥补缺憾，向别人真诚道歉，采取行动来纠正自己的过失。

卡特对此举能够增进他的人际关系深表疑惑，相反却认为这只能使彼此更加疏远。

一周后，卡特身旁的一位同学举手发言，讲了如下这个故事：

我在列出清单时，想起高中时发生的一件事情，我在内华达州的一个小镇长大。镇上有个我们小孩子们都讨厌的官员。有天晚上，我和两个伙伴决定要捉弄这个叫布朗的官员一番。喝了几瓶啤酒，找到一罐红颜料，我们爬到镇子中央高高的水塔上，在上面用鲜红的颜料写道："布朗是头大狗熊。"

第二天，镇上的人们起来后都看到了我们的"大作"。两小时后，布朗把我们3个人弄到他的办公室。我的伙伴们承认了错误而我却撒谎抵赖、蒙混过关。

这事都快过去20年了。今天布朗的名字出现在我的清单上。我不知道他是否仍在人世。上个周末，我向内华达州的家乡打电话查问，果然有个叫罗杰·布朗的先生。我于是给他打电话。铃声响了几下后，我听到：“喂，你好。”我问：“你就是那个叫布朗的官员？”那边沉默了一下，“是的。”“那好，我是吉米·考金斯，我想告诉你那事我也有份。”又是沉默。“我早就知道。”他嚷道。我们于是大笑，谈得很愉快。他最后说：“吉米，我一直为你感到不安，因为你的伙伴们都已消除了心病，而你这么多年却一直挂在心上。我应该感谢你打来电话……这是为你着想。”

吉米鼓励卡特化解他清单上应该弥补的101件事情。

这费了卡特两年的时间，但这却成了他以后从事矛盾调解工作的起点和动力。不论冲突纠纷多么严重，卡特一直记着摒弃前嫌，化解冲突，亡羊补牢，为时不晚。

大启迪：有些事可以渐渐改变，有些事却容不得我们慢慢地调整。想一想，有哪些事是我们必须立即面对和努力克服的，就用坚定的态度去处理吧！快刀斩乱麻，绝不容一些坏习惯继续腐蚀我们的心灵。

33．人生第一课

尊重是人生必须学会的第一个原则，只有会尊重他人的人才会赢得他人的尊重。

——罗兰德

这是一家普通的幼儿园。

刚刚入园的儿童被老师带进幼儿园的图书馆，很随便地坐在地毯上，接受他们的人生第一课。

一位幼儿园图书馆的老师微笑着走上来，她的背后是整架整架的图书。

“孩子们，我来给你们讲个故事，故事就写在这本书中，这本书是一个作家写的。你们长大了，也一样能写这样的书。”

老师停顿了一下，接着问：“哪一位小朋友也能来给大家讲一个故事？”

一位小朋友立即站起来。“我有一个爸爸，还有一个妈妈，还有……”幼稚的童声在厅中回荡。

然而，老师却用一张非常好的纸，很认真、很工整地把这个语无伦次的故事记录下来。

“下面，”老师说，“哪位小朋友来给这个故事配个插图呢？”

又一位小朋友站了起来，画一个“爸爸”，画一个“妈妈”，再画一个“我”。当然画得很不像样子，但老师同样认真地把它接过

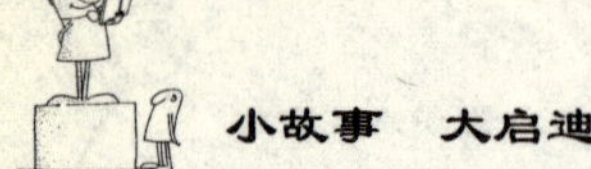

来，附在那一页故事的后面，然后取出一张精美的封皮纸，把它们装订在一起。封面上，写上作者的姓名、插图者的姓名，“出版”的年、月、日。

老师把这本“书”高高地举起来：“孩子，瞧，这是你写的第一本书。孩子们，写书并不难。你们还小，所以只能写这种小书。但是，等你们长大了，就能写大书，就能成为伟大的人物。”

大启迪：人生第一课结束了，在不知不觉之中，孩子受到了某种“灌输”。如何看待这种灌输呢？这样的灌输使孩子们从小就“站着”，不会光“趴着”去看待那些大人物。这种自信心与健全的人格会为孩子们的一生打下一个良好的基础。

34. 真爱的选择

人的一生总是在选择有利于自身的事物，但有些东西不能光依靠选择，例如爱。

——贝林斯

几十年的独身生活使奥里森厌倦了，他决定娶一个妻子。

奥里森来到一所位于市中心的婚姻介绍所。一位身穿浅蓝色制服的年轻门卫在门口迎接奥里森，向他深深地鞠了躬，并把奥里森领进

了屋。

在办公桌后面，坐着一位穿戴雅致的女士，她老练地说："现在，请您到隔壁的房间去，那里有许多门，每一个门上都写着您所需要的对象的资料，供您选择。亲爱的先生，您的命运完全掌握在您自己的手里。"

奥里森谢过了她，向隔壁的房间走去。

里面的房间里有两个门，第一个门上写着"终生的伴侣"，另一个门上写的是"至死不变心"。奥里森忌讳那个"死"字，于是便迈进了第一个门。接着，又看见两个门，左边写着"美丽、年轻的姑娘"，右面则是"富有经验、成熟的妇女和寡妇们"。

你们当然可想而知，左边的那扇门更能吸引他的心。可是，进去以后，又有两个门。上面分别写的是"苗条、标准的身材"和"略微肥胖、体型稍有缺陷者"。用不着多想，苗条的姑娘更中奥里森的意。

奥里森感到自己好像进了一个庞大的分检器，在被不断地筛选着。下面分别看到的是他未来的伴侣操持家务的能力，一个门上是"爱织毛衣、会做衣服、擅长烹调"，另一个门上则是"爱打扑克、喜欢旅游、需要保姆"。当然爱织毛衣的姑娘又赢得了奥里森的心。

他推开了把手，岂料又遇到两个门。这一次，令人高兴的是，"爱情"介绍所把各位候选人的内在品质也都分了类，两个门分别介绍了她们的精神修养和道德状态："忠诚、多情、缺乏经验"和"有天才、具有高度的智力"。

奥里森确信，他自己的才能已能够应付全家的生活，于是，便迈进了第一个房间。里面，右侧的门上写着"疼爱自己的丈夫"，左侧写的是"需要丈夫随时陪伴她"。当然奥里森需要一个疼爱他的妻子。下面的两个门对奥里森来说是一个极为重要的抉择：上面分别写的是"有遗产，生活富裕，有一幢漂亮的住宅"和"凭工资吃饭"。

理所当然，奥里森选择了前者。

奥里森推开了那扇门，天啊……已经上了马路啦！那位身穿浅蓝色制服的门卫向奥里森走来。他什么话也没有说，彬彬有礼地递给他一个玫瑰色的信封。奥里森打开一看，里面有一张纸条，上面写着："您已经'挑花了眼'。人不是十全十美的。在提出自己的要求之前，应当客观地认识自己。"

大启迪：追求绝对的完美是不现实的，过分追求完美也是痛苦的。要相信完美是相对的，重要的是用我们自己的努力来弥补。我们的生活伴侣不可能完美无缺，但我们的爱可以改变一切。

35. 心中的枷锁

人与人的信任是建立在平等的基础上的，彼此间可以不保留任何秘密。

——克罗克

星期日的那一天，大卫的儿子与同学去玩，大卫一个人来到儿子的房间，发现儿子的书桌上很乱，就走过去想整理一下。此时，大卫突然灵机一动，就打开儿子的抽屉，发现了一个蓝色的日记本。

儿子的日记本第一页上写道："自打我上初中以后，我的心里十分的空虚与孤独，父母除了关心我在学校的表现外，就是把我关在屋里学习，每天当我伏在桌前，永不停地写那永远做不完的该死的作业

时，我特别的痛苦，我多么想能像其他同学那样能有时间到外面去打打篮球，去轻松地活动一下啊……”

读完儿子的日记，大卫内心感到了一种强烈的震撼。他原以为自己的心灵与儿子贴得很近，可万万没有料到儿子并没有把大卫当成朋友看。

傍晚，儿子回到家里，又关上房门独处，用晚餐的时候，儿子突然问：“爸，你俩谁动我的东西了！”

大卫假装糊涂地说：“没有啊。”见大卫的态度如此坚定，儿子什么也没说，就满脸不悦地走开了。

过了两天以后，乘着儿子不在家，大卫又偷偷溜进他的房间，企图从日记里洞察他内心的秘密，令大卫惊讶的是，抽屉上不知何时安了一把锁，顿时，大卫的大脑一片空白，大卫突然意识到自己犯了一个低级错误。

晚上，儿子回到家后，大卫鼓足勇气对儿子说：“儿子，爸爸犯子一个错误，你能原谅我吗？”

儿子沉思片刻说：“不就是偷看日记的事嘛，我不想再谈这件事。”

“如果你原谅爸爸，就请你打开锁，别把爸爸当贼似的。”

儿子气呼呼地对大卫说：“这是锁，交给你，这回你满意了吧？”

若干天以后，当大卫无意中再一次来到儿子的房间时，一心想走进儿子内心世界的大卫，又鬼使神差般地欲看儿子的日记，大卫惊讶地发现，儿子的抽屉虽然没有上锁，可那日记本不知何时已无影无踪了。

有一天儿子突然对大卫说：“老爸，你是不是很失落？”

“这话怎讲？”

“因为我把日记扔了，并发誓，不会再写日记了。”

大卫惊愕地醒悟到：儿子心里有了一把锁。

大启迪：虽然父亲与儿子之间的关系十分亲密，但是他们之间的地位应该是平等的，谁也不应该侵入另一方的秘密生活，任何人都是一个独立的主体。

36. 自傲的父亲

一切伟大皆源于劳动，它是创造这个美丽世界最主要的动力，社会的强大与美丽均来自于劳动。

——布鲁克

安迪不是那种偷听别人闲聊的人，但有一天深夜，当安迪走过自家院子的时候，他发现自己正干着偷听的事。

安迪的妻子正跟坐在厨房地板上的最小的儿子及他的同学们说话，安迪静静地走上来，在门的遮掩下在外面听起来。

妻子似乎已听到孩子们都自夸他们爸爸的工作。诸如他们都是高官显宦之类，可是当他们问安迪的儿子鲍勃，父亲有什么样的好职业时，鲍勃好像有点不自然地低声咕哝道：“他是个与工作斗争的人。”

安迪细心的妻子一直等到其他孩子离开，才把他们的小儿子叫进屋里来。她说道：“我有事情要告诉你，儿子。”说着并吻他有酒窝的双颊。

“你说你父亲只是个与工作斗争的人，你说的是正确的。但在所有的商店、商场、汽车行业里，繁重的工作使我们每天竭尽全力。正

是普通的与工作斗争的人来完成伟大的事业！当你看到一座新房子建起来的时候，你应该记住这一点，我的儿子！”

“高级官员拥有优雅的办公桌和整洁的环境。他们计划宏伟项目……签订契约，但是把他们的梦想变为现实的，是那些普通的与工作斗争的人！应记住这一点，我的儿子！”

“如果所有的老板离开他们的办公桌停止工作一年，工厂机构仍能够高效率运转。如果像你爸爸那样的人不上班，工厂就运转不起来了。正是普遍的与工作斗争的人来完成伟大的工作！”

当安迪跨过门槛的时候，安迪强忍住眼泪并清了一下喉咙。

安迪的小儿子从地板上跳起来，高兴得眼睛里都放出了自豪的光芒。

他拥抱着安迪说：“嘿，爸爸，我真为是您的儿子而感到自豪……因为您是完成伟大事业的特殊人中的一员。”

大启迪：社会是一个典型的金字塔结构，它的基础就是大多数“与工作斗争的人”。许多人也许难以爬到风光的塔尖上，但这并不意味着我们自身就没有价值，不值得尊重。劳动的人是最光荣的人，劳动是创造一切奇迹的基础。

37. 眼里有世界

心为一切而跳动的人，才是真正的伟大。

——雨果

学校请从事学生心理研究工作的博瑞德老师来给大家作《心中有他人，眼里有世界》的报告。

报告的地点在阶梯教室，时间是14点钟。

离约定时间还有20分钟的时候，博瑞德老师就赶到了阶梯教室。瑞艾不安地说："博瑞德老师，还要让您在这里等学生们，我们真是太失礼了。"

博瑞德老师微微一笑说："我提前一会儿到是有意图的啊，待会儿就知道了。"

阶梯教室座无虚席——大家都到齐了。

一阵热烈的掌声说明了学生们心中的敬意。掌声过后，博瑞德老师的报告却没有开始。只见他面带微笑地从台上走下来，走到14排中间那个座位处。在一个眼神怯怯的男生面前，博瑞德老师深深地鞠了一躬。

所有的人都看呆了。

博瑞德老师对满心疑惑的同学们说："我多么敬佩这个可爱的同学，我由衷的敬佩使我不得不向他深鞠一躬。大家可能会问，这到底是为什么呢？是因为他来得早么？——不是。那么，是因为他坐得好

么？——也不是。让我来告诉你们吧：在你们入场的时候，我一直都在认真观察，我发现，许多先到的同学一进来就抢占了靠边的座位，在他们看来，那一定是‘黄金座位’——好进好出，方便得很哩！只有这个同学进来后舍弃了14排中还空着的‘黄金座位’，毅然坐到了中间这个进出不便的座位上，接下来，14排座位便左右次第开花，使我看到了我希望看到的最佳入场次序；我继续观察，我发现，先前那些抢占了‘黄金座位’的同学其实备受其苦，因为座位之间行距较小，每一个后来者往里进时，把边的人都不得不起立一次，我注意到有个捷足先登的同学在短短的十几分钟里，竟然起立了十几次！——同学们，你们看，利己与利他有时候就是这么奇妙地统一。”

大启迪：不要总是抱怨别人给自己添麻烦，不要总觉得生活中烦恼太多，如果你想听到爱的乐曲演奏得更加和谐美妙，就请你把先靠边的座位留给别人吧！请永远记住：心中有他人，他人就悦纳了你；眼里有世界，世界就玉成了你。

38. 盛开的鲜花

最美好的玫瑰花永远是盛开在茂密的草丛中。

——尼采

一连好几年，这位守墓人每星期都收到一个不相识的妇人的来信，信里附着钞票，要他每周给她儿子的墓地放一束鲜花。

后来有一天，他们见面了。

那天，一辆小车停在公墓大门口，司机匆匆来到守墓人的小屋，说：“夫人在门口车上，她病得走不动，请你过去一下。”

一位上了年纪的妇人坐在车上，表情有几分高贵，但眼神哀伤，毫无光彩。她怀抱着一大束鲜花。

“献花。”守墓人对她说。

“对，给我儿子。”

“我一次也没忘了放花，夫人。”

“今天我亲自来，”夫人温柔地说，“因为医生证实我活不了几个礼拜。死了倒好，活着也没意思了。我只是想再看一眼我儿子，亲手来放一些花。”

守墓人眨巴着眼睛，苦笑了一下，决定再讲几句：“我说，夫人，这几年您常寄钱来买花，我总觉得可惜。”

“可惜？”

“鲜花搁在那儿，几天就干了。没人闻，没人看，太可惜了！”

“你真的这么想的？”

“是的，夫人，你别见怪。我是想起来自己常去孤儿院，那儿的人可爱花了。他们爱看花，爱闻花。那儿都是活人，可这墓里的人哪个活着？”

老夫人没有做声。她只是默默地祷告了一阵，没留话便走了。守墓人后悔自己刚才说的一番话太欠考虑，这会使她受不了。

可是几个月后，这位老妇人又忽然来访，把守墓人惊得目瞪口呆：她这回是自己开车来的。

“我把花都给孤儿院的人们了。”她友好地向守墓人微笑着，“你说得对，他们看到花可高兴了，这真叫我快活！我的病好转了，医生不明白是怎么回事，可是我自己明白，我觉得活着还有些用处。”

大启迪：活着要对别人有些用处才能快活，才能够使自己身心健康；鲜花摆在合适的地方才能发出最吸引人的芳香。任何事物都应该出现在它应当出现的地方，才能最大地发挥它的价值。

39. 美好的约定

真正的美产生在最灿烂的瞬间，虽然很短，但十分炫目。

——托尔斯泰

一个阳光明媚的下午，汤姆和爱丽在医院的走廊上相遇了，在四目相触的那一刹那，两颗年轻的心灵都被深深地震撼了，他们都从彼此眼睛中读出了那份悲凉。从此以后，汤姆和爱丽相伴度过了一个又一个日出日落，昼夜晨昏，两人都不再感觉孤独无助了。

终于有一天，汤姆和爱丽被告知他们的病情已到了无法医治的地步。汤姆和爱丽都被接回了各自的家。他们的病情一天比一天严重起来，但汤姆和爱丽谁也没有忘记他们之间曾经有过一个约定，他们惟有通过写信这种方式来交换着彼此的关心与祝福，那每一字每一句对他们来说都是一种莫大的鼓舞。

就这样，日子过得飞快，转眼已经过了三个月了。三个月后的一个下午，爱丽手中握着汤姆的来信，安详地合上双眼，嘴角边带着一抹淡淡的微笑。她的母亲在她的身边抽泣着，她默默地拿过汤姆的

信，一行行有力的字跃入眼帘："……当命运捉弄你的时候，不要害怕，不要彷徨，因为还有我，还有很多关心你，爱你的人在你身边，我们都会帮助你，爱护你，你绝不是孤单一人……"

爱丽的母亲拿信的手颤抖了，信纸在她的手中一点点湿润了。

第二天，母亲在爱丽的抽屉里发现了一沓写好封好但仍未寄出的信，最上面一封写的是："妈妈收。"爱丽的妈妈疑惑地拆开了信，是熟悉的女儿字迹，上面写道："妈妈，当你看到这封信的时候，也许我已经离开您了。但我还有一个心愿没有完成。我和汤姆曾有一个约定，我答应他要与他共同走过人生的最后旅程，可我知道也许我无法履行我的诺言了。所以，在我走了之后，请你替我将这些信陆续寄给他，让他以为我还坚强地活着，相信这些信能多给他一些活下去的信心……女儿。"母亲的眼眶再一次湿润了。

爱丽的母亲按信封上的地址找到了汤姆的家。他看到了桌上正中镶嵌在黑色镜框中的照片上的那生气勃勃的汤姆。爱丽的母亲怔住了，当她转眼向那位开门的妇人望去时，那位母亲早已泪流满脸。她缓缓地拿起桌上的一沓信，哽咽地说："这是我儿子留下的，他一个月前就已经走了，但他说还有一个与他相同命运的女孩在等着他的信，等着他的鼓舞，所以，这一个月来，是我代他发出了那些信……"说到这儿，汤姆的母亲已经泣不成声。

这时爱丽的母亲走过来，紧紧抱住了汤姆的母亲，喃喃地说道："为了一个美好的约定……"

大启迪：一个美好的约定和两颗年轻的心灵为了那一份相互理解而执著守候。虽然生命已尽，但爱与希望永存。活着的意义更多地体现在这爱与希望之中，它将引导你走过人生的风风雨雨。

40. 生命的药方

友情，本身是至善的约束，历经劫难而益显圣洁。

——约翰·德莱登

德诺十岁那年因为输血不幸染上了艾滋病，伙伴们全都躲着他，只有大他四岁的艾迪依旧像从前一样跟他玩耍。离德诺家的后院不远，有一条通往大海的小河，河边开满了五颜六色的花朵，艾迪告诉德诺，把这些花草熬成汤，说不定能治他的病。

德诺喝了艾迪煮的汤身体并不见好转，谁也不知道他还能活多久。艾迪的妈妈再也不让艾迪去找德诺了。她怕一家人都染上这可怕的病毒。但这并不能阻止两个孩子的友情。

一个偶然的机会，艾迪在杂志上看见一则消息，说新奥尔良的费医生找到了能治疗艾滋病的植物，这让他兴奋不已。于是，在一个月明星亮的夜晚，他带着德诺，悄悄地踏上了去新奥尔良的路。

他们是沿着那条小河出发的。艾迪用木板和轮胎做了一个很结实的船。他们躺在小船上，听见流水哗哗的声响，看见满天闪烁的星星，艾迪告诉德诺，到了新奥尔良，找到费医生，他就可以像别人一样快乐生活了。

不知走了多远的路，船进水破了，孩子们不得不改搭顺路汽车。为了省钱，他们晚上就睡在随身带的帐篷里。德诺的咳嗽多起来，从家里带的药也快吃完了。

这天夜里，德诺冷得直发颤，他用微弱的声音告诉艾迪，他梦见二百亿年前的宇宙了，星星的光是那么暗那么黑，他一个人呆在那里，找不到回来的路。

艾迪把自己的球鞋塞到德诺的手上，“以后睡觉，就抱着我的鞋，想想艾迪的臭鞋还在你手上，艾迪肯定就在附近。”

孩子们身上的钱差不多用完了，可离新奥尔良还有三天三夜的路。德诺的身体越来越弱，艾迪不得不放弃了计划，带着德诺又回到家乡。不久，德诺就住进了医院。艾迪依旧常常去病房看他。两个好朋友在一起时病房便充满了快乐。他们有时还会合伙玩装死游戏吓医院的护士，看见护士们上当的样子，两个人都会忍不住地大笑。艾迪给那家杂志写了信，希望他们能帮忙找到费医生，结果却杳无音讯。

秋天的一个下午，德诺的妈妈上街去买东西了，艾迪在病房陪着德诺，夕阳照着德诺瘦弱苍白的脸，艾迪问他想不想再玩装死的游戏，德诺点点头。然而这回，德诺却没有在医生为他摸脉时忽然睁眼笑起来，他真的死了。

那天，艾迪陪着德诺的妈妈回家。两人一路无语，直到分手的时候，艾迪才抽泣着说：“我很难过，没能为德诺找到治病的药。”

德诺的妈妈泪如泉涌：“不，艾迪，你找到了，”她紧紧地搂着艾迪，“德诺一生最大的病其实是孤独，而你给了他快乐，给了他友情，他一直为有你这个朋友而满足……”

三天后，德诺静静地躺在了长满青草的地下，双手抱着艾迪穿过的那只球鞋。

大启迪：我们从治疗精神疾病中获得的一切发现，都说明了那些广为人知，却时常被遗忘的通则，那便是一生中最令人渴望的满足，是无法用金钱买到的友谊。

41. 无言的爱意

与其它动物相比，人类是最理性又最不理性的动物。

——霍桑

每天晚间六时到六时半，迈阿密地方新闻结尾时，常常会播出一则当天社会上发生的趣事，博人一笑。最近有几个画面不仅有趣，而且非常感人，因而记下来，和大家分享。

画面之一，是一家人养了一只黑色的母狗，和一只体态很大的白猫。母狗生了四只小黑狗，男女主人都外出工作，怕母狗跑远了，用绳子把它拴在树上。但是四只小狗不听母亲的管教，满院子乱跑，母狗急得在树下绕圈狂叫，小狗却听而不闻，更四散往草丛里钻。母狗叫声更见焦虑，不住地用力，也挣脱不了套着它的绳子。

大白猫见状，竟飞奔而去，把四只乱跑的小狗一个个衔到狗窝里，自己拖长身子躺下，让四只小狗吸它的奶。四只小狗视其如母，乖乖地不乱跑了。白猫那安详施展温暖母爱的画面，着实令人称奇。

母狗因绳子长度所限，不能近前，但看到四个儿女安然地扑到白猫的怀里，它也立即安静下来了。

那天正是母亲节，播音员看着这个画面，很风趣地说："今天是母亲节，到底谁是母亲呢？"节目里传出一片温馨的笑声。

另一个画面是，住在乡下的一家人，养了一群小鸭，像是刚刚孵出，小鸭都一身绒毛，走起路来一歪一歪，脚步都还不稳。它们正在草丛中觅食，突然大雨倾盆，小鸭个个惊慌失措，家中的狗见状，奋不顾身地在大雨中穿梭来去，把一只只小鸭衔进院子里的储藏室内。自己躺下给小鸭们取暖，并用舌头舔它们身上的水珠，那无比慈爱的表现，两位播音员都不住地啧啧称赞。

第三个画面是，一家建筑很别致的房屋，前檐不仅宽大，并且有起伏的坡度，起伏处下面有设计精美的木栏，相互交叉，上面盖有透明的玻璃。从地面爬起的藤蔓稀稀疏疏地散在玻璃上面，开着红红的小花，又给这人工的艺术美增添些自然的色调。建筑师这种别出心裁的设计，连鸟儿也看中了，麻雀和另一种比麻雀身体大两三倍的鸟，都衔草来檐下造窝。令人称奇的是四只父母鸟来去衔草，造的却是同一个窝，它们竟不争不斗！更让人惊奇的，是两只体态、羽毛截然不同的母鸟都在此窝中产卵、孵小鸟，它们相容相安，亦不互侵互斗。幼鸟孵出了，父母鸟都衔食来喂幼儿，感人的是他们不分彼此，谁都不只喂自己的儿女。体大的幼鸟嘴巴也大，每次从麻雀嘴中取食，把麻雀连嘴带头都吞了下去，而麻雀送下食物，把头从它嘴中拔出，毫不显出痛苦，次次都是如此。

由于这个情景的奇特和罕见，这家主人自它们建窝到幼鸟出世，他们从没有惊扰过它们，任它们自由来去。邻里间也传为佳话，每天这家门前都有来看奇景的成人和儿童。一天这家主人满脸笑意，对来看鸟的众人说：“这两种不同的鸟类，都能这样相亲相爱，通力合作，共同造窝，生育、养育幼鸟，不分彼此，我们人类还分什么你我呢？”他们敞开了门，准备了咖啡茶点以飨众人。

大启迪：我们能够体会到的是动物之间的伟大的爱心。今天世界上到处充斥着暴力，打打杀杀的惨事随时可见。失去理性、凶狠无度的人类，反不如没有语言的动物。

42. 爱的一堂课

人们必须明白生存的意义：生命是快乐而非痛苦。

——柏拉图

拉丽莱晚年因战祸而家破人亡，卖掉了大房子，只留下处于旧地产一隅的小茶室自住。

这件事发生时，拉丽莱正带着老家人，在伊豆山温泉旅行。有个17岁男孩在伊豆山投海自杀，被警察救起。他是个美国黑人与日本人的混血儿，愤世嫉俗，末路穷途。

拉丽莱到警察局要求和青年见面，“孩子，”她说时，青年扭过头去，不理她，拉丽莱用安详而柔和的语调说下去，“孩子，你可知道，你生来是要为这个世界做些除了你没人能办到的事吗？”

拉丽莱反复地说了好几次，青年突然回过头来，说道：“你说的是像我这样一个黑人？连父母都没有的孩子？”

拉丽莱不慌不忙地回答：“对，正因为你肤色是黑人，正因为你没有父母，所以你能做些了不起的事情。”

男孩冷笑道：“哼，当然啦！你想我会相信这一套？”

“跟我来，我让你自己瞧。”她说。

“老糊涂……”男孩嘴硬腿不硬，还是跟着走了出来，他当然不愿意留在警察局，但可也别无去处。

拉丽莱把他带回小茶室，叫他在菜园里打杂。虽然生活清苦，她对男孩却关怀备至。男孩也慢慢地不像以前那么倔强了。

为了让他培植些有用的东西，拉丽莱给了他一些生长迅速的萝卜种。10天后萝卜发芽生叶，男孩得意地吹着口哨。萝卜熟了，拉丽莱把萝卜腌得可口，给男孩吃。

后来男孩用竹子自制了一支横笛，吹奏自娱，拉丽莱听了也很愉快，赞道："除了你还没有人为我吹过笛子，乔治，真好听。"

男孩似乎渐渐有了生气，拉丽莱便把他送到高中念书。在求学那四年，他继续在茶室园内种菜，也帮拉丽莱做点零活。

高中毕业，乔治白天在地下铁道工地做工，晚上在夜校深造。毕业后，在盲人学校任教。

"现在，我已想念真有别人不能只有我才能做的事情了。"乔治对拉丽莱说。

"你瞧，对吧？"拉丽莱说，"只有真正了解别人痛苦的人，才能为别人做美妙的事。"

乔治心悦诚服地点点头。

拉丽莱说："尽量让那些不幸的人知道活着的快乐，等到你从他们脸上看到感激的光辉，那时候，即使像我们这样，对生活不满而又厌倦了的人，也会感到有了活下去的意义。"

大启迪：永远都不要放弃心中的爱，对别人也对自己。这不是真理，真理会让很多人感觉沉重。这是一个真理，沉重的是我们已经难于适应真理。这是爱的一课，对于乔治，还有我们。

第三篇

瞬间永恒

43. 花店的传统

让爱流入我们每个人的心灵，这样我们的生命才会更美丽。

——海德格尔

这是一个两口之家，母亲莎娜是一家杂志社的编辑，经营着那些美丽的文字和自己的心情，女儿丽达16岁，是一所重点高中的学生，不幸患有风湿性心脏病。

高二那年的春天，丽达忽然提出要利用课余时间到街上为行人画像，说是为了检验自己的素描水平。莎娜自然不同意，不想丽达更倔强，索性拎了小凳子，背起画板，一甩门走了。

天色已经昏暗了，丽达才回来，满脸的汗水掩饰不住满脸的兴奋，匆匆地扒了几口饭便睡了。夜里，莎娜听到丽达的呻吟声，心便紧紧的。于是，在这座城市的街头，便出现了这样的一幕：一位十六七岁的娇弱的女孩手持画具，坐在小凳上期待地注视着来来往往的行人，一位40多岁的母亲低着头，却高高地为女儿撑着一把遮阳挡雨的伞，母女二人的前面放着那个小纸板。

一个星期后，小储藏罐只装了5.5美元，而丽达却病倒了，且再也没能醒过来。不久，母亲节到了。满街的鲜花与灿烂的笑脸，如同炭火一样地烧着莎娜的眼。莎娜逃也似地冲回了家，抱着丽达的照片嚎啕大哭起来。

黄昏时分，门铃响了。进来的是一个陌生的女孩，她手拿一大束芳香的康乃馨。莎娜愣了，问女孩是不是走错了门，女孩甜甜地笑着，把鲜花送进莎娜怀里，说了句“节日快乐”就轻轻为莎娜掩上了门。

岁月如梭，又一个母亲节到了，莎娜惆怅地想：再也不会有鲜花了，丽达在另一个世界里飞翔呢！

黄昏时，门铃又“丁零零”响起来，又是一束鲜花，又是一声祝福，不同的是送花的人换成了一个男孩。

以后的许多年，母亲节那天，莎娜都会收到鲜花和问候，那份芳香滋润了莎娜孤寂的光阴，莎娜渐渐地从哀伤中挣脱出来，又恢复了以往的开朗和自信。

但是，莎娜却不知道，自从丽达拿着那微薄的用画像挣来的5.5美元，在一家花店为莎娜订花以后，母亲节送花给她已经成了这家花店的传统，虽然花店几易其主，传统却没有改变。

大启迪：一束鲜花和一个年轻的生命，究竟哪一个更加珍贵？答案是一样珍贵。因为那鲜花之中，绽放着生生不息的无尽亲情。它让我们的心灵跳动得更加有力，也让那花店里的人们看到了另一种财富。

44. 人性的光辉

原谅他们吧！人在本性上都是善良的。

——马丁·路德·金

这是发生在美国南北战争时期的故事。

北军上尉指挥官龙德在一次战斗中，与两名敌军短兵相接，经过半小时的搏斗，终于解决了对手。可就在他包扎好准备离开时，一个声音却从刚刚倒下的士兵那儿发出来。

“不要走……请等等！”说话者嘴角仍在滴着血。

龙德猛转过身，两眼死盯着尚未死亡的士兵，一声不响。

“你当然不知道被你杀死的两人是兄弟了，他是我哥哥罗杰，我想他已不行了。”

他看了看另一个士兵，喘喘气又说：“本来我们无怨无仇！可战争……我不恨你，何况是二对一，不过你的确太早了一点送一对兄弟去地狱！看在上帝的份上，帮帮我们！”

“你要我做什么？”龙德问。

“我叫厄尔。萨莉·布罗克曼是罗杰的妻子，他们结婚快两年了，不久前罗杰错怪了萨莉，她一气之下跑回了父亲的农庄。对此，罗杰后悔不已，几次未得谅解，心里很难过，就在半小时前，我们还在谈论她。罗杰刚为她雕了一个……一个小像……”

这个自称厄尔的士兵还未说完便昏了过去。

“喂喂……”龙德上前扶起厄尔喊道。

厄尔吃力地抬起眼睑说：“请告诉萨莉，罗杰爱她，我也爱……”

说着，厄尔又昏了过去。龙德放下厄尔，迅速收了罗杰的遗物：一张兵卡，一块金表，上有一行小字：“ONLY MY LOVE！S.L.”

当后来厄尔见到萨莉时，两人满眼盈泪。

萨莉说：“罗杰牺牲了，你受伤被俘。当时我也不想活了，是龙德救了我。他好几天也不离我左右，待我有点信心时，他留下这张字条：‘上帝知道我是无罪的，但我决心死后接受炼狱的烈火。’便默默地走了。别太悲伤了，厄尔，上帝会原谅我们！”

后来厄尔和萨莉从没放弃打听龙德消息的机会。

大启迪：人性的光辉，无论何时何地，都会照亮我们的内心世界。在那战火纷飞、硝烟弥漫的世界里，如果没有了那萦绕心头、久久不散的爱和力量，就不会有后来的厄尔和萨莉，也就没有了这个令人心动的故事。

45. 厉害女人

在任何事没有被证明前，最好不要乱下结论。

——孟德斯鸠

约翰逊夫人是公司的总机接线员。第一天上班，查理就见到了约

翰逊夫人，她坐在那里编织毛衣。一个小同事悄悄给查理耳语：

“她是有名的厉害女人，盯住我们的一举一动。”

他没瞎说。有天早上，查理赶到收发室时，八点半刚过了两分钟，约翰逊夫人尖利地指出：“最好早到两分钟，迟到的人别想有出息。”

只要电话总机上一没事儿，她就一边织毛衣，一边监督我们。

自查理买了双新皮鞋以后，查理深信她开始厌恶他了。那天早上，查理穿着新鞋急速溜进收发室，担心又会迟到。

“好漂亮的皮鞋，”约翰逊夫人说，她放下手中的编织活，“让我看看。”

正如查理所料，她说：“鞋底太滑了，这样的地板不宜穿这种皮鞋。小心你摔跟头。”

“别担心，我会走得好好的。”查理大声回敬了他。

每天查理的第一件事，是把经济办公室的那些暖水瓶注满饮用水，并把它们端回办公室。有一天，查理一不留神滑了一跤，把总经理的那只银质水瓶掉在地上摔了个大凹痕，里面的内胆粉碎了。

“你干的好事！现在惟一能做的，”约翰逊夫人说，“马上直接去见总经理，告诉他你干了什么。”

“他会把我解雇的。”查理喘息道。

“也许会，也许不会。”约翰逊夫人说，“可你得正视自己犯的错误。”

穿着那双该死的皮鞋，查理双腿颤抖，站在总经理面前，经理听后却平静地说：“我是该换个新水瓶了。”

三天后当查理听说自己被选去银行做存取款业务时，查理深感意外。

会计部主任微笑着说：

“是约翰逊夫人推荐你的，她认为你有责任心，能干好工作。”

约翰逊夫人？查理有点吃惊。这怎么可能？！

圣诞节到来时，查理完全改变了对约翰逊夫人的看法。哈，她给小信差每人一件礼物。

是一件漂亮的菱形图案手编毛衣。原来她天天是在为他们织毛衣。查理一直以为她跟他过不去，如今查理明白了。

圣诞节过后第一天，查理一大早来到公司，把一瓶美丽的鲜花放在约翰逊夫人的总机台板上，查理想让她惊喜一下。可查理看到，这一次，是她热泪盈眶了。

大启迪：误会，缘于对他人心灵的冷漠与轻视。当我们真的走进对方的内心世界，就会发现：每个人的心底，其实都是温暖的。触碰着它，你会感觉到温情的存在，而这就是快乐的源泉。

46. 失而复得的圣诞节

爱永远不会间断，爱会像时间一样永远不会停业。

——莫泊桑

巴丽丝童年的圣诞节过得淡而无奇，因为家里只有父母和巴丽丝。巴丽丝发誓将来有一天结了婚要生6个孩子，让自己的家充满爱与生机。

巴丽丝找到了一个跟她想法一致的丈夫，但没料到他们结婚后不能生育。毫无疑问不得不申请领养一个。一年内他来了。

巴丽丝夫妇叫他圣诞男孩，因为他是在快乐的圣诞节期间来的。

圣诞男孩一天天长大，他越来越清楚只有他才有权力每年挑选和装饰圣诞树，甚至在巴丽丝夫妇还没有吃完感恩节的火鸡时，他就开始急急忙忙地准备圣诞礼物单了，他让他们唱赞歌。跟他天赋完美的男高音相比，他们简直像青蛙在叫。每次过节，他都鼓励他们，带他们度过欢乐的时刻。

可是，在第26个圣诞节那天，就像他意外降临到他们身边一样他又突然离开了，他在丹佛街的一起汽车事故中丧生，当时他正要赶回家去看他的娇妻和幼女。但他先到巴丽丝夫妇这儿装饰了圣诞树，这是他一直都坚持的礼仪。

由于悲伤过度，巴丽丝夫妇卖掉了房子——因为屋里的一切都激起回忆，然后搬到加利福尼亚，远离朋友和教堂。

在他死后的17年里，他的妻子又结了婚，女儿也高中毕业了。巴丽丝和丈夫也到了退休的年龄。在1986年12月，我们决定重返丹佛。

在一个暴风雪的黄昏，巴丽丝夫妇悄然返回。透过明亮的街灯，巴丽丝凝视着远处的落基山脉。圣诞男孩喜欢到那儿去寻找圣诞树，如今那儿的山脚有他的坟墓——一个令人伤心的地方。

有一天，当巴丽丝站着凝望山顶积雪的群山时，巴丽丝听到了刹车声，接着便是一阵不耐烦的门铃声，来的竟是巴丽丝的孙女！在她那双灰绿色的眼睛和爽朗的笑声里，巴丽丝看到了她父亲——圣诞男孩的影子。她身后拖着一颗大青松，还跟着她母亲、继父和10岁的异父弟弟。他们闯进来，笑声阵阵，打开葡萄酒，庆祝巴丽丝重返家园。他们装饰了枞树，又快活地把包装好的包裹放在树枝下。

“你们要辨认装饰品，”巴丽丝从前的儿媳说，“这些都是他的，我们一直为你们保留着。”

带着痛苦的记忆，巴丽丝低语道：“我们已经有17年没过圣诞节了。”巴丽丝孙女唱的那首《啊，神圣之夜》，带给巴丽丝痛苦和甜蜜的回忆。

从养子死后，巴丽丝第一次感到这样安详平和，感到生命的积极延续，圣诞节的含义又回到了身上。

大启迪：优厚的薪水可以放弃，舒心的工作可以失去，但是人间的那一片亲情，却不可忽视。因为那是永远的避风港，是最最坚实的人生堡垒。从那里出发，你的行囊中总会装满希望和力量。

47. 天使的礼物

爱是无限的宽容，爱是无意识的善意，爱是自我的彻底忘却。

——萨尔丹

新年临近，邮局工作人员黛妮西尼·罗茜在阅读所有寄给圣诞老人的1 000封信件时，发现只有一个名叫约翰·万吉的10岁儿童在信中没有向圣诞老人要他自己的礼物。

信中写道：“亲爱的圣诞老人，我想要的、惟一的一样礼物就是给我妈妈一辆电动轮椅。她不能走路，两手也没有力气，不能再使用那辆两年前慈善机构赠予的手摇车。我是多么希望她能到室外看我做游戏呀！你能满足我的愿望吗？爱你的约翰·万吉。”

罗茜读完信，禁不住落下泪来。她立即决定为居住在巴宁市的万吉和她的母亲、39岁的维多莉亚·柯丝莱脱尽些力。于是，她拿起了

电话。接着奇迹般的故事就发生了。

她首先打电话给加州雷得伦斯市一家名为“行动自如”的轮椅供应商店。商店的总经理席迪·米伦达又与位于纽约州布法罗市的轮椅制造厂——福彻拉斯公司取得了联系。这家公司当即决定赠送一辆电动轮椅并且在星期四运送到，并在车身上放一个圣诞礼物的红蝴蝶结。显然，他们是圣诞老人的支持者。

星期五，这辆价值3 000美元的轮椅送到了万吉和他妈妈居住的一座小公寓门前。在场的有10多位记者和前来祝福的人们。

万吉的妈妈哭了。她说道：“这是我度过的最美好的圣诞节。今后，我不再终日困在家中了。”她和儿子都是在一次车祸中致残的。由于她的脊骨骨节破裂，她得依靠别人扶着坐上这辆灰白色的新轮椅，在附近的停车场上进行试车。

赠送轮椅的福彻拉斯公司的代表奈克·得斯说：“这是一个一心想到妈妈而不只是自己的孩子。我们感到，应该为他做些事。有时，金钱并不意味着一切。”

邮局工作人员同时也赠送给他们食品以及显微镜、喷气飞机模型、电子游戏机等礼物。万吉把其中一些食品装在匣内，包起来送给楼下的邻居。

对此，万吉解释说：“把东西赠给那些需要的人们，会使我们感到快乐。妈妈说，应该时时如此，也许天使就是这样来考验人们的。”

大启迪：你是否能做到像万吉那样爱自己的妈妈？这是一颗多么纯真的童心！爱自己的妈妈超过了自己，所以他也得到了天使赐予的爱。我们每一个人也都应该做到“把东西赠给那些需要的人们，会使我们感到快乐”。

48. 人生的第一瓶酒

关爱是一种艺术，只有善于运用爱的人才能永久拥有爱。

——柏拉图

当斯蒂芬爱上16岁的英格时，正好17岁，他们是在游泳池里认识的。然而，他们的友谊却只限制在冷饮店里的约会。

每次见面，斯蒂芬总是胆怯、拘谨地坐在她身边，不知所措。英格肯定也察觉到这些，因为她在不断地设法让斯蒂芬活泼起来，或者让斯蒂芬感到他是她的保护神。斯蒂芬的自信心由此也坚定起来了。

一切都很顺利。直到有一天英格告诉斯蒂芬，她对去冷饮店感到厌倦了，那是小孩子去的地方。她要正正经经地出去一趟，像她姐姐那样去喝一杯香槟酒。

起初斯蒂芬装着什么也没听见，但斯蒂芬的耳朵里却不停地重复着“香槟酒”这几个字。斯蒂芬仅有的零钱几乎都花完了。尽管如此，斯蒂芬仍不露声色，还用漫不经心的口气说：“香槟酒，好呀，为什么不去喝一杯呢？”斯蒂芬的话似乎在表明，喝这种饮料对他来讲就像做任何一件理所当然的事一样。

钱终于攒够了。斯蒂芬带着英格来到城里最好的一家酒吧。这里富丽堂皇，婉转动人的音乐感染着我们，侍者们悄无声息地来回走动。

当他们在一张小桌旁边就坐后，斯蒂芬不得不集中精力，以免他和英格在大庭广众之下出丑。斯蒂芬把侍者叫来，激动之余尽可能用

无所谓的口气要了一瓶香槟酒。侍者上了年纪，两边鬓角已经灰白，还有一双亲切的眼睛。他默默地弯下腰，认真而严肃地重复道："一瓶香槟酒，马上。"

他是尊重他们的。看来斯蒂芬穿上姨妈送给他的西服，系上新的红领带是对的，周围的客人也都把他们看作是成年的人。不管怎样，斯蒂芬已17岁了。英格穿的是她姐姐的漂亮的黑色连衣裙。

侍者回来了，他用熟练的动作打开了用一块雪白餐巾包裹着的酒瓶，然后，把冒着珍珠般泡沫的酒倒进杯子里。太壮观了！他们仿佛置身在另一个世界里。"为了我们的爱情，干杯！"斯蒂芬说道，并举起杯子和英格碰杯。

喝第二杯时，斯蒂芬抚摸着英格的手，她不再抽回去了。

喝第三杯时，她甚至允许斯蒂芬偷偷地吻她一下。香槟酒太棒了。英格说她已微醉了，斯蒂芬也同样浑身发热。可惜，酒已喝完了。他们还能再要一瓶吗？斯蒂芬偷偷望一眼酒的价格表。哦，不行了。

"马上算账，经理先生。"斯蒂芬大声地喊道。真糟糕，斯蒂芬对自己的粗鲁很吃惊。侍者来了，他把账单放在一个银盘子里，默默地将账单挪到桌上。当他转身走后，斯蒂芬拿过帐单，见上面写着：一瓶矿泉水加服务费共1.1马克。下面又写道：原谅我，孩子。你们尚未成年，不能喝酒，但我确定不想扫你们的兴，所以擅自给你们换了矿泉水。你们的侍者。

而斯蒂芬身边的英格一辈子也不知道她喝的第一瓶香槟酒竟是矿泉水。

大启迪：善意的欺骗，是人们在面对年轻的爱情时表现出的那一份呵护和体恤之情。这样的"欺骗"留给情侣们的是一份深深的怀念，它使生命变得更加丰富多彩。

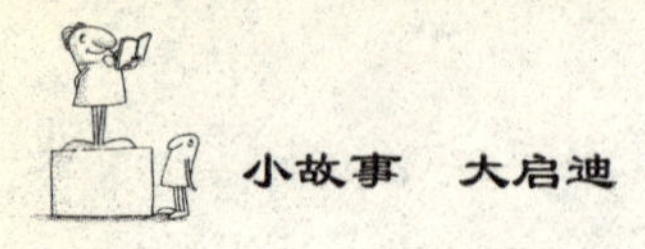

49. 伸出适时的援手

人们在日常生活中应严守一个美好的准则：自知之明。

——费尔巴哈

住在纽约德士区的丝丽小姐，从波士顿匆匆忙忙地跳上了一班快速列车。上车后，才发现这班列车在德士区站不停，如果是这样的话自己就要耽搁好多时间，也会误了自己的大事。因此这位小姐去向列车长苦苦哀求，希望能特别破例，在德士区站停一下，好让她得以下车。但是，列车长在答复她时表示，碍于既有的规定，他不能擅自违规停车。不过，列车长同意，可以在列车将要抵达德士区站的时候，尽量放慢速度，让她能够跳下车去。

同时，列车长还好心地告诉丝丽，由于惯性的关系，在丝丽一跳下车之后，必须马上向前小跑步，这样才不会因为火车上带来的速度，而让自己不慎摔倒。

到了德士区站，火车果然以极慢的速度，缓缓进站，丝丽便奋力往下一跳！

双脚着地之后，她就开始往前跑，要卸掉惯性的速度。

这时候，从她的姿势看来，就像一边跑着，一边正目送着火车缓缓离去。就在这时候，有人突然从她的背后用力一提，把丝丽给拉上车来。

这人笑着对丝丽说："小姐，你运气真好！这班火车不停德士区站

的，幸好有我拉你上来……”

面对这样的热情，丝丽无言以对。

或许您也看过周遭许多陷于困境的朋友，喜欢固执地窝在自己温暖安稳的象牙塔之中，加倍认真地，努力钻着永远没有出路的牛角尖。

正所谓：“当局者迷、旁观者清！”眼看他只要退一步想，便可海阔天空、怡然自得，而困难的地方正是这个所谓的“退一步”永远无法请人代劳，一定得要他自己来才行。

又或许，我们也会不经意地，像那个火车上的“善心”人士一般，勤于向所有人伸出援手，却换来对方的怒目视。然后方才知晓，原来行善还是要运用智慧的。

大启迪：每个人的内心深处，都有乐于助人的善良因子；但绝大多数的人们，却不一定喜欢接受别人的援助，即使他此刻正深陷入人生的低潮当中。

50. 路易斯·凯瑟琳

爱的永恒，爱的辉煌，爱的炫丽都在于爱的付出。

——伊丽莎白

1921年，路易斯·劳斯出任美国星星监狱的监狱长，那是最难管理的监狱。可是二十年后劳斯退休时，该监狱却成为一所提倡人道主义的机构。研究报告将功劳归于劳斯，当他被问及使监狱改观的原因时，他说："这都是由于我已去世的妻子——凯瑟琳，她就埋葬在监狱外面。"

凯瑟琳是三个孩子的母亲。劳斯成为监狱长时，每个人都警告她千万不可踏进监狱，但这些话拦不住凯瑟琳！第一次举办监狱球赛时，她带着三个可爱的孩子走进体育馆，与服刑人员坐在一起。

她的态度是："我要与丈夫一道关照这些人，我相信他们也会关照我，我不必担心什么！"

一名被定有谋杀罪的犯人瞎了双眼，凯瑟琳知道后便前去看望他。她握住他的手问："你学过点字阅读法吗？"

"什么是'点字阅读法'？"他问。

于是她教他阅读。多年以后，这人每逢想起她的爱心还会流泪。

凯瑟琳在狱中遇到一个聋哑人，结果她自己到学校去学习手语。许多人说她是耶稣基督的化身。在1921年至1937年之间，她经常造访星星监狱。后来，她在一起交通意外事故中逝世。第二天，劳斯没有上班，代理监狱长暂代他的工作。消息似乎立刻传遍了监狱，大家都知道出事了。

接下来的一天，她的遗体被放在棺材里运回家，她家距离监狱有四分之三英里。代理监狱长早晨散步时惊愕地发现，一大群平时看来最凶悍、最冷酷的囚犯，竟如同牲口般齐集在监狱大门口。他走近去看，见有些人脸上竟带着悲哀和难过的眼泪。他知道这些人极爱凯瑟琳，于是转身对他们说："好了，各位，你们可以去，只要今晚记得回来报到！"然后他打开监狱大门，让一大队囚犯走出去，在没有守卫的情形之下，走四分之三英里路去看凯瑟琳最后一面。

结果，当晚每一位囚犯都赶了回来报到。无一例外！

大启迪：出于习俗的习惯，我们经常无法向一些有过劣迹的人们表达我们的关爱。而这些人往往又更加需要被人理解，被人重视，能够突破习俗力量的人无疑要有足够的勇气，更重要的，他还要有一颗充满伟大慈爱的心。

51. 最重要的是做到

爱可以冲破一切困难，爱可以打破所有枷锁。

——霍克

星期五的晚上，加拿大北方的小镇巴尔被飓风侵袭，造成12人死亡和几百万元的财产损失。星期天晚上，复特回家时，途中行经巴尔。靠着公路旁，复特停下车，看了看四周的情况。到处是一团混乱，眼力所及，尽是倒塌的房屋与翻覆的汽车。

那天晚上，鲍伯·谭普尔顿也沿着公路停靠，看到和复特所见到的一样悲惨的灾情。但他的想法不只是难过而已。鲍伯是无线电台的副总裁，拥有安大略至魁北克一带许多家电台。他想利用这些电台，帮助此地的灾民。

星期一晚上，复特在多伦多举行一个研讨会时，鲍伯·谭普尔顿以及另一位副总裁鲍伯·约翰到研讨会场，站在教室的后面。他们分享了帮助巴尔灾民的信念。会后，他们回到鲍伯的办公室，并推举鲍

伯为召集人。

接下来，鲍伯召集了无线电台所有的行政人员到他的办公室开会。他在黑板上并列写着3个“3”，说：“你们想如何能利用3个小时，在3天中筹到300万。好去帮助巴尔的灾民呢？”

会场一阵静默。终于有人开口：“鲍伯，你太疯狂了，你知道这是绝对不可能做到的。”

鲍伯回答：“等等，我不是问你们……我们‘能不能’或是我们‘应不应该’。我只问你们……‘愿不愿意’。”

大家都异口同声说：“我们当然愿意。”

于是鲍伯在三千数字后画了两条路。一边写着“为什么做不到，”另一边写着“如何能做到。”

鲍伯在“为什么做不到”的那边画个大叉。说：“我们没有时间去想为什么做不到，因为那样毫无意义。重要的是，我们应该集思广益，把一些可行的点子写下来。好让我们能达到目标。”

又是一片静默。过了好久，才有人开口：“我们制作一个广播特别节目在全加拿大播放。”

鲍伯说：“这是个好点子。”并且随手写下。很快就有人提出异议：“这节目恐怕没办法在全加拿大播放，我们没那么多电台。”这的确是个问题。因为他们只拥有安大略到魁北克的电台。

鲍伯反问：“没那么多电台就无法办到吗，我们不能联合其他家电台一同干吗？”

忽然有人提议：“我们可以请广播界赫赫有名的哈维·克尔以及劳埃·罗伯森来承包这个节目啊！”很快地就有许多令人惊讶的妙点子陆续出现。

讨论后，到了周二，他们争取到50个电台同意播放这个节目。没有人抢功，只想着能不能为灾民多筹些钱。哈维和劳埃承包了这项节目。在短短3个小时的节目里，在3天内，募捐了300万元。

大启迪：有人说我们可以做任何事，如果是指任何事我们都可以去尝试，去想办法解决，那么这句话是对的，所以千万不要对自己说：“我做不到。”而是要对自己说：“我要如何去做。”

52. 我是重要的

把爱留在自己的心里，只有一份；把爱播种到他人心中，可以收获整个秋天。

——大仲马

一位在纽约任教的教师将学生逐一叫到讲台上，然后告诉大家这位同学和整个班级对她的重要性，再给每人一条蓝色缎带，上面以金色的字写着：“我是重要的。”

之后那位老师给每个学生三个缎带别针，教他们出去向别人道谢，然后观察所产生的结果，一个星期后回到班级报告。

班里一个男孩子到邻近的公司去找一位年轻的主管，因他曾经指导他完成生涯规划。那个男孩子将一条蓝色缎带别在他的衬衫上，并且再多给了他两个别针，接着解释说：“我们正在做一项研究，我们必须出去把蓝色缎带送给他所感谢和尊敬的人，再给他们多余的别针，让他们也能向别人进行感谢仪式。”

过了几天，这位年轻主管去看他的老板，从某些角度而言，他的老板是个不易相处的同事，但极富才华，他向老板表示十分仰慕他的创作天分，老板听了十分惊讶。这个年轻主管接着要求他接受蓝色缎带，并允许他帮助他别上。一脸吃惊的老板爽快地答应了。

那年轻人将缎带别在老板外套的心脏正上方的位置，并将所剩的别针送给他，然后问他：“您是否能帮我个忙？把这缎带也送给您所感谢的人。这是一个男孩子送我的，我们想让这个感谢的仪式延续下去，看看对大家会产生什么样的效果。”

那天晚上，那位老板回到家中，坐在14岁儿子的身旁，告诉他：“今天发生了一件不可思议的事。有一个年轻的同事告诉我，他十分仰慕我的创造天分，还送我一条蓝色缎带。甚至将印有‘我很重要’的缎带别在我的夹克上，还多送我一个别针，让我能送给自己感谢尊敬的人，当我今晚开车回家时，我开始思索要把别针送给谁呢？我想到了你，你就是我要感谢的人。这些日子以来，我回到家里并没有花许多精神来照顾你、陪你，我真是感到惭愧。有时我会因你的学校成绩不够好，房间太过脏乱而不愉快。除了你妈妈之外，你是我一生中最重要的人。好孩子，我爱你。”

他的孩子听了十分惊讶，他开始呜咽啜泣，最后哭得无法自制，身体一直颤抖。他看着父亲，泪流满面地说：“爸爸，我原本计划明天要自杀，我以为你根本不爱我，现在我想那已经没有必要了。”

大启迪：如果不被人重视，一个人慢慢就会自暴自弃，感觉自己是一个没有用的人，一旦认识到自己的价值，或者让别人认识到他的价值，他的世界就会截然不同。所以，不要忘记给自己和别人几分赏识。

53. 指点

人生道路上充满了荆棘，互相关爱的人才能共同走到目的地。

——耶克

里迪尔和女友刚分手，心中异常烦闷，他踢着路边的小石子，漫无目的地走在大街上。突然，他的小腿被什么东西敲打了一下，疼痛顿生，他恼怒地转过身，只见一位约四五十岁的中年人站在他的身后。此人戴着一副墨镜，手里捏一根竹竿，显然是一位盲人，盲人仿佛已意识到前面站着人，他微微点了一下头说："对不起，请问一下哈威路怎么走？"

里迪尔本想痛骂一下这位突然出现的冒犯者，但一看是位盲人，心中忽生邪念，想戏弄一下这位盲人，他假装热情地说："你顺着这条路往前走，再过两个路口就到了。"

盲人谢过里迪尔，用竹竿点着地面笃笃地走了过去，其实里迪尔指的这条路正在进行扩建，路面崎岖不平非常难走，盲人没走几步，就一个趔趄差点摔倒。

看着盲人步履蹒跚的样子，里迪尔开心地笑了，心中有一种扭曲了的满足。正当里迪尔把注意力全放在盲人身上时，背后一辆摩托车急驰而来，就在他转身的一瞬间，摩托车把他刮了一下，里迪尔像一堆东西那样被带了出去，在倒地的一刹那间，里迪尔伸出手臂想撑住身体，但由于用力过猛，只听“咔”的一声，肩膀从关节窝里脱落下来，痛得里迪尔哇哇大叫，而撞了他的摩托车只是停顿了一下，就扬长而去。

没走多远的盲人听到里迪尔的惨叫声，毫不犹豫地折了回来，他摸索着走近里迪尔身边问他出了什么事，里迪尔用另一只手撑住地面痛苦地说：“我被摩托车撞了，肩膀可能脱臼了。”

“别乱动！让我看看！”盲人赶紧俯下身，用手摸了摸里迪克的脱臼处说：“还不太严重，我帮你把它复原吧！”

盲人熟练地用膝盖顶住里迪尔的背部，然后小心翼翼地将脱落出来的手臂移到关节处，手掌用力一拍，手臂竟完好如初。里迪尔看着眼前的这位盲人为他做的一切，心里好像刀绞一样，感到疼得更厉害了，但不是来自肩膀，而是胸口。

里迪尔握住盲人的手激动地说：“我……我真不知道该怎么感谢您！”

盲人擦掉额头的汗水，站起身笑着说：“瞧你说的，你刚才不也热心地帮我指路吗？人活在世界上，本就应该互相帮助。”

大启迪：灾祸来自一次对别人的戏弄，帮助却来自对别人虚假的热心。如果不是经历这样一次遭遇，烦闷和无聊不知还要占据他的心灵多长时间，幸亏有人能及时让他感受到真诚的力量。

54. 一点儿人情味

爱的宽容可以融化一切恩怨，包括仇恨。

——霍克

“我从未遇见过一个我不喜欢的人。”威尔·罗吉士说。这位幽默大师能说出这么一句话，大概是因为不喜欢他的人绝无仅有。罗吉士年轻时有过这样一件事，可为佐证。

1898年冬天，罗吉士继承了整个牧场。有一天，他养的一头牛因冲破附近农家的篱笆去吃嫩玉米，被农夫杀死了。按照牧场规矩，农夫应该通知罗吉士，说明原因。农夫没这样做。罗吉士知道了这件事非常生气，便叫一名佣工陪他骑马去和农夫理论。

他们半路上遇到寒流，人身马身都挂满了冰霜，两人差点冻僵了。抵达木屋的时候，农夫不在家。农夫的妻子热情地邀请两位客人进去烤火，等待她丈夫回来。罗吉士烤火时，看见那女人消瘦憔悴，也发觉五个躲在桌椅后面对他窥视的孩子瘦得像猴儿。

农夫回来了，妻子告诉他罗吉士和佣工是冒着狂风严寒来的。罗吉士刚要开口说明来意，农夫却和他们握手，留他们吃晚饭。“两位只好吃些豆子，”他抱歉地说，“因为刚刚在宰牛，忽然起了风，没能宰好。”

盛情难却，两人便留下了。

在吃饭的时候，佣工一直等待罗吉士开口讲起杀牛的事，但是罗吉士只跟这家人说说笑笑，孩子们一听说从明天开始以后的几个星期都有牛肉吃，便高兴得眼睛发亮。

饭后，寒风仍在怒号，主人夫妇一定要两位住下。两人于是又在那里过夜。第二天早上，两人喝了黑咖啡，吃了热豆子和面包，肚子饱饱地上路了。罗吉士对此行来意依旧闭口不提。佣工就责备他："我还以为你为了那头牛要来惩罚他呢。"罗吉士半晌不作声，最后回答："我本来有这个念头，但是我后来又盘算了一下，你知道吗？我实际上并未白白失掉一头牛。我换到了点儿人情味。世界上的牛何止千万，人情味却稀罕。"

大启迪：在生活的整体中，有一种和谐的节奏，当你毫不费力地与它保持协调，一同运行，你会在行动之中找到快乐和激昂的精神。那么，为什么不与生活保持和谐、协调，尽情地享受生活呢？

55. 5美元成交

爱是把别人的命运当作自己的兴趣，又生怕伤害了别人命运的感情。

——仓田百之

由于警察局寻回的失物往往无人认领，或者物主提出证据后又放

弃不要，因此，警察局贮藏的物品真是琳琅满目，令人惊奇。那里有各式各样的东西：照相机、立体声扬声器、电视机、工具箱和汽车音响等。这些无人认领的东西，每年一次以拍卖方式出售，去年密苏里州堪萨斯市警察局的拍卖中，就有大批的脚踏车出售。

当第一辆脚踏车开始竞投，拍卖员问谁愿意带头出价时，站在最前面的一个男孩说："5美元。"这个小男孩子大约只有10岁，或12岁。

"已经有人出5美元"，"你出10美元好吗？好，10美元，谁出15美元？"叫价持续下去，拍卖员回头看一下前边那个小男孩可他没还价。

稍后，轮到另一辆脚踏车开投，那男孩又出5美元，但不再加价。跟着几辆脚踏车也是这样叫价出售。那男孩每次总是出价5美元，从不多加，不过，5美元的确太少。那些脚踏车都卖到35或40美元，有的甚至100出头。

暂停休息时，拍卖员问那男孩为什么让那些上好的脚踏车给人家买去，而不出较高价竞争。男孩说，他只有5美元。

拍卖又开始，还有照相机，收音机和更多脚踏车要卖出。那男孩还是给每辆脚踏车出5美元，而每一辆总有人出价比他高出很多。

现在，聚集的观众开始注意到那个首先出价的男孩，他们开始察觉到会有什么结果。

经过漫长的一个半小时后，拍卖快要结束了。但是还剩下一辆脚踏车，而且是非常棒的一辆，车身光亮如新，有10个排档，69厘米车轮，双位手煞车，杠式变速器和一套电动灯光装置。

拍卖员问："有谁出价吗？"

这时，站在最前面，几乎已失去希望的小男孩轻声地再说一遍："5美元"。

拍卖员停止唱价。只是停下来站在那里。

观众也静坐着默不作声。没有人举手，也没有人喊出第二个价。

直到拍卖员说："成交！5美元卖给那个穿短裤和球鞋的小伙子。"

观众于是纷纷鼓掌。

那小男孩拿出握在汗湿拳头里揉皱的5美元钞票，买了那辆无疑是世界上最漂亮的脚踏车时，他脸上露出了从未有过的美丽的光辉。

大启迪：拍卖员和观众合伙要满足这个只有5美元的小男孩的心愿——一辆脚踏车。你一定也记得自己在童年里的小小愿望，也许就是父母，亲戚或朋友帮你达成了，记得那份爱吧，它让我们更自信了。

56. 把敌人也要当人

爱你的仇敌吧，就像爱你的兄弟，因为爱可以溶解一切仇恨。

——梭罗

1944年冬天，苏军已经把德军赶出了国门，成百万的德国兵被俘虏。每天，都有一队队的德国战俘面容憔悴地从莫斯科大街上穿过。当德国兵从街道走过时，所有的马路都挤满了人。苏军士兵和警察警戒在战俘和围观者之间。

围观者大部分是妇女。她们当中的每一个人，都是战争的受害者，或者是父亲，或者是丈夫，或者是兄弟，或者是儿子，都让德寇杀死了。她们每一个人，都和德国人有着一笔血债。

妇女们怀着满腔仇恨，当俘虏们出现时，她们把一双双勤劳的手攥成了拳头，士兵和警察们竭尽全力阻挡着她们。生怕她们控制不住

自己的冲动。

这时，最令人意想不到的事情发生了：

一位上了年纪的妇女，穿着一双战争年代的破旧的长筒靴。她走到一个警察身边，希望警察能让她走近俘虏。警察同意了这个老妇人的请求。

她到了俘虏身边，从怀里掏出一个用印花布方巾包裹的东西。里面是一块黑面包，她不好意思地把这块黑面包塞到了一个疲惫不堪的、两条腿勉强支撑得住的俘虏的衣袋里。

看着她身后那些充满仇恨的同胞们，她开口说话了："当这些人手持武器出现在战场上时，他们是敌人。可当他们解除了武装出现在街道上时，他们是跟所有别的人，跟'我们'和'自己'一样具有共同外形、共同人性的人。"

于是，整个气氛改变了。妇女们从四面八方一齐拥向俘虏，把面包、香烟等各种东西塞给这些战俘。

这些人已经不是敌人了。这些人已经是人了……

大启迪：究竟是把敌人变成人，还是把人变成敌人，这里体现了人类灵魂走向的两种可能性：一种走向通往天使，一种走向通往魔鬼。人类真是一个极其奇怪的群体，他们高贵的时候那么高贵，凶狠下流的时候竟然那么不讲道理。

57. 求医

和你一同笑过的人，你可能把他忘掉；但是和你一同哭过的人，你却永远不会忘记。

——纪伯伦

在德国南方的一个小镇上有一位老兽医名叫斯图。

一天，斯图医生的朋友比尔，抱着他的大黄狗洛司匆匆地来到斯图医生的兽医站。洛司的爪子上和肚皮上都是血。比尔说，洛司想翻墙到比尔上班的工厂去玩儿，可是工厂的墙头上有铁丝网，把洛司的爪子和肚皮都划伤了。

斯图医生迅速地给洛司打了麻药，为它清理伤口，缝了几针，又包上纱布。然后找来一辆手推车帮助比尔把洛司送回家。洛司的伤口很快痊愈，虽然它还像以前一样调皮，却再也不敢去跳铁丝网了。

一年以后的一个傍晚，斯图医生忙了一天正准备回家，突然听到有爪子划门的声音。开门一看，是洛司，却不见洛司的主人比尔。洛司一见门打开就走了进来，斯图医生这才看见洛司的身后还跟着一条又瘦又脏的小黑狗。小黑狗看上去像是无家可归的野狗，它怯生生地跟着洛司，东张张，西望望，一瘸一拐地走了进来，在它走过的地方留下了一行血印。

斯图医生于是明白了洛司为什么会来找他。一定是洛司在玩耍的时候遇到小黑狗，看到它的脚受伤了，便想起去年自己受伤的时候是

斯图医生给它治好了伤，于是就领着小黑狗找上门来了。斯图医生小心地把小黑狗抱到手术台上观察它的伤口。它的脚上扎了几根荆棘，深深地陷进肉里，由于时间长了，已经化脓发炎。斯图医生仔细地给小黑狗治疗，把荆棘一根根拔出来，把脓血清理干净。

在治疗过程中，洛司一直伸长脖子坐在旁边目不转睛地看，喉咙里不时地发出细细的声音，似乎是在安慰小黑狗。治疗完毕，斯图医生把小黑狗抱下来，然后打开门，看着两只狗，一黄一黑，一大一小，慢慢地消失在夜色中。

大启迪：就连狗都知道帮助同类，它可知这是一种伟大的友谊。是哀伤时的缓和剂，激情的舒解剂；压力的流泄口，灾难的庇护所。对于最高等的动物——人，难道有理由不珍惜伟大的友谊吗？

58. 永不融化的记忆

“爱”使人安逸舒畅，就好像雨后的太阳。

——莎士比亚

尼古拉斯弄不清楚是什么弄醒了他。或许是孩子喃喃的梦语？当他掀开被子向外张望时，吸引住他的并不是孩子的小床，而是窗外的雪景。

窗外，大雪正在纷纷扬扬地下着。

为了不吵醒妻子，他悄悄地起床，慢慢地走到小床边，弯下腰，轻轻地连被子一起抱起了孩子。他踮着脚走出卧室，孩子抬起头，睁开眼睛，像往常一样，对着爸爸笑了。

他抱着她下楼，一边数着“嗒嗒嗒”的脚步声。很快，他们坐到了餐桌边，然后他们的鼻子一起压在玻璃窗上向外望。

这时候，尼古拉斯觉得自己不是大人了，他变成了孩子，和他的孩子一样充满了好奇心。

天已经快亮了，雪还是下得很大。雪花打在窗户上，偶尔有一两片雪花撒在窗户上，像不情愿落到地上似的。然而它们还是得慢慢地滑下玻璃，溶化了，留下一条美丽的线，不久就消失了。

父女俩听到新的一天已经在邻居们的家里涌动。往常街对面的一家人总是起得很早，他们总是开亮前廊的灯，然后钻进汽车，砰地一声关上车门，汽车开动了。

但是今天不一样了，他们从一个房间跑到另一个房间，透过窗户向外张望，孩子们原来细长的身子现在变大了，终于前廊门打开了，里面跑出来三个人，在雪地里滚动起来。

尼古拉斯不知道他们是从哪里学到玩雪的，就连最小的孩子，也许还是第一次见到真正的雪，也像是天生就知道该怎么玩似的。

他们在雪地里滚动，还不时尝上一口雪。他们把雪捏成一个个雪球，打起雪仗来。然后又跑上附近的一个小山脊，开始堆起雪人来了。很快，雪人的鼻子也安好了。邻居们也全都醒了，一辆汽车呜咽着向前开，但是车轮总是打滑。公共汽车就像在海上航行，拼命地想开上小山。这时候，孩子安全地躺在尼古拉斯温暖的臂弯里又睡着了。

他知道她不会记住这一切，她会回忆另外的雪景。但是对于他来说，这是第一次，他们父女一起赏雪的第一次，这次记忆会在他脑海里留存下来。雪人会很快融化，他的记忆中却永远留下了冰凉却有趣的东西——雪！

大启迪：一个平静的下雪的早晨，只有孩子们在与雪玩耍着。孩子们总对一切充满了好奇，所以他们生气勃勃，学会好奇心的大人也像孩子般地快乐，因为幸福已悄然来到了父女共赏雪景的身边。

59．独特的寒冷学校

人的意志是需要磨炼的，否则它就会像温室中的花，一到恶劣的天气中便会立即枯萎。

——欧尔文

阳光幼稚园的毕业典礼正在进行，一百名孩童整齐地排着队，他们两只小手紧紧地握在背后，等待老师公布又一批勇敢者的名单。这些五六岁的孩子在寒冷漫长的冬季，没穿过一次衬衫。和德国其它幼稚园一样，阳光幼稚园认为，如果一个人能经受住一年四季风霜雨雪的考验，他必定会变得体格健壮、意志坚强。这所幼稚园里的孩子年龄都在三至六岁，无论严寒酷暑，一年三百六十五日，他们都只穿着蓝色运动短裤，白色运动鞋。

“赤体教育”在德国目前尚未完全普及。一些母亲承认，她们的亲朋好友觉得这所幼稚园的奉劝不可思议，对孩子有点过于苛刻。但尽管如此，这项教育正在为越来越多的人接受。德意志民族历来注重培养吃苦耐劳、顽强不屈的性格。

赤体教育最早出现在柏林。柏林幼稚园负责人鲁道夫感到，德国经济在飞速发展，而孩子们则过于养尊处优。他的儿子库奥，现任小羊羔幼稚园负责人说："对孩子来说，最糟的是父母的过分呵护。这在一个发达国家实所难免。家中安装空调，食物结构也改变不少。"据他介绍，起初，为了改变种状况，学校增加了劳动课，如抹泥、垒砖等，但效果不太明显，于是他产生了让学生赤体锻炼的念头。

父母们的反应是：噢，这倒是个好主意。不过，我的孩子怕不行。但最终我们还是实施了这项计划。和阳光幼稚园一样，他们并不硬逼着孩子们扒掉衬衫。但孩子们出于争强好胜的心理和赤体的快感与自由感，都那么去做了。

冬天，阳光幼稚园的孩子，在母亲的劝导下偶尔会穿件T恤衫。一位6岁的小女孩在寒冷的教室做美术拼贴，她只穿了件薄短裤，因为不怕冷，她已连续两年受到校方嘉奖。她羞怯地说，她不怕冷的秘密在于每天早上的"马拉松"。每天早晨，这里的孩子都要光着身子，呼喊着"战斗!"沿着街区长跑，以此来增强御寒能力。"有时，她身上起满了鸡皮疙瘩，但我们并不因此而阻止她。"那位女孩的母亲叙述说，"令我们父母自豪的是，这一切全出于她自己的意志。

阳光幼稚园的一位家长33岁，她有两个儿子，一个已从这儿毕业，另一个仍在这儿。她回顾了她儿子当时的表现："当时，我心疼得不得了，他一会儿喊冷，一会儿又哭，一会儿又发烧。但到了第三年，他变得非常健壮。有时我感到天气实在太冷，就好心劝他加衣服，可他却充耳不闻。"

大启迪：让你的孩子经过艰苦的锻炼变得坚强，这是你对他最大的爱心，也是对他的最大帮助。不要认为给孩子优越的物质条件就是爱他们，真正的爱是让你的孩子成长。

60. 一份最好的礼物

爱经常会让人们的心灵发生颤动，因为我们太缺乏爱了。

——汉姆生

这一年的圣诞节，保罗的哥哥送给他一辆新车作为圣诞礼物。

圣诞节的前一天，保罗从他办公室出来时，看到街上一名男孩在他闪亮的新车旁走来走去，触摸它，满脸羡慕的神情。

保罗饶有兴趣地看着这个小男孩，从他的衣着来看，他的家庭显然不属于自己这个阶层。就在这时，小男孩抬起头，问道：“先生，这是你的车吗？”

“是啊，”保罗说，“我哥哥给我的圣诞节礼物。”

小男孩睁大了眼睛：“你是说，这是你哥哥给你的，而你不用花一角钱？”

保罗点点头。小男孩说：“哇！我希望……”

保罗认为他知道小男孩希望的是什么，有一个这样的哥哥。

但小男孩说出的却是：“我希望自己也能当这样的哥哥。”

保罗深受感动地看着这个男孩，然后他问：“要不要坐我的新车去兜风？”

小男孩惊喜万分地答应了。

逛了一会儿之后，小男孩转身向保罗说：“先生，能不能麻烦你把车开到我家前面？”

保罗微微一笑，他理解小男孩的想法：坐一辆大而漂亮的车子回家，在小朋友的面前是很神气的事。

但他又想错了。

“麻烦你停在两个台阶那里，等我一下好吗？”

小男孩跳下车，三步两步跑上台阶，进入屋内，不一会儿他出来了，并带着一个显然是他弟弟的小孩，因患小儿麻痹症而跛着一只脚。他把弟弟安置在下边的台阶上，紧靠着坐下，然后指着保罗的车子说：

“看见了吗？就像我在楼上跟你讲的一样，很漂亮对不对？这是他哥哥送给他的圣诞节礼物，他不用花一角钱！将来有一天我也要送你一部和这一样的车子，这样你就可以看到我一直跟你讲的橱窗里那些好看的圣诞节礼物了。”

保罗的眼睛湿润了，他走下车子，将小弟弟抱到车子前排座位上，他的哥哥眼睛里闪着喜悦的光芒，也爬了上来。于是三人开始了一次令人难忘的假日之旅。

在这个圣诞节，保罗明白了一个道理：给予比接受更令人快乐。

大启迪：付出比得到更令人快乐。每一个人都应该想着如何才能给别人更多的关爱，使别人生活得更幸福，只有这样自己才会感觉到真正的幸福。所以，我们活着就是要学会给予，勇于付出，因为爱是给予而不是索取。

61. 可别这样结尾

假如你不让树木长叶，开花结果，它便会枯死，假如你不让爱表现自己，爱便会呛死于自己的血液中。

——费尔巴哈

护士海特把一张纸和一支笔放在米尔斯病床边的桌子上。

“谢谢您。”他说。

米尔斯先生有一个女儿。海特从医院的病人情况问讯处得到了她的住址及电话号码。

“珍妮·米尔斯小姐吗？我是苏·海特，医院的护士。我打电话是要谈你父亲的事儿。他患心脏病今晚住院了，而且……”

“哦，不！”她在电话中尖叫了一声。“他不会死的，对吧？”这与其说是询问，还不如说是恳求。

“他现在的情况还好。”海特说，并竭力使自己的声音听上去令人信服。

“你不能让他死，求求你，求求你！”她哀求道。

“他现在得到的是最好的护理。”海特试着安慰她。

“可你不知道，”她解释道，“爸爸和我曾吵过一架，吵得非常厉害，差不多已有一年了。我……我从那时起就没见过他。我对他说的最后一句话是：‘我恨你’。”

她的声音变哑了，海特听到她突然哭了起来。海特静静地听着。

一个父亲，一个女儿，就这样互相失去了对方。这时海特不由想起了自己的父亲。

珍妮竭力控制自己的眼泪。

“我就来了，现在就来！三十分钟之内。”她说着挂断了电话。

海特努力想些别的事情，但海特不能。712号房间，海特觉得她必须回到712号房间去！海特几乎是奔跑着穿过了大厅。

米尔斯先生一动也不动地躺着，似乎睡着了。海特号了号他的脉，没有。

哦，上帝！海特祈祷着，他的女儿就要来了，可别这样结尾啊！

门突然被撞开了，医生和护士冲进了屋子。一个医生开始对他做人工呼吸。海特看着心脏监视器，没有一点反应，没有跳动一下。他们试了又试，可还是毫无反应。

一个护士关掉了监视器。他们一个接一个地走了。海特站在他的床旁，像被打晕了似的。海特怎么向他的女儿交代呢？

当海特离开他房间的时候，海特看见了她。一个刚离开712室的医生正站在那儿扶着她，对她说着什么。然后他走开了，让珍妮靠在墙上。海特看到的是一张怎样痛苦的脸，一双怎样受创伤的眼睛啊！

“珍妮，对不起。”海特说。

“你知道，我从来没有恨过他，我爱他。”他说，“如果我能早来一会儿看他……”

海特双手抱着她的肩，他们慢慢地沿着走廊走到712号房间去。她一下子推开了门，走到床前，把她的脸埋在床单里。

海特想不看这一幕悲惨的永别。突然海特看到床边桌上的一张纸，便拿起了它。

“我亲爱的珍妮，我原谅你，我恳求你也原谅我。我知道你爱我。我也爱你。爸爸。”

海特的手在颤抖着，忙把那纸条塞给珍妮，她读了一遍，再读一遍。她把那纸条紧紧地抱在胸前。

海特踮着脚走出房门，奔到电话机前。海特要打电话给父亲，对

他说："爸爸，我爱你。"

大启迪：生活中的误解、争执常会把相爱的两个人分隔开，可是生命和时间是那么有限，表达爱慕和关心的时刻只会太少。所以，化解爱情、友情和亲情中的冰山吧，让你和对方都得到快乐。

62. 上帝造人

青年是人类的精华，在任何困厄的环境中都有站起来的力量，是旺盛生命力的主人。

——加里宁

开天辟地之初，上帝先造了驴，便对它说："你就是驴子，要驮负重物，从早到晚不停地干活。你吃的是青草。我还要你长相丑陋，叫声难听，而且愚不可及。给你50年的寿命好不好？"

驴子听了赶忙说："什么？我的上帝呀，20年足够啦。"事情就这样定了下来。

上帝随后造了狗，说："你今后要看守好人们的住所，成为他们最忠实的朋友。你吃的是他们的残羹剩饭，寿命25年。"

狗儿答道："上帝啊，做条狗活上25年可真没意思，最多给我10年吧。"这事也就说定了。

接着，上帝造了猴子，告诉它："你是猴子。你要在森林里像傻瓜那样摇来晃去，从一棵树攀援到另一棵树上，逗人发笑，就这样活上20年。"

"我的主啊，让我小丑般地在世上出乖露丑20年是不是有点过分了，10年还不成？"猴子央求道。

"10年就10年。"上帝说。

最后，上帝造了人，说："你是人，是世间唯一用两条腿走路的理性动物，万物之灵。你要用自己的聪明才智去主宰大地。给你活上20年吧。"

那人急忙回答："上帝呀太少了，人生在世仅仅20年怎么够请你把驴子不要的那30年，狗儿不要的那15年，再加上猴子嫌的10年通通给我好吗？"

上帝点点头，把这些都给了人。

这就是为什么今天人们只能像人样生活20年；然后结婚，驴子般地在重压下干30年活；有了孩子后就如同狗一般地守着房子，吃小辈剩下的，挨上15年；到老了，还得像猴子一样傻瓜似地去把孙儿孙女逗上10年的缘由。

要知道，当初他们的祖先跟上帝说定的就是这么个活法，谁也怪不得。

大启迪：我们不应该只把青年时代自由自在的生活看作是人的生活，是黄金时代。其实，我们不必把自己弄得和猴儿、驴儿一样，因为人更有思想，可以想法儿快乐地生活。

63．生命之蜜

对于一颗快乐的心，欢悦的鸟鸣声无处不在。

——琼斯

《圣经》中有这样一个典故：

主教为乔治王说生死无常之喻。主教说："有一个人在旷野中游走，被凶恶的大象追逐，他惊吓地逃走，突然看到一口空井，旁边有树根，他攀援树根而下，躲藏在井里。但是有黑白两只老鼠，交互地咬他攀援的树根。在井的四周还有四条毒蛇要咬他，井底正趴着一只毒兽。人害怕树根断，又害怕因贪吃树根上的五滴蜂蜜忘记身处的危险，因此摇动树枝，驱散蜜蜂，蜜蜂反而飞下来咬他。这时旷野上有一把野火烧过来，正在燃烧着那棵树。"

乔治王听了这个故事，心生警惕，问道："这个人是为了什么，为了贪图那么少的蜜甜，而要受无量的苦？"

主教说："大王！人在旷野上行走，是比喻人的无明长夜旷远。这个人是个凡夫，他的心早被无明遮蔽。那只象比喻人生的无常之苦，那口井是比喻人的生死犹如落井，那危险边缘的树根比喻人的性命之脆弱，那黑白两只老鼠是比喻昼夜之速，吃一口少一口，那四条毒蛇是比喻地水火风四大能量在侵蚀他，蜂蜜是眼耳鼻舌身五种欲望会令他忘了身处险地，蜜蜂则比喻淫邪思想不时咬他，野火比喻老病终究会烧过来，那趴在井底的毒兽，是比喻死，最后人总要落入它的口里。”

这个寓言原意是说人命的无常苦空，被始劫以来的无明障蔽。一般凡夫不知自己的处境，为了几滴蜂蜜而落得流离失所，至死不悟。但也可以反过来理解：人生中充满了苦恼与烦人的事情，我们却兀自去冒险地吮吸那树根上的蜜，这充分反映了我们趋乐避苦的心理，反正都是一死罢了，只要一息尚存，也要去再多尝一口那甘美的生命之蜜呀！生命是脆弱的，苦难是扰人的，但那蜜，却是人生的快乐与甘美，我们受了这么多的苦来这人世一遭，有什么理由不珍视自己生命中的美好事物呢？

大启迪：虽然这个世界上每个人可能生来的条件各不相同，有人生在大富之家，有人却生在路边的贫民窑里，有人能遍食美味，有人却粗茶淡饭。但是有一样东西对所有的人都是平等的和开放的，那就是自然。

享受大自然所带来的快乐是人世间最真实的愉悦之一，它使人间变得令人留连忘返，带给人们美的感受。

第四篇

达观处世

64. 态度的作用

一旦持固有的看法，你就很难创造奇迹，你的创造力将局限于自己囚笼中。

——德拉

罗伯特·洛西斯在哈佛大学做了一个有趣的实验。被试者包括三组学生和三组白鼠。

他告诉第一组学生："你们非常幸运，你们将训练一组聪明的白鼠，这些白鼠已经经过智力训练且非常聪明了。"

他又告诉第二组的学生："你们的白鼠是一般的白鼠，不很聪明，也不太笨。他们最终将走出迷宫，但不能对它们有过高的期望，因为它们仅有一般能力和智力，所以它们的成绩也仅为一般。"

最后，他告诉第三组的学生说："这些白鼠确实很笨，如果它们走到了迷宫的终点，也纯属偶然。它们是名副其实的白痴，自然它们的成绩也将很不理想。"

后来学生们在严格的控制条件下进行了为期6周的实验。结果表明，白鼠的成绩，第一组最好，第二组中等，第三组最差。有趣的是，所有作为被试的白鼠实际上都是从一般白鼠中随机取样并随机分组的。实验之初，三组白鼠在智力上并无显著差异。那么为何会产生如此不同的实验结果呢？显然是由于实施实验的三组学生对白鼠具有不同的态度从而导致了不同的实验结果。简而言之，由于学生对白鼠具有不同的偏见，便产生了不同的态度，从而以不同的对待方式导致了不同的结果。学生们虽不懂白鼠的语言，但白鼠却“懂得”人们对它的态度，可见态度是一种通用的语言。

上述实验后来又在以学生为对象的实验中得到证实。该实验是由两位水平相当的教师分别给两组学生讲授相同的内容。所不同的是，其中一位教师被告知：“你很幸运，你的学生天资聪颖。然而，值得提醒的是，正因为如此，他们才试图捉弄你。他们中有的人很懒，并将要求你少布置作业。别听他们的话，只要你给他们布置作业，他们就能完成。你也不必担心题目太难。如果你帮助他们树立自信心，同时倾注真诚的爱，他们将可能解决最棘手的问题。”另一位教师则被告知：“你的学生智力一般，他们既不太聪明也不太笨。他们具有一般的智商和能力。所以我们期待着一般的结果。”

在该学年底，实验结果表明，“聪明”组学生比“一般”组学生在学习成绩上整整领先了十分。其实在被试者中根本没有所谓“聪明”的学生，两组被试的全都是一般学生，唯一的区别就在于教师对学生的认知不同，导致了对他们的期望态度也不同，从而以不同的方式对待他们。其中一位教师把这些一般的学生看作是天才儿童，因而就作为天才儿童来施教，并期望他们像天才儿童一样出色地完成作业。正是这种特殊的对待方式，使得一般学生有了突出的进步。

大启迪：你看待他人的方式就是你对待他人的方式，而且，你对待他人的方式也就是他人行为变化的方式。

65. 另起一行

常向着光明快乐的一面观看，永远不让黑暗笼罩，那就是我一生成功的秘诀。

——柯克

这是斯兰妮夫人讲的一个故事。她说小时候，她看过一篇文章，内容是描述一名念小学的女孩，每天都第一个到校，第一个到教室，等待一天的开始。她的同学途中遇到她，问她为什么每天都那么早到校，她带着腼腆的笑容，回答了这个问题。

原来，她学习成绩不怎么样，长相也普通，在家中排行中间，她从来不知“第一名”的滋味是什么。其次，她发现当她第一个到达教室时，竟意外地获得一种类似“第一名”的喜悦。她很快乐，也有了期待。

她一面走着，一面向同学袒露心中的小秘密，周身散发出一股期待及喜悦的光芒。接近教室的时候，她心中甚至升起了一种不小的兴奋和快感……不料，她的同学一个箭步跨过去，推开了教室的门，“第一个”冲了进去，然后回头望着，露出胜利的微笑。她的光芒顿时隐去，她的心隐隐发痛。她忍住泪水，脱口一句：“第一，是我的，你怎么可以……”她说不出下面的话，说不出来了，她连这个“第一”也失去了。

斯兰妮忘了是在几岁时看到这篇文章，只记得当时能感受小女孩

的心情，因为她也是个始终与“第一名”无缘的人，甚至，因为配合家里大人出门时间，连尝尝“第一个”到学校的滋味的机会都没有。

她长大后，更深刻地体会到“第一名”其实已幻化成色彩斑斓的翅膀，在不同的领域中现身：有人在学业中争第一；有人在工作中抢头棒；甚至还有人总缠着恋人，一声一句地问：“我是不是你最终爱的人？”

她还记得，有一回，她朋友莎拉曾经心痛地对她说，她没有办法同时拥有两个好朋友，因为在同一个空间中，她只能有一个最爱，因此，她经常面临抉择的痛苦，而不知如何去安置两份并列的感情。

乍听之下，也许有人会认为，她指的是异性的恋情，只可惜，真实的状况是，即使是同性的友情，也一样令她为难。

她另一个朋友德鲁，却全然是另一个样：魅力四射，才华横溢，经常是社团中令人注目的热点，认识德鲁的人几乎都可以感受到他热情的付出。他常跟年轻朋友通信，抚慰年少容易受创的心；主动关怀周遭友人，更是希望在冷漠疏离的生存空间中，注入一丝爱与暖意。

不久，她得知他交了女朋友，她忍不住揶揄他：“那现在我在你心中排第几呀？”他想也不想，便说：“第一。”她极不相信地看着他，再问一次：“怎么可能！少骗人了。”他狡黠地一笑，然后说：“当然排第一，另起一行而已。”

斯兰妮笑弯了腰，不知该怪他的狡黠，还是佩服他的机智。

大启迪：在各行各业中，每个人都期望得到第一。其实要拿到第一也容易，就看你愿不愿意换个角色来看，只要“另起一行”，每个人就都是第一了，而这个世界，自然少了许多莫名的纷争。这不也很好吗？

66. 什么都想做

如果能经常把第一优先处理的工作视为当务之急，那么我们便不会为毫无效率而感到停滞不前或困顿了。

——孝卡克

芝加哥某大公司的总裁，患了严重的神经衰弱症，整天吃不好，也睡不安生，心里万分苦恼，多方求医也不见好转。一个偶然的机会，他听人介绍著名心理专家沙特拉博士能治这种病。第二天一大早，这位总裁就风风火火地来到博士家，宾主见面一阵寒暄之后，他正想向博士细说病情，电话铃这时突然响了。医院有事找博士。但他马上处理了，可是刚放下话筒，另一部电话又响了。博士先生只得又离席去接电话，又是很紧急的事。不久，又有一位同事来向博士征询对某一重病号的处置意见。博士只好让客人干晾在一边长达20分钟之久。

博士向这位总裁先生致歉。

总裁回答说："没关系，没关系！博士先生，从你身上我已经找到了自己的病根。回到公司后，我将立刻改变自己的工作习惯。对了，临走时可否让我看一下你的办公桌抽屉？"

博士打开抽屉，里面只有一些纸之类的事务性用品，而且少得可怜！总裁疑惑地问："你未处理完的文件呢？未回的信函呢？"

博士说："全部办完了！"

六个星期后，那位总裁盛情邀请博士到他公司参观，他完全变样了，全身上上下下没有一点儿不适之处。他特地打开抽屉，对博士说：“以前，我两间办公室和三张办公桌，抽屉里堆满了未处理的文件。我每天穷于应付这些工作，这个要做，那个也要做，一直弄得我无暇也无心处理它们，自从听了你一席话之后，我立即将那些旧文件或报告书，一股脑理清。现在，我只用一个办公桌，工作一来立即处理，绝不拖延积压，所以，已完全没有因延滞工作而带来的紧张感和烦恼，我现在心情好了，病也自然好了。”

大启迪：这个故事中那位总裁，当初为什么会整天紧张、烦恼，就是因为摆在他面前的工作太多了，这个需要做，那个也需要做，以至不知道做什么事才好，久积成病，这属自然规律。

67. 该我付账了

人生如同宴会，总有你作主人的时候。

——卡洛隆

几年前，杰克的好友里查德和父母妻儿在一家餐馆共进晚餐，这是把菜名随便写在黑板上的那一类餐馆。美餐一顿以后，服务员把账单送到了桌子上，可接下来的情形是：他父亲无动于衷，并未像以往

一样掏钱付账。后来，他告诉了杰克对那件事的感受：

席间谈话在继续，里查德心里渐渐明白，自己已经被指望为支付账单的人啦！常常与父母在餐馆里聚餐，老是以为父亲永远是带着钱的人。如今可不一样，里查德伸手拿过账单，忽然觉得自己已长成大人了。

有些人用数年的生活来作为他们为人一世的区间界石，而里查德的生命之长绳却是被一些琐事给打上一个个小结。想当年，里查德还只是一个地地道道的13岁的孩子时，就已经怯生生地跨进了一家店铺之门，到那里去工作了，有人称里查德“先生”，连呼几遍，直瞪瞪地看里查德。初涉社会竟如同猛然一拳砸懵了里查德：什么，一转眼里查德就成了先生么？

小时候，那些警察在里查德的眼里似乎总是又高又大，甚至成了庞然大物，当然，他们比里查德年长。忽然有一天，他们不高、不大，也不年长了。事实上，他们中的有些人还是孩子。忽然有一天，里查德发现里查德观赛的那些足球队员都比里查德年龄小，他们只不过是些大孩子而已。里查德曾经幻想过有一天会成为一名足球健将，可脚上的功夫还没到家，年龄已经倏忽而去。

里查德从未想到过自己会像父亲一样在电视机前酣然入睡，可如今，在电视机前里查德睡得最香。里查德从未想到自己会到了海滩而不下水游泳，可如今，里查德把整个8月都消遣在海滨而没有下过一次海。里查德从未想到自己会去欣赏什么歌剧，可如今，剧本情节的悲怆哀婉，演员的声调与管弦尔的效果竟深深地打动了里查德的恻隐之心。里查德从未想过自己会守在家里打发睡觉前的晚上光景，可如今，里查德发现自己竟常常会拒绝出席各式各样的晚会。过去里查德总觉得那些养鸟的人孤僻古怪，不可理解，可今年夏天，里查德发现自己也在照看一群鸟儿，而且说不定还会写一本关于养鸟的书哩！

里查德一直深感愧悔的是，里查德从未在感情上有过亲近远离人世的祖先们的愿望，也没有想到会像父亲一样与自己的儿子发生种种争论，可这些初衷都已经被里查德一一抛弃。

一天，里查德终于买下一套房子。一天——多么伟大的一天！——里查德成了一位父亲，而不久以后的一天，里查德又取代自己的父亲支付了那份账单。里查德觉得这就是里查德的成年典礼。又有一天，当里查德又老了些以后，里查德认识到这也是父亲的典礼，一块人生的里程碑。

大启迪：我们总是觉得自己在刹那间就长大了，一个新的称呼能够让自己走上了一个新的台阶。生活在随时间改变，而你自己也不知不觉地改变了。成熟是件好事，它让自己学会了负责任并且眼光更开阔了。

68. 造福全球的意外

厄运是我们通向幸福之门关闭后的另一扇窗。

——康德

在十九世纪的美国，所有的工匠都要把自己赖以为生的技艺加以传授，以父传子、子传孙，代代相传的方式为主体。

那时候，有位技艺纯熟的鞋匠，决定将自己的拿手绝活，尽早传给他的孩子。于是便从孩子7岁起，陆陆续续地教他制鞋的技巧。

不幸的事情，发生在孩子九岁那一年。鞋匠如往常一样，和他的孩子一起在工作着，一不留神，从工作台上掉落一柄制鞋的锥子，刺

中了孩子的眼睛。

尽管鞋匠立即将孩子送往医院求治，但当时的医学还是启蒙阶段，在医术不发达的治疗之下，孩子的双眼严重感染，苦于无药可治，这个鞋匠的孩子到了最后，双眼还是难逃失明的厄运。

鞋匠悲伤之余，仍然希望孩子长大后能成为有用之人，遂将失明的孩子送到盲人学校就读，让他也能读书识字。

在那个年代，盲人只能借着刻在大木板上的A、B、C字母来练习认字，那些大木板不仅笨重、而且字母亦不容易辨识，同时，也很难将书本刻成数百片的大木板。基于这些因素的阻碍，盲人的识字及阅读，自然是困难重重。

鞋匠的孩子到了盲人学校不久，就对于这种传统的刻字学习方式，感到极大的不便。他在学习之余的闲暇时间，即努力地想要找出一种更理想、更方便的盲人阅读方式。只要敢梦想，付诸实行，就会有做到的一天，经过几年之后，鞋匠的孩子终于发明出一种新式的盲人阅读法。不再采用笨重的大木板，而是在纸上敲打出不同排列方式的小点，来代表不同的英文字母及数字，容易学会，而且携带方便，更可以大量印制供盲人阅读的点字书籍。

这位鞋匠的孩子，用来在纸上创造盲人点字的工具，就是当年刺瞎他双眼的那把锥子。同样的一柄锥子，让点字的发明人路易·布雷尔双目失明，也造福全球所有的盲人，从而使世界上的盲人能够通过阅读，获得更多的知识。

大启迪：下次当您陷入低潮，在电梯按钮旁，或是钞票、硬币上摸到点字时。请想一想布雷尔的那柄锥子。再思考一下自己的挫折，会不会正是上天要我们像布雷尔一样，将失败当成命运逆转的开门钥匙！

69. 为你点亮一盏灯

照亮别人前进的道路，才能成为永恒的灯。

——莎士比亚

冬天的夜，来得早。电话铃响了。一个稚嫩的声音："是卡尔老师家吗？"

"我就是。"卡尔急忙应道。

打电话的是卡尔班上最调皮的男孩。

"明天一早，米娜要转学回老家。大家商量明早6点在学校为她送行。你能来吗？"

"当然！我一定准时到达！"一瞬间，卡尔好像看到了电话那头甜美的喜悦。

天哪，那是黎明前最黑的时候！在坐落在山脚下犹如荒岛的小学校，天一黑，老师们都要结伴而行……卡尔的心乱极了，再想已没有可能。卡尔细数着钟表嘀嗒，总算熬过了这一夜。匆匆洗漱完，抓起背包便冲出家门，冰冷的黑土，呼啸的寒风，吞并着深沉的夜色扑面而来。奇怪的是，恐惧并没有像想象中那样包围着卡尔。卡尔加紧步子，心里盘踞着的只有一个念头："愿孩子们安全！"卡尔一口气爬上了陡坡。几声清脆的童声离卡尔越来越近。一个女孩惊喜地发现了卡尔。几个同学如欢奔的羔羊朝着他跑来，卡尔张开双臂想要将他们全部拥在怀里，告诉他们他有多么担心。

校园里一片漆黑，只有传达室里透出一点光亮。叫醒了值班的师傅，卡尔来不及过多地解释，只点点头表示歉意。当一个个并不明亮的灯泡被点亮时，他们都长长地舒了一口气。一个男孩告诉卡尔："打开灯，所有山坡下和山上的同学很容易看到教室的亮光，他们就不会害怕了。"望着这些天真无邪的面孔，卡尔眼睛湿润了。卡尔要去接没来的同学。站在土坡上，寒风撩拨着他的头发，冷极了！卡尔心里一遍遍地呼喊："孩子们，快让我看到你们！"焦急，企盼、忧虑交织在一起，眼泪冻结在他的眼里。

远处，山坡上传来一群孩子的说话声。卡尔激动得快要跳起来。

几个孩子挥舞着双臂向学校飞奔而来，大大的书包在他们身后一颠一颠。黑暗中闪烁着点点微弱的白亮，那是孩子们精心赶制了一夜的贺卡。

"老师，已到25人，还有35个同学没来。"不知何时，卡尔身后已站着一大群孩子。

"那好，我们一起来等！"幽深的小土坡下疾跑来一个黑影，跳跃的两条麻花辫在夜里格外醒目。

"是米娜！"几乎是不约而同地欢呼。米娜飞奔着扑进卡尔怀里。

"老师，我妈妈病了，我必须回老家读书。刚才我老远就看见教室里的灯，我知道您来了。"卡尔紧紧抱着她，什么也说不出。天空吞没了最后一颗星星。晨曦里，校门口站齐了卡尔的60个孩子。他们注视着彼此冻红的鼻尖和脸蛋儿，在喷吐出的每一口雾气中会意地笑了。那笑容比初升的太阳还要美丽。

是的，虽然在冬季，卡尔却收获了。

大启迪：真心付出，收获真情，这也许是最简单的道理和最公平的"交易"了。

70. 放轻松

失败的人们，你所能做的就是信任自己的心智，如果再放弃自己，那你将一无所有。

——约瑟

凯茵被网球俱乐部的莎莉击败时，惊吓与羞愧的情绪交错，因为莎莉根本就不是她的对手。比赛结束后，一位球员断言："哇！莎莉一定是这个俱乐部的明日之星。"

"不，她并没有那么好。"凯茵感叹，"是我击败了自己，我当时心不在焉。"

凯茵是个实力很强的运动员，不论是游泳还是冲浪，都表现得比同龄选手杰出，而在网球方面，更是佼佼者。去年她赢得了好几个比赛冠军，可以说是很风光的一年。但讽刺的是，她当时并没有全力以赴，反而以"轻松打"的心态居多。

上回过生日，凯茵用塔罗牌占卜流年运势，知道自己将会有个"好运旺旺的一年"。因此，凯茵这么想着：去年我只不过是随便打打，就有这么好的成绩，我要是开始加倍努力、勤奋练习、全心投入，那还得了？换句话说，凯茵认为自己在这一年的网球赛里稳操胜券。于是凯茵找出所有网球录影带和相关书籍，加强技巧，而且将原来在比赛前一晚喝点小酒的习惯也改了，她吃得更健康，以保持最佳状态。

以往，她总在年度大赛的最后一晚放松心情，但这回，她把念书时准备期末考试的那股拼劲拿来打网球。

比赛那天，凯茵信心满怀，“我一定可以把对手打得灰头土脸！”

然而，比赛中，凯茵一直试图想起书中的重点，现学现用，可是不知怎么的，总是慢了一步，脑子里净想“我表现得如何”。她全身紧绷，一点也没法轻松快乐地打球。最后，她输了。

输给了实力不及自己的莎莉之后，凯茵独自思考：为什么事倍功半呢？我明明这么努力了，到底是怎么回事？

突然，有个答案从她脑海中闪过：塔罗牌明明说我今年的运势会很顺利，而事实也应如此啊！我学到了人生一个最重要的课题，那就是：“当我喜欢自己的表现而且不把它看得那么严肃，也不要刻意去分析每一个挥拍反击的动作时，我的成绩通常比较好。”原来这就是所谓的把心放在球场打球。

凯茵学到了一个宝贵的经验：如果她在打球时，想的尽是运球动作和球技分析，她很容易犯规、表现呆板，且对敌手的回击缺乏应变能力。除此之外，凯茵领悟，人生不也如此？只要她舍弃当下思考的直觉过程，屈就才智，生活则显得枯燥单调、缺乏效率且无趣烦闷。当她把心放在球场，不去想如何挥拍、杀球，那么一旦情况需要，所有的技巧便能自然涌现。

大启迪：我们时时刻刻在进行思考，但其本质却持续变动。当思想变严谨、条例化、过于刻意，自然呈现短浅、因循守旧、按部就班的行为模式。当我们在分析一切的时候，那就好像我们在企图思考。反之，当我们的心智没有负担，除了让意念自由游走别无所求时，这种放松的当下，正确性思考就会在我们需要它的时候不请自来。

71. 神奇的蝴蝶

冷漠和暴力给孩子带来的创伤是巨大的。

——里查德

大卫来参加夏令营时刚好十岁，他是带着生活中的许多“垃圾”来的。

他有个酗酒的父亲，脾气暴躁，总是用拳头说话。大卫曾不止一次地目睹父亲把母亲打得死去活来。他还有个十二岁的姐姐，正如许多在这样的家庭中长大的孩子一样，她已变得内向寡言，并且很善于不让别人注意自己。

而大卫刚好相反，他执拗地反抗父母的暴怒，但每次都在暴打中败下阵来。他被贴上了一大堆诊断性的标签，比如注意力障碍、学习能力障碍、行为障碍、品行障碍等。尽管他吃过六种药，但是没效，他在学校里仍然经常和别的孩子打架。

大卫初来营地时，我们看到的是一个面色苍白、怒气冲冲的孩子，他的目光总是躲着别人，走起路来双肩低垂，拖着沉重的步子。一句话，一副垂头丧气的样子。

开营的第一天，大卫就和别的孩子扭打起来。

奇迹！十秒钟的壮举就在他脸上留下了“痕迹”——他的下唇给打肿了。这棒极了，因为他再一次被打败，被伙伴们疏离，而这正好反映了他那时内心的感受。于是，你可以想像，在开始的两天

里，大卫很不容易接近，他抗拒，与别人保持距离，不与其他孩子接触。

然而，随着活动的展开，他开始渐渐地信任利德了。终于，在第三天做小组活动的时候，有了突破。大卫谈到他的父亲，谈到家庭中的暴力，谈到他的恐惧、愤怒和忧伤……

他哭了。从那以后，大卫变了。他的脸色红润起来，他开始笑了，能与人对视，也能与其他孩子融洽地相处了。他甚至允许成年咨询员搂着他的脖子。他终于活过来了，一步步从自我保护的硬壳中钻出来，重新成为他自己，这过程简直令人难以置信。他成了那周夏令营时最大的奇迹。

夏令营结束前一天下午大卫又和别的孩子又打起来了。从夏令营第一天之后，他一直没再打过架。不过，营员们在父母来接他们的前一天之后，他一直没再打过架。不过，营员们在父母来接他们的前一天感到焦虑是很常见的，有的孩子会意识到自己将重新回到不健康的环境，有的孩子会感到悲伤，因为他们即将离开已经非常亲密的新朋友。

利德把两个孩子分开，让他们自己解决争端，然后利德请大卫和自己一起出去走走。利德边走边对他说，在那一周中他所做的一切努力是多么令利德骄傲，他曾怎样勇敢地开放自己，信任利德，允许利德走进他的内心，一周来他有了多么大的改变。就在这时，一只美丽的蝴蝶飞过来，扑扇着翅膀在身边飞舞，然后，停在前方小径上离利德不远的地方。于是利德停下脚步，欣赏它的美丽。

利德告诉大卫，这只蝴蝶来得正好，在印第安民间传说中，人们相信，如果一只蝴蝶在你行走路上停留，这象征着你已经或者即将发生重大的转变，就好像毛毛虫羽化成蝴蝶一样。这只蝴蝶的到来正好证实了利德刚才的那些话——他已有了很大的进步。

可是，大卫抬头看着利德，脸上又显出他旧有的垂头丧气的神情："说不定这只蝴蝶不是为我来的，也许它是为你来的呢！"

哦！利德一时语塞，脑中飞速地搜索，想要找到可以抚慰他的话，但就在这时，大自然一如它惯常的奇妙替利德解了围。那只蝴蝶忽然飞到空中又围着利德飞舞，最后正好落在大卫的胸前！

利德什么也没说，什么也不必说了。但利德永远忘不了在那个神奇的时刻，那个孩子看着那只蝴蝶，脸上是怎样的神情！那神情充满着纯真的喜悦和希望，就是在那一刻，他知道了，他相信了，他会跟从前不一样，他的生命和未来会跟以前不一样。似乎也正是在那一时刻，他在那一周内所学到的一切都涌入了他的心田。

大启迪：那只奇妙蝴蝶所营造的神奇时刻会深深地植入和大卫一样的孩子的心田并留下些什么。当他们在生活中遇到不如意的事情时，需要记起自己实际上是多么可爱、多么了起的时候，他们会在自己的心田里找到那只神奇的蝴蝶。

72. 贝丝的观念

学会放弃的人，才会有所收获。

——歌德

贝丝家里有三个开水瓶。平时，只要哪个开水瓶里没有水了，贝丝总会及时去烧开水，把那空着的水瓶注满。

这天，贝丝烧好水，刚注满两个空着的开水瓶，贝丝的丈夫走过来，拿起其中一个就往茶杯里倒水。贝丝止住了他，指了指另一个瓶

说："先喝昨天烧的。"丈夫只好放下手里的瓶，提起那个瓶，往杯里一倒，水已不热。丈夫虽皱了皱眉，但他还是从容地喝了这凉开水。他知道，如果不喝，贝丝又会说，自己家烧的水，不能像公司里那样，隔夜的开水凉了就倒掉。

贝丝天天都要烧开水，但贝丝一家人天天都只喝凉开水。

贝丝买了一箱梨。买回当天，贝丝清理出几个烂梨子。她把好梨装回箱子时，把那几个烂梨子剜去烂掉的部分，洗净，然后动员全家人一起"消灭"了那几个烂梨子。

过了几天，贝丝打开箱子，发现又烂了几个梨子。她再次把烂梨子清理出来，剜去烂掉的部分洗净，再次动员全家一起突击吃烂梨子。梨子仍在烂。贝丝一家吃了一箱烂梨子。

贝丝家有了冰箱后，贝丝上街买菜一次便买很多，回来时，把把冰箱塞得满满的。这样可以吃上一些日子。

贝丝每次发现冰箱里面的菜不多了，便提上菜篮子，上街又狠狠地采购一批。回来时，除了菜篮子里装满了，还大包小包提着几个塑料袋。每次把冰箱里原来剩下的菜清出来，把刚买的新鲜菜放进去。贝丝是这样划算的：先前买的菜必须先吃，不然坏了可惜。

贝丝家冰箱里的菜总是在循环，新买的新鲜菜总是被贝丝放进冰箱里，贝丝家每日吃的都是在冰箱里储存了一段时间的菜。

贝丝的丈夫出差回来，给贝丝买了一套流行的套装裙。贝丝很高兴，她把衣裙试了一次后，便舍不得穿，将衣服挂进衣柜里，又穿起那些旧衣服。她觉得那些旧衣服都还没穿坏，搁在那儿不穿挺可惜的，新衣服可以存起来以后再穿。

贝丝的丈夫仍在不断地给贝丝买时兴的衣服，贝丝也喜欢。可贝丝总是舍不得丢弃旧衣服。一天，贝丝从箱柜里取出自买回来只穿了一次的踏脚裤，贝丝走在大街上，引来了不少人侧目，贝丝却一脸灿烂，为引来如此高的回头率而自我感觉良好。贝丝自己当然不知道，这种裤子早已过时，人们看她就像看见了一个怪物。

大启迪：贝丝的人生观念，造就了贝丝的行事方式和生活方式。事实上，世上有很多人，也像贝丝一样，思想观念里，有着过去那些一直被当作美德的东西。不知道贝丝有没有想过，为什么就不能改变喝凉开水、吃烂梨子、吃冰箱菜、穿过时衣服的习惯？其实人生很多时候需要舍弃一些东西，这不但不浪费，而且还能获得更多的东西。

73. 黑键和白键

我们是各自只有一只翅膀的天使，我们只有彼此拥抱在一起时才能飞翔。

——克斯葛

1983年春天，玛格丽特·派崔克抵达“东南老人中心”，开始了她的物理治疗的独立生活。当该中心员工米莉·麦格修将玛格丽特介绍给中心人员时，她注意到玛格丽特盯着钢琴看的那一霎间流露出痛苦的表情。

“怎么了？”米莉问。

“没什么，”玛格丽特柔声说，“只是看到了钢琴，勾起我许多回忆。”米莉瞥向玛格丽特残废的右手，默默聆听眼前这名黑人妇女谈起她音乐生涯的辉煌过去。

“你在这里等一下，我马上回来。”米莉突然插口说。

一会儿后，她回来了，身后紧跟着一位娇小、白发、带着厚重眼镜，并且使用助步器的女人。

“这位是玛格丽特·派崔克。”米莉帮她们互相介绍，“这位是露丝·艾因柏格。”她笑道：“她也弹钢琴，但她跟你一样，自从中风后，她就没办法弹了。艾因柏格太太有健全的右手，而你有健全的左手，我有种感觉，只要你们互相合作，一定可以弹出好作品。”

“你知道肖邦降D调的华尔兹吗？”露丝问，玛格丽特点点头。

于是两人并肩坐在钢琴长椅上。两只健全的手——一只是黑色，有纤长优雅的手指；另一只手是白色，有短胖的手指——很有节奏感地在黑白键上滑动。从那天起，她们就一起坐在键盘前——玛格丽特残废的右手搂住露丝背部，露丝无用的左手搁在玛格丽特膝上。露丝健全的手弹主旋律，玛格丽特灵活的左手弹伴奏曲。

她们的音乐曾在电视上、教堂里、学校中、复健中心、老人之家给许多听众带来快乐。坐在钢琴长椅前，她们共享的东西不只是音乐。除肖邦、巴哈和贝多芬的音乐外，她们发现彼此的共通点比想像的要多得多——两人都是很好的祖母和寡妇（玛格丽特的先生在一九八五年过世），两人都失去了儿子，两人都有颗奉献的心，但若失去了对方，她们什么也办不到。

两人同坐在钢琴长椅前，露丝听见玛格丽特说：“我被剥夺了音乐，但上帝给了我露丝。”显然，这五年来她们并肩而坐，玛格丽特的某些信仰已影响了露丝，露丝说：“是上帝的奇迹将我们结合在一起。”

大启迪：当灾难降临时，一个人的力量是如此的渺小。面对灾难，我们无奈、无助和虚弱，我们不知道何去何从。学学玛格丽特和露丝吧，她们的故事让我们懂得了：爱让我们相互扶持，爱使得我们创造奇迹！

74．珍惜是福

在这个世界上，没有太多的东西可供我们挥霍，惟有发现并珍惜，我们才有可能为我们的生活积累起真正的财富。

——莫米尔

亨利六世时期，特德很想成为一位富翁。

特德家境贫寒，从小到处流浪，努力寻求如何才能变成富翁的方法。他当过泥瓦匠，卖过服装，当过跑堂的伙计，还用多年积攒的钱贩卖过食盐，然而，几年过去了，他不仅没有变成富翁，反而将积攒的一点钱花得一干二净，他本人也因为屡屡失手而变得心灰意冷，他感叹人生无常、命运不公，觉得辛辛苦苦地干活也是无济于事，到头来还是个沦落街头、衣衫褴褛的流浪汉。

在一个风雨交加的夜里，一连三天水米未进的他跌跌撞撞地拐进了一座破教堂，雷电交加，照亮教堂里的一尊神像，他跪在地上，虔诚地向神诉求："神啊，你大慈大悲，为什么不能指点我一条成为富翁的路呢？"他饥饿交织，瘫倒在地上。

冥冥之中，特德仿佛听见神的声音，神说："年轻人，世间的万物皆互为因果，因便是果，果即为因，从此以后，凡是你碰到的东西哪怕何等微小，你也要珍惜爱护没有绝对无用的东西，为你遇上的人着想，你会有好报的。"

特德突然惊醒，神的话他却牢牢记在了心上，决心照神的指示去做，重新振作起来。次日清晨，他来到一条小河边洗了洗脸，见水面上浮着一片枯叶，上面一只小蚂蚁正在挣扎。他小心翼翼地捡起那片枯叶，将小蚂蚁放到地上。小蚂蚁迅速地领来了一群蚂蚁，他们排成黑压压的一队，指示特德往西南走去，果然翻过一个小坡，下面是一片茂密的野果林。特德饱饱地吃了一顿，又摘了几个揣进怀里。他继续赶路，不久碰到一个躺在路边的商人，原来商人迷了路，已经几天没吃东西了。特德给了商人两个果子，商人甚是高兴，就送了特德一瓶灯油继续往前走。

天黑了，特德来到一间黑屋子前。屋里没有灯，只有孩子的哭声，原来这家人的孩子病了，天黑路远请不到医生，特德把灯油倒进油灯中，提着油灯请来了医生治好了孩子的病。

孩子的父亲十分感激年轻人，送了他一锭金子作为报答。特德用这锭金子买了一个果园，由于他为人厚道帮助他的人很多。几年以后，特德有了自己的花园，成为远近闻名的富翁。

大启迪：这个故事告诉我们，真正通向致富之路的不是金银珠宝的堆积，也不是名利上的追求，而是珍惜每一件看似无用的东西，珍惜我们遇到的每一件东西，每一个人，因为冥冥之中，它们都是因果关系链条上的一环。人的福分是有限的，一枝草，一滴水，看似轻微，也能救人于危难中，反之也能让人吃尽苦头甚至丧命。

75．善的回声

善良的心永远像远方的皓月一样美丽动人，最为纯洁。

——莎士比亚

1886年12月的一个黄昏，贫穷的荷兰画家文森特·梵高，因为付不起房租，被迫冒着刺骨的风雪来到一家廉价的小画铺的门前，几乎是央求着老板开了门，希望能收购下他的一幅刚刚完成的静物画。

是的，这个年轻的、尚未成名的画家太贫穷了。他一个人流落在异乡，身边既无亲人也无朋友。虽然他每天都要从事14至16个小时的绘画工作，但他的画却一张也卖不出去。他因此而受尽了世人的歧视与冷遇。

但实际上呢，他连这么一点小小的希求都达不到。

他在另一封信上诉说道：

“这几天我过得很不愉快。星期四我的钱已花光了，四天来我靠二十杯咖啡加一点点面包为生，面包钱还是欠了人家的。今晚只剩一块面包皮了……然而创作却深深地吸引着我，我像苦力一样画着我的油画……”

生活是这样的不公平，梵高又是如此的贫困无助！他知道，这个冬天，如果再卖不出去一张画，那么只有被赶出旅店而露宿在风雪街头了……

还算幸运，小画铺的老板勉强买下了他的一幅静物画，给了他五

个法郎。对于梵高来说，这算是最大的恩宠了。他紧紧地攥着这五个法郎，赶忙离开了小画铺。

可是，就在这风雪交加的归途上，他忽然看见一个衣衫褴褛的小女孩，刚从圣拉萨教堂里走出来。小女孩很美丽，但从她那一双可怜的孤苦无助的眼睛里，梵高一下子就看出来了，她也正处在饥寒交迫之中。

“可怜的孩子！”梵高用忧郁的目光注视着这个正在哀求的女孩，喃喃地说道：“没有错，当风雪降临到世界的时候，所有的穷人都是困苦的，可是那些富人是不会懂得这些事的。”

这样想着的时候，梵高完全忘记了房东此时正守在他的住处，等着他回去交房租呢。他毫不犹豫地把自己刚刚拿到手的五个法郎，全部送给了这个素不相识的、楚楚可怜的小女孩。他甚至还觉得自己所给予这个小女孩的帮助太少、太无济于事，于是便满脸惭愧地、逃也似地离开了小女孩，消失在凛冽的风雪之中……

四年之后，文森特·梵高——这位尝尽了世间的饥饿炎凉和人生的孤独贫困的艺术家，便在苦难中凄惨地辞别了人世。这个可怜的画家，他仅仅活了三十七岁！

梵高生前的绘画成就始终没有得到世人的承认，但他死后，所留下的作品却成了整个世界仰之弥高、光彩夺目的珍品。

更没有人会想到，1886年冬天的那个黄昏，他那幅仅仅卖了五个法郎的静物画，若干年后，在巴黎的一家拍卖行的第九号画廊里，有人出价数千法郎买下了它！

大启迪：善是心灵的美德，它不是一种学问，而是一种行为。不同的时代里，人们需要的总是同一种善良。因为它会带给我们幸福，始终如一。善良的心就是太阳。

76. 评估生命的价值

生命中最有价值的事，莫过于生命本身了。

——苏格拉底

生长在孤儿院中的比尔，常常悲观地问院长：

“像我这样没有人要的孩子，活着究竟有什么意思呢？”

“父母抛弃了我，上帝为什么还要我继续受苦？”

“人生是受苦的，那么生命的意义何在？”

院长总是笑而不答。

有一天，院长交给比尔一块石头，说：“明天早上，你拿这块石头到市场去卖，但不是‘真卖’，记住，不论别人出多少钱，绝对不能卖，你只是看看别人能给你开多高的价钱。”

第二天，比尔蹲在市场角落，很让比尔感到意外，竟然有好多人要向他买那块石头，而且价钱愈出愈高。回到院内，比尔兴奋地向院长报告，院长笑笑，要他明天拿到黄金市场去叫卖。

第三天，在黄金市场，竟有人出比昨天高十倍的价钱买那块石头。比尔十分奇怪，这么一块石头在黄金市场居然能卖这样高的价钱。

最后，院长叫比尔把石头拿到宝石市场上去展示。结果，石头的身价较昨天又涨了十倍，再加上比尔怎么都不卖，那块石头竟被传扬成“稀世珍宝”。许多人都抢着要和比尔做个交易，非要买到这块石头不可。

比尔兴冲冲地捧着石头回到孤儿院，将这一切禀报院长。院长望着比尔，徐徐说道："生命的价值就像这块石头一样，在不同的环境下就会有不同的意义。一块不起眼的石头，由于你的珍惜而提升了它的价值，被说成稀世珍宝。你不就像这石头一样？只要自己看重自己，自我珍惜，生命就有意义，有价值。"

大启迪：我们的生命是无法用世俗的眼光来衡量的，珍惜我们的生命，因为生命的价值是无限的。不要因为你处于不利的环境而放弃了追求理想，人人都是生而平等的，不论你身在何处，你都是独一无二的，相信你自己，相信生活，相信大自然，生活是会给我们每一个人一个平等的机会的。珍惜我们现在拥有的一切，用我们的信心和毅力去开拓未来，开拓美好的新生活。

77. 悬崖间的铁索桥

人生之路正如两座悬崖间的铁索桥，而这座铁索桥又由大大小小的痛苦组成的链环连接而成。

——克里

一座泥像立在路边，历经风吹雨打。他多么想找个地方避避风雨，然而他无法动弹，也无法呼喊。他太羡慕人类了，他觉得做一个人真好，可以无忧无虑、自由自在地到处奔跑。他决定抓住一切机会，向人类呼救。

这天智者圣约翰路过此地，泥像用他的神情向圣约翰发出呼救。

“智者，请让我变成人吧！”泥像说。

圣约翰看了看泥像，微微笑了笑，然后衣袖一挥，泥像立刻变成了一个活生生的青年。

“你要想变成人可以，但是你必须先跟我试走一下人生之路，假如你承受不了人生的痛苦，我马上可以把你还原。”智者圣约翰说。

于是，青年跟随圣约翰来到一个悬崖边。

只见两座悬崖遥遥相对，此崖为“生”，彼崖为“死”，中间由一条长长的铁索桥连接着。而这座铁索桥，又由一个个大大小小的铁链环组成。

“现在，请你从此岸走向彼岸吧！”圣约翰长袖一拂，已经将青年推上了铁索桥。

青年战战兢兢，踩着一个个大小不同链环的边缘前行，然而一不小心，一下子跌进了一个链环之中，顿时两腿悬空，胸部被链环卡得紧紧的，几乎透不过气来。

“啊！好痛苦呀！快救命呀！”青年挥动双臂，大声呼救。

“请君自救吧。在这条路上，能够救你的，只有你自己。”圣约翰在前方微笑着说。

青年扭动身躯，奋力挣扎，好不容易才从这痛苦之环中挣扎了出来。

“你是什么链环，为何卡得我如此痛苦？”青年愤然道。

“我是名利之环。”脚下的链环答道。

青年继续朝前走。忽然，隐约间，一个绝色美女朝青年嫣然一笑，然后飘然而去，不见踪影。

青年稍一走神，脚下一滑，又跌入一个环中，被链环死死卡住。

可是四周一片寂静，没有一个人回应，没有一个人来救他。

这时，圣约翰再次在前方出现，他微笑着缓缓道：

“在这条路上，没有人可以救你，只有自救。”

青年拼尽全力，总算从这个环中挣扎了出来，然而他已累得精疲力竭，便坐在两个链环间小憩。

“刚才这是个什么痛苦之环呢？”青年想。

“我是美色链环。”脚下的链环答道。

经过一阵轻松的休息后，青年顿觉神清气爽，心中充满幸福愉快的感觉，他为自己终于从链环中挣扎出来而庆幸。

青年继续向前赶路。然而料想不到的是，他接着又掉进了欲望的链环、妒忌的链环、仇恨的链环……待他从这一个个痛苦之环中挣扎出来，青年已经完全疲惫不堪了。抬头望望，前面还有漫长的一段路，他再也没有勇气走下去了。

“智者！我不想再走了，你还是带我回到原来的地方吧。”青年呼唤着。

智者圣约翰出现了，他长袖一挥，青年便回到了路边。

“人生虽然有许多痛苦，但也有战胜痛苦之后的欢乐和轻松，你难道真愿放弃人生么？”智者圣约翰问道。

“人生之路痛苦太多，欢乐和愉快太短暂太少了，我决定放弃成为人，还原为泥像。”青年毫不犹豫。

智者圣约翰长袖一挥，青年又还原为一尊泥像。

“我从此再也不必承受人世的痛苦了。”泥像想。

然而不久，泥像便被一场大雨冲成一堆烂泥。

大启迪：人生路上痛苦与快乐必然形影相随，人活着，又无法任意选择，有谁能说我只要快乐，不要痛苦呢？勇敢地承担苦痛，这才是人生之要义，没有痛苦，快乐也是不完整的。

78. 追随你的梦想

任何一项奇迹都是产生在我们梦想的基础上，不要因为是梦想而放弃我们的努力。

——贝多芬

蒙提·罗伯兹在圣思多罗有座牧马场。杰克常借用他宽敞的住宅举办募款活动，以便为青少年的计划筹备基金。

上次活动时，蒙提在致词中提到：

“我让杰克借用住宅是有原因的。这故事跟一个小男孩有关，他的父亲是位马术师，他从小就必须跟着父亲东奔西跑，一个马厩接着一个马厩，一个农场接着一个农场地去训练马匹。由于经常四处奔波，男孩的求学过程并不顺利。小学时，有一次老师叫全班同学写报告，题目是‘长大后的志愿’。

“那晚他洋洋洒洒地写了7张纸，描述他的伟大志愿，那就是想拥有一座属于自己的牧马场，并且仔细画了一张200亩农场的设计图，上面标有马厩、跑道等位置，然后在这一大片农场中央，还要建造一栋占地4 000平方英尺的巨宅。

“他花了好大心血把报告完成，第二天交给了老师。两天后他拿回了报告，第一页上打了一个又红又大的F（不及格），旁边还写了一行字：下课后来见我。

“脑中充满幻想的他下课后带着报告去找老师：‘为什么给我不及

格？’

“老师回答道：‘你年纪轻轻，不要老做白日梦。你没钱，没家庭背景，什么都没有。盖座农场可是个花钱的大工程；你要花钱买地、花钱买纯种马匹、花钱照顾它们。你别太好高骛远了。’老师接着又说：‘你如果肯重写一个比较不离谱的志愿，我会重打你的分数。’

“这男孩子回家后反复思量了好几次，然后征询父亲的意见。父亲只是告诉他：‘儿子，这是非常重要的决定，你必须拿定主意。’

“再三考虑好几天后，他决定原稿交回，一个字都不改。他告诉老师：‘即使拿个大红字，我也不愿放弃梦想。’”

蒙提此时向众人表示：“我提起这故事，是因为各位现在就坐在这200亩农场内，坐在占地4 000平方英尺的豪华住宅中。那份初中时写的报告我至今还留着。”他顿了一下又说：“有意思的是，两年前的夏天，那位老师带了30个学生来我的农场露营一星期。离开之前，他对我说：‘说来有些惭愧。你读小学时，我曾泼过你的冷水。这些年来，我也对不少学生说过相同的话。幸亏你有这个毅力坚持自己的梦想。’”

大启迪：在日常生活中我们不论做什么事，都要相信自己，不要因为别人的一句话而把自己击倒。自己拿定主意，就要追随自己的梦想，努力把自己的梦想化作现实，这才是最重要的。要记住，在生命中永远不要放弃自己的追求，努力向前。

79. 生长在心中的杂草

我们的心灵就像一座园圃，让它荒废不治还是让它洁净美丽，那全在于我们的意志。

——柏拉图

休谟的弟子，个个学富五车。

一天，这位先哲意识到自己将不久于人世，但对弟子们颇有些放心不下，于是就决定露天讲授最后一堂课。

“你们看，田野里长着些什么？”休谟问。

“杂草。”弟子们异口同声地回答道。

“告诉我，你们该怎么除掉这些杂草？”

众弟子不禁有点愕然，心里说：这个问题也太简单了。

大弟子首先开口道：“只要给我一把锄头就足够了。”

二弟子马上说：“还不如用火烧来得利索。”

三弟子反驳说：“要想斩草除根，只有深挖才行。”

等弟子们全都讲完后，休谟微微一笑，站起来说：“这堂课就到此为止。你们回去后按照自己的方法去清除一片杂草，一年之后再在这里相聚。”

一年时间转眼间就过去了，当弟子们再次相聚时，他们都很苦恼，因为无论他们采取什么方法，都没有明显的效果，有的反而更多了。因此，众弟子都等着向老师请教。

然而先哲已经与世长辞了，死后只留给弟子们一本书。书中有这么一段话："你们的办法是不能把杂草彻底清除干净的，因为杂草的生命力很强。要想除掉田野里的杂草，最好的办法就是在田野里种上庄稼。是否想过，你们的心灵也是一片田野。"

大启迪：在这五彩缤纷、喧嚣浮躁的世界上，人们的心灵既培育着真、善、美，同时又是滋生假、恶、丑的温床。这些假、恶、丑来自于人类原始的生物本能积淀，生命力非常顽强，稍不留意就会使我们心灵的田野变得荒芜一片。只有在心灵的田野中种满"庄稼"，才能使"杂草"的生存空间变小，庄稼越是茁壮繁茂，杂草就越是孱弱萎缩，心灵田野中的杂草也就容易清除干净。

80. 吉妮的改变

没有必要太多在意别人的眼光，因为那些眼光中的某些东西会给人沉重的心理压力。

——洛杰斯

由于工作的调整，吉妮的情绪非常不好，参加了一个医院赞助的课程，内容正如同她的同事杰夫曾告诉过她的一样，吉妮这才认识到自己强烈的情绪来自于没有清楚认识自身的体验之源——她的思考。

她终于晓得，为什么一遇到问题时，首先要冷静，其次才是行动、决定或反应。她向来总是先发脾气，然后才去抚平情绪。

上完第一天的课，吉妮和两个正值青春期的孩子分享她的经验，没想到孩子回答道："妈，我们早就告诉过你了，只是你不听。"

吉妮不想承认，然而孩子们可没乱说。吉妮拉下脸坦诚道："我知道你们说的没错，可是在这之前我根本不晓得自己可以选择，对我来说，你们这些小毛孩根本不了解真正的职场奔波、身兼重任的感觉，怎么能体会我的所作所为呢？"

吉妮的部门经过这次人事缩减后竟然愈变愈好，即使现在只剩两个技师、三个经理，却比以前来得有效率。过去他们习惯等上司做裁决，尽管这些情况往往和上司工作领域没有太多关联。如今，他们就如同一个智囊小组，工作进度、工作量自己可以做决定，也能够掌握变数，至于其他零零总总也不需太费力气即可完成。一切似乎平顺得近乎自然，他们的工作环境现在比较融洽了，也能和患者及医院员工诚挚相处，适时提供体贴人心的服务。

吉妮讲到有关自己的种种改变："我本来害怕这种经验会离开，可是印象却愈来愈深，上课的时候我好想站起来和大家分享自身的经验，可是一旦这么做，我一定会哭得不能自已。我不是难过，而是喜极而泣，这种感觉只有在分娩的时候才发生——一种完全的喜悦。"

医院学习部门的主管说，医院承诺要促进院内人际关系和谐，吉妮的事情正是管理部门乐见其成的。尽管要说服管理部门将此当作长期的努力目标有点不容易，但无论如何，辛苦是有代价的，这些课程的确鼓舞了士气、增进了沟通及提高了工作效率。这家医院目前正把这些课程扩大到整个社区，并且也赞助政府、企业和学校推广类似的课程。

要把这个原则实际运用到生活里需要花点时间，并非一蹴而就。不管怎么样，当一个人改变了，他会将这种情绪感染给周遭的人，即使在吉妮还没接受之前，杰夫的态度必定也深深影响了其他同事。开会时比以前融洽、充满创造力，彼此间也更容易达成共识。一旦大群

激动的人态度改变，这将影响整个组织文化。

大启迪：人类有潜在欲求的渴望。很多人，特别是在工作里，放弃了这种希望。其实只要了解：快乐之源来自内在本能而非上司或同事，我们就会感到自在，就如同吉妮，从抱怨管理组织蛮横霸权到重新对内在心灵的改变一样。

81. 心灵的镜子

世界上最可悲的事物，莫过于笼中之鸟，井底之蛙；所以千万不要给你的心灵加一把锁。

——亚当斯

有一个叫杰克的人搬进了一套新房子，他对这套房子很满意，惟一美中不足的就是房子的书房面积太小，以至于他在里面伏案工作时，经常有压抑的感觉。后来他想出一个好办法来，他把书房的几面墙都装上镜子，镜子的反光让他觉得书房大了不少。可是过了一段时间，他觉得书房又一天天小起来。他百思不得其解，后来，每当他工作时，一抬头便看到自己的影子，竟莫明地感到心惊胆寒起来。

有一天，他遇到一位智慧的老人布鲁尔，便将自己心中的疑惑告之，老人听完后说："你的书房四周都是镜子，每天眼睛里就只有自己，看不到别的事物，感觉当然小了，如果你能少顾盼自己，多看看四周的景物，书房就会变大的，你何不把镜子换掉呢？”

杰克听了后明白了一点，他回家将四壁的镜子拿掉，又将两面临街的墙打穿，装上透明的玻璃。坐在书房里，抬眼便可看到外面街上的树木、行人和大路上的车水马龙。世界仿佛一下子变大了。杰克很高兴地享受了一段时间。

没过多久，他又遇到了新的问题，外面的喧闹经常使他有身在闹市的感觉，书房固然是大了，他却无法静下心来看书。于是他又去找布鲁尔，倾诉自己的烦恼：“我刚安上玻璃时，感觉视野非常开阔，可现在我发现它使外界的东西烦扰到我自己，我究竟应该怎么做才好呢？”

布鲁尔答道：“为什么不在你的心里安上一面镜子呢？”

杰克不解地看着布鲁尔。

布鲁尔说道：“你在书房安上镜子，阻挡了你向外界的视线，使你的天地变得狭小，你在书房装上透明的玻璃，又和外界融为一体，失去了自我的清静，因此不能固守本心，你何不在心中安一面镜子呢？一个人在面对外面的世界时，需要窗户；面对自己时，则需要镜子。这样子，你才能既欣赏到世界的博大，又能反省自我。”

“其实，”布鲁尔接着说，“房间中安玻璃或者安镜子并不重要，重要的是你的心。你的心广大了，书房也就宽敞了，你的心明亮了，书房也就明亮了。”

大启迪：我们现实中的人就像为书房烦恼的杰克一样，有时会将注意力集中在自己一己的私事上，看不到世界的广袤，时而又会在大千世界中盲目地随波逐流，丢失了自己。我们是不是也应当为自己准备一扇窗户和一面镜子呢？透过窗户感受世界，反观镜子审视自身。

82. 老师我站着

想到自己的苦难别人也曾经受过，虽不能治愈痛楚，却能使它稍稍缓和。

——莎士比亚

这是一所能看到大海的地势较高的中学，上课时从教室就能看到变化无穷的大海。

那年约有80名新生入学，其中大多数是那些与大海搏击的渔民们的子弟。

那是比彻给新生上第一次课的事情。

“起立。”

大家都站起来。因为是新生，所以都很认真，教室出现瞬间的寂静。但是，有一名学生耍滑头未起立。

“站起来，刚入学就是这种态度可不行！”

比彻的语气顿时严厉起来。

这时，传来一个声音：“老师，我站着呢。”

是的，他，赫尔站着，但是由于他个子太矮，比彻看着他好像是坐着。

糟糕！比彻做了对不起赫尔的事。

比彻为自己的粗心感到不安，一时竟不知说什么。如果在此时道歉，反而会伤赫尔的自尊心。于是，比彻当时只说了声“对不起”，周围的学生都笑起来。赫尔的心情一定很寂寞，比彻意识到赫尔以后也许会因此受他人的欺负。

下课后，比彻本想向赫尔道歉，但忙乱之中竟把此事忘掉。晚上，比彻犹豫是否给赫尔打电话，但打电话道歉太不礼貌，于是只好作罢。

第二天，天空晴朗无云，春天的大海碧波荡漾，比彻给赫尔的班上第二次课。

“起立。”

又是瞬间的寂静。这时，忽然传来一个洪亮的声音。

“老师，我站着呢。”

是赫尔，他站在椅子上，微笑着。比彻只觉得眼前发暗。赫尔的微笑中，比彻看出他这样做并不是讽刺，也不是抵抗情绪的表露。

比彻感到了“老师，我不在意，不要为我担心”这样一种体谅，比彻的心口感到一阵疼痛。

晚上，比彻怀着复杂的心情给赫尔拨了电话。

“老师，别在意，别在意。”对面传来赫尔爽朗又充满稚气的声音。

比彻祈盼明天的天空还是晴朗无云，大海还是碧波荡漾。

大启迪：有大海一样的胸怀，生活中还有什么事情会让我们失去笑容呢？不要把自身的缺点看作是我们的不幸，而是要乐观地化不幸为前进的动力，奋力前行。

83. 黄玫瑰的心

自然中有与人相和谐的生命，只要你认真去发现它，你就会获得许多深刻的感悟。

——习蒙那

为了这绝望的爱情，丹尼尔很久以来一直过着沮丧、疲倦、行尸走肉的日子。昨夜从矿坑灾难中采访回来，因疼惜生命的脆弱与无助，躺在床上不能入睡。

清晨，当第一道阳光照入，丹尼尔决心为那已经奄奄一息的爱情做最后的努力。他想，第一件该做的事是到花店买一束玫瑰花，要鹅黄色的，因为他的女友最喜欢黄色的玫瑰。

刮好胡子，他勉强拍拍自己的胸膛说：“振作起来。”想到昨天在矿坑灾难前那些沉默哀伤但坚强的面孔，就出门了。

往市场的花店路上，丹尼尔想到在一起五年的女朋友，竟为了一个其貌不扬、既没有情趣又没有才气的人而离开，而他又为这样的女人去买玫瑰花，既心痛又心碎，生气又悲哀得想流泪。

到了花店，一桶桶美艳的，生气昂扬的花正迎着朝阳，开放。

找了半天，才找到放黄玫瑰的桶子，只剩下9朵，每一朵都垂头丧气，

“真怪，人在倒霉的时候，想买的花都垂头丧气的。”他在心里咒骂。

“老板，”他粗声地问，“还有没有黄玫瑰？”

老先生从屋里走出来，和气地说：“没有了，只剩下你看见的那几朵啦。”

“每一朵的头都垂下来了，我怎么买？”

“喔，这个容易，你去市场里逛逛，半个小时后回来，我包给你一束新鲜的，有精神的黄玫瑰。”老板陪着笑，很有信心地说。

“好吧。”他心里虽然不信，但想到说不定他要向别的花店调，也就转进市场逛去了。

好不容易在市场里熬了半个小时，再转回花店时，老板已把一束黄玫瑰用紫色的丝带包好了，放在玻璃柜上。

他不敢相信自己的眼睛，他说：“这就是刚才那一些黄玫瑰吗？”——它们垂头丧气的样子还映在他的眼前。

“是呀，就是刚才那些黄玫瑰。”老板还是笑咪咪地说。

“你是怎么做到的，刚才明明已经谢了。”他听到自己发出惊奇的声音。

花店老板说：“这非常简单，刚才这些玫瑰不是凋谢，只是缺水，我把它整株泡在水里，才20分钟，它们全又挺起胸膛了。”

“缺水？你不是把它插在水桶里吗？怎么可能缺水呢？”

“年青人，玫瑰花整株都需要水呀，泡在水桶是它的根茎，就好像人吃饭一样。但人不能光吃饭，人要有思想、有智慧，才能活得抬头挺胸。玫瑰花的花朵也需要水，在田野里，它们有雨水露水，但是剪下来后就很少人到注意它的头也需要水了，整株泡在水里，很快就恢复精神了。”

丹尼尔听了非常感动，愣在那里：呀，原来人要活得抬头挺胸，需要更多智慧，应当把干枯的头脑泡在冷静的智慧水里。

当他告辞的时候，老板拍拍他的肩膀说：“年青人，要振作呀！”这句话差点使他流泪，原来老先生早就看清他是一朵即将枯萎的黄玫瑰。

回到家，他放了一大浴盆水，把自己整个人埋在水里，体会着

一朵黄玫瑰的心，起来后通身舒泰，决定不把那束玫瑰送给离去的女友。

那束黄玫瑰每天都会泡一下水，一星期以后才凋落花瓣，但却是抬头挺胸凋谢的。

这是在十几年前，丹尼尔写在笔记上的一个真实的事，从那一次以后，他就知道了一些买回来的花朵垂头丧气的秘密。最近找到这段笔记，感触和当时一样深，他更确实地体会到，人只要用细腻的心去体会万象万事，到处都有启发的智慧。

大启迪：一朵花里，就能看到万物的庄严，看到鲜花的美，以及鲜花不屈服的意志。那么人生呢？它也应该是充满意志力与希望的，既然抬头就可以看得见阳光，就不要总是低着头看着阴影走路了。

84. 比黄金更轰动的

出名，固然很好；安闲，更加欢畅。

——普希金

两个墨西哥人沿密西西比河淘金，到一个河叉分了手，因为一个认为入阿肯色河可以淘到更多的金子，一个认为去俄亥俄河发财的机会更大。

十年后，入俄亥俄河的人果然发了财，在那儿他不仅找到了大量的金沙，而且建了码头，修了公路，还使他落脚的地方成了一个大集镇。现在俄亥俄河岸边的匹兹堡市商业繁荣、工业发达，无不起因于他的拓荒和早期开发。

进入阿肯色河的人似乎没有那么幸运，自分手后就没有了音讯。有的说他已葬身鱼腹，有的说他已回了墨西哥。直到50年后，一个重2.7公斤的自然金块在匹兹堡引起轰动，人们才知道了他的一些情况。

当时，匹兹堡《新闻周刊》的一位记者曾对这块金子进行过追踪，他写道："这颗全美最大的自然金块来自于阿肯色，是一位年轻人在他屋后的鱼塘里捡到的，从他祖父留下的日记看，这块金子是他祖父扔进去的。

随后，《新闻周刊》刊登了那位祖父的日记，其中一篇是这样的：昨天，在溪水里又发现一块金子，比去年淘到的那块更大，进城卖掉它吗？那就会有成百上千的人拥向这儿，我和妻子亲手用一根根圆木建造的房子和屋后的池塘，还有傍晚的火堆、忠诚的猎狗、美味的炖肉、山雀、树木、天空、草原，大自然赠给我们的珍贵的静谧和自由都将不复存在。我宁愿看到它被扔进鱼塘时荡起的水花，也不愿眼睁睁地望着这一切从我眼前消失。

大启迪：18世纪60年代正是美国开始创造百万富翁的年代，每个人都在疯狂地追求金钱。可是，这位淘金者却把淘到的金子扔掉了，有很多人认为这是天方夜谭，直到今天还有人怀疑它的真实性。可是我始终认为它是真的。因为在我的心目中，这位淘金者是一个真正淘到金子的人。

第五篇

自求多福

85. 窗外的风景

爱的魅力让世界震撼。

——歌德

在一家医院的一间重病房里，住着两位患有同样病的病人。这间病房只有唯一的一扇窗户，窗外的风景只有靠窗的床上的那位病人看得见。每天，靠窗的那位病人在治疗间隙，可以趴在窗台看一会儿窗外风景，也许正是这个原因吧，这位病人的病比同室另一位看不见窗外风景的病人好转得快些。要知道，整天躺在一间闭塞的病房里，看不见一点花草树木，那是多么的不幸！

“嘿，伙计！窗外有什么？能不能讲给我听，让我同你分享？”看不见风景的病人终于忍不住向靠窗的那位病人央求道。

“好的，伙计！”靠窗的病人爽快地答应道。

于是，每天在治疗间隙，靠窗的病人向另一位病人讲述着他看得见的窗外的一切：

——窗外是一处美丽的花园，花园里的花真漂亮，红的、粉的、紫色的、万紫千红。

——花园里有湖，湖上的人们在春日里泛舟，一对恋人正在湖边的垂柳下卿卿我我。

——那草地上的草呀，绿得让人心醉，要是能在它上面打滚，我敢保证那美妙滋味绝不是我们现在睡着的病床所能比的！

——呀，今天花园里来了一位漂亮的姑娘，她多像我30年前的梦中情人……

靠窗的病人描述的一切，让看不见窗外风景的人心中升起无限的渴望和对生命的热爱。他心想，要是我能睡在靠窗的那张病床上，那一切该是多么好啊！一天深夜，靠窗的病人突然病情加重，他挣扎着试图按响床头的呼救铃，但他最终还是没有成功。第二天早上，护士发现他死了，便叫人搬走了他的尸体。看不见窗外风景的病人向护士请求后，迁到了靠窗的床上。他终于可以亲眼欣赏窗外的美景了，他朝窗外望去——

窗外什么也没有，只有一堵灰白的墙。

大启迪：美好，哪怕只是想象中的，也能激发人们生活的希望。心中没有了风景也就不再具有生活的热情。热爱生命的人总是尽力寻找生活中的美，虽然他的面前只是一堵白墙。

86. 一只陶罐

爱是对所爱对象的成长和生命的积极关心。

——弗洛姆

一天，伊莉沙白和丈夫克利夫带着10岁的儿子乔治，一起到墨西

哥去旅游。他们来到一个叫泰克的小镇，在街上信步走着，看到许多卖工艺品的小摊上，出售着各式各样的陶器。上面画着五颜六色的玛雅人的神话场景：有太阳神、雨神和其它各种自然界的神像。

这时，在一个商店的角落里，伊莉沙白看到了一个美丽的琥珀色的陶罐，它几乎和乔治一样高。伊莉沙白一看到它，就被它迷住了。“如果把它放在我们家的起居室里，看上去一定很漂亮。”伊莉沙白轻声地跟克利夫说。

“忘了它吧，”克利夫摇了摇头，劝慰地跟伊莉沙白说，“我们不可能把这样大的东西带上飞机。”

“我想，他们是会让我们把它捆在空座位上的。”一向都对伊莉沙白很体贴的克利夫，看到伊莉沙白的态度这么坚决，也只好耸了耸肩，同意了伊莉沙白的想法。

经过再三的讨价还价，原来就不十分昂贵的这个陶罐，最后被伊莉沙白砍到了10美元成交。想想同样的东西，在国内，最起码也要值100美元。伊莉沙白为这次成功的交易，感到非常得意。他们终于买下了这个陶罐，还给它起了个名字“查理”。乔治非常喜欢这个陶罐，把它当作自己的墨西哥“弟弟”。并且跟他们许诺：一定要保护好这个讨人喜欢的“同胞”。

接近黄昏的时候，他们叫了辆出租车，去飞机场预订第二天的飞机票。

“带一只罐子上飞机，不会有什么问题吧？”克利夫问机场的工作人员。

“如果能把它放在你们随身携带的行李里，当然是没有问题的，先生。”

可是，当这位工作人员看到了他们的“查理”时，禁不住皱起了眉头。“这显然太大了。你们根本不能将它带上飞机。”

“你的意思是说，不能带‘查理’回家了？”乔治伤心地问道，忍着不使自己的眼泪掉下来。

伊莉沙白也在旁边，努力请求五个工作人员，帮他们想想办法。

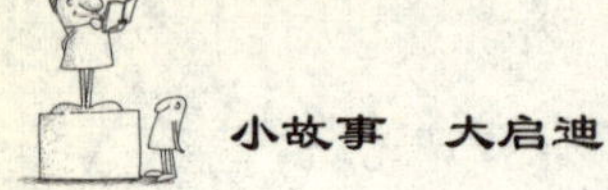

“我看，只能将它装进板条箱里，然后用专门运行货物的飞机，给你们送去！”

于是，他就在一张纸上，写了一个托运公司的地址。他们就根据这个地址，找到了那家公司。伊莉沙白赔着笑脸，向柜台后面的一位女士说明了他们的来意，那位女士听到伊莉沙白的说明后，抱歉地说：“我们这儿没有板条箱。”

伊莉沙白确实很为难。在这个不熟悉的城市里，他们到哪儿去找到一只板条箱呢？后来，他们决定去买些放水果的板条箱，放他们的“查理”很合适。结果，卖水果的小贩以12美元将它卖给了他们。

“这可比‘查理’的价格还贵呀！”克利夫自言自语地说。

买到了板条箱，他们匆忙赶到了那家“托运”公司，办好了手续。公司里的两个职工，又是敲，又是打，又是装，又是拼。足足忙了近两个小时，才把那陶罐妥善地安放在箱里。他们要价20美元——这是“查理”身价的两倍。

第二天，在机场的长运部工作人员搬起了板条箱，去称“查理”的重量。它们超过一百磅。最后结算下来，他们需要交付的托运费是85美元。

几天后，他们终于在家里接到了托运公司的电话。

“乔治，”克利夫挂上电话说，“你的‘弟弟’到了。”乔治听了很高兴，马上跟着他爸爸一起驾车去机场。伊莉沙白呆在家里，心里在想：花去我们120美元的“查理”，会完好无损地到家吗？

不一会儿，克利夫和乔治兴致勃勃地搬着板条箱回家了。他们拿着榔头和螺丝刀，开始干了起来。那箱子，第一层是木板，第二层是报纸、牛皮纸和碎布片。最后、“查理”完好无损地出现在他们面前。它比伊莉沙白记得的还要漂亮，闪耀着琥珀色的光芒。罐上面彩绘的玛雅诸神，显得无比庄严。虽然，它本身只值10美元，但经过这一番折腾、实际的价格，已经涨了十几倍。不过，他们一点也不后悔。伊莉沙白想，只要是你喜欢的东西，贵一点也是值得的。并且，无论是干什么事情，只要你下了决心，总是可以干成功的！

大启迪：无论是干什么事情，只要你下了决心，总是可以干成功的！喜欢一件东西或一项事业也是如此，只有你全力以赴，最终会成功的。那么，找一项你感兴趣的事干吧，既有快乐又有收获。

87. 人生的意义

人生最终的价值在于觉醒和思考的能力，而不只在于生存。

——亚里士多德

皮特鲁说，一年前他曾看过一部片子，感觉挺有味道。片名叫《城市坯子》，说的是三个30多岁的男人，在纽约生活得百无聊赖，参加了在加州一牧牛场开办的以旅游为主的训牛班。

开班第一天，他们被安排去护送一群牛到另一个地方。一位老牛仔充当他们此次旅行的“导游”兼护送群牛的领导。一路上日行夜宿，虽辛劳但安然无事。其间老牛仔还为一母牛接生，让三人大开眼界。

出于对老牛仔的敬佩，也许由于百思不得其解，主人公向老牛仔讨教：“何谓生活的意义？”

老牛仔伸出一个指头。

“是一个指头？”

老牛仔说：“是一，对不同的人，它是不同的。”

这话听起来像是禅宗发玄机。主人公似懂非懂。

一日午后歇息时，主人公开动食物搅碎器，不料惊得群牛四散奔走。大家漫山遍野追逐牛群。老牛仔使出百般手艺，终将牛一只只赶到了一起。大家一起坐下休息。老牛仔坐在远处的石头上擦枪。过了许久，也不见老牛仔起身叫出发。于是走近前去问，发觉老牛仔端坐在石头上，已安然逝去。

这群游客这时可谓树倒猢狲散。有的人回家，有的人乘车去目的地等候。这三人决定留下来。历经千辛万苦的三个外行牛仔终于把牛群赶到了目的地。那些坐车先到的游客们像欢迎英雄那样迎接他们的归来。

这三人又回到了纽约。经过这场像是“花钱买罪受”的旅游，主人公似乎学到了不少东西。

皮特鲁说，生命或生活的意义，每个人会有自己的体验，别人无法代替，老牛仔所说的“一”，也许可以从这个意思上去理解。至于什么是“一”，牛仔的生涯对老牛仔来说，就是“一”。从他那炉火纯青的牧牛技艺中，人们可以看出他对自己所从事的事业的热爱，不难想象这牛仔生涯对他来说充满了生活的魅力。

最近新闻媒介报道，美国海军军令部长波达举枪自杀。起因是美国《新闻周刊》的记者发现波达在20世纪70年代的军服上，没有佩带过“V”形荣誉勋章，而在20世纪80年代的3张照片上带有“V”形勋章，在1996年元月的照片上又没有。据记者调查波达未曾被授予“V”形勋章。记者于是电约波达，请他谈他的勋章是否经过合法的颁授，就在记者前去采访的前夕，传来了波达自杀的消息。

这是一出有关荣誉的悲剧。从这悲剧中，可以看到波达将军把荣誉视为高于生命。生命的意义在波达将军那里，其标准在于维护他的荣誉。

大启迪：其实，在每个人的价值判断中，关于人生意义的判断标准各不相同，但从以上事例中我们可以看出，人们一旦形成了关于人生意义的价值判断，便会不惜一切代价或付出整个身心去坚持。有意义的人生是有目标的。

88. “信誉局”的威力

除了生活中的诚实，世界上没有比这更加可靠的东西了。

——马尔腾

几年前，法国人丽娜在美国佛罗里达国际大学商学院学习。

一天上午，她到迈阿密城区购物。在街头等公共汽车回校时，她看见一位金发碧眼、婀娜多姿的姑娘开着一辆白色小轿车，在路边有停车计时器的地方走走停停地抄着、写着，并不时地撕下一张巴掌大的黄纸条，扯去不干胶条，往停车计时器前停放的车辆前窗上一贴，然后走了。

丽娜好奇地走过去问她在干什么。她笑着告诉丽娜她是稽查员，在检查停车超时情况。

“你怎么知道这车超时了？”丽娜不解地问。

“你看这停车计时器，上端显示红牌的，就是超时了。”

“停车超时了有什么关系？”丽娜对此表示不理解。

稽查小姐笑容可掬地向她这个外国人作解释，这一带是迈阿密

有名的黄金海岸线，来来往往的游客很多，停车经常找不到车位。为了大家办事方便，在政府机构办公区和大商社前街道路边设有临时停车点，安装有停车投币计时器，计时器上设定的最长停车时间为两个小时，收费低廉，超时罚款。有的人图方便，把车停在街边；有的人怕超时罚款，便采用变通的办法，每两小时回来投一次币；但也有不少人游兴大发或办事拖延了时间，停车计时器自然毫不客气地亮出红牌。

“游客和办事时间长的人，应找停车场停车。如果大家都乱停车，就谁也办不成事。”稽查小姐一本正经地说。

“你又没有当面抓到这些人，就把罚款单贴在人家的车窗前，人家不认账，不缴罚款，你也无可奈何。”

“没关系，”稽查小姐满脸笑容地对她说，“我记了他的车号和罚款金额。第一次他不去缴罚金，我权当大风刮跑了罚款单，原谅他；第二次他不缴，我仍当作他没有看见，不是故意不缴；第三次他还是不缴，对不起，事不过三。我把这三次违规不缴罚金的记录寄到信誉局，信誉局将此行为记录在案，此人的信誉就有污点了，而信誉局的电脑记录资料是对社会各界公开的。从此，他购买大件想要享受分期付款的优惠，商家一查信誉局的记录，便会拒绝他；他想找个好工作，用人单位一查记录，便会觉得此人不可信赖；他要找银行申请贷款，银行一查记录，也会断然拒绝。总之，他要想在这个社会过上等人的体面生活就没门了。”

好一个信誉局，好一个记录在案！

丽娜不得不佩服美国人的精明。在这个自由的资本主义市场经济中，靠这把温柔得几乎看不见的杀手锏，任何有良知、想过体面生活的人都不敢胆大妄为，而必须遵守规矩。这么一位漂亮的姑娘，单枪匹马地驾驶着轿车穿梭于各街区，只需记上小红牌处的车号，在车窗前贴上一张黄纸条的罚款单，余下的事便可以不管，轻松愉快效率高。既不用与车主打交道，口干舌燥地解释，也不用担心碰上野蛮的车主甚至被殴打一顿的危险。而车主看到这张小黄纸条，就得乖乖地

到指定地点缴罚金。真是兵不血刃，不战而胜！

这就是美国的市场经济秩序，这就是间接管理的一斑。透过这一斑，丽娜懂得了什么是管而不死，放而不乱。

大启迪：市场经济不仅仅是法制经济，更是诚信经济。离开了人类的诚实本性，不讲道德信誉，市场经济的大厦就宛如建立在失去了坚实基础的沙滩上，任何风吹潮涨，都会使大厦顷刻崩塌。

89. 连锁反应

品格的力量，含有两件东西，就是决断和自制。

——拉相荪

约翰先生对他公司里的人们的办事方式很不满意，为此他召集了一个会议。他在会上说："伙计们，现在我们必须有点儿组织性，你们当中有人迟到，也有人早退。为什么会出现这种情况呢？这是因为有些人没有提起自己工作的全部责任。作为公司总裁，我要让公司变个样。我想为大家做出个榜样，从现在起，早上班，晚上班，我打算在每一件事上都起到表率作用。如果你们对我的所作所为心悦诚服，那么我希望你们能够照此行事。如果我的所作所为糟糕透顶，当然你们也可以仿效，这我是可以理解的。只要我们每个人都能尽力做好自己的工作，我们的公司就会越办越好。”

跟许多人一样，约翰先生的意愿是好的，但是几天以后，他在参加一个乡村俱乐部的午餐聚会时谈兴大发，居然忘了时间。最后他一看表，不免大吃一惊，手中的咖啡杯几乎掉到地上。

“哦，我的天啊，我必须在10分钟内赶回办公室。”

他一下蹦起来，飞奔停车场，跳上汽车，点火发动，猛踩油门，风风火火地一路猛赶。正当他以每小时150公里的速度在高速公路上疯也似地狂奔时，无处不在的法律之手来干预他了：警察对他严加斥责并处以罚款。

约翰先生愤怒万分，气得大发牢骚：“这可真是怪事儿。我是一个规规矩矩、照常纳税、遵纪守法的公民，正在为自己的生意操心费力，可这家伙却跑来找我的麻烦。他应该去管管那些罪犯，管管那些小偷和抢劫犯。他根本就不应该来管我们纳税公民的闲事。我开得快并不是说我就不安全啊，真是荒唐。”

回到办公室后，为了不再去想迟到的事，他召集销售部经理开会。他余怒未消地问起阿姆斯特朗那笔生意是否做成了。销售部经理说：“约翰先生，不知怎么回事，有些原因使我们失去了这次机会。”

这下好了，你可以想象约翰先生该是多么懊恼。他怒气冲天，对销售部经理大发雷霆：“你知道，我已经付了你18年的工资。这些年来我一直依靠你来负责生意，现在我们终于有了一个大赚一笔的机会，可是你干些什么呢？你把它搞吹了！好了，我告诉你，朋友，要么你把生意搞好，要么我就让你走开。你在这儿呆了18年并不是说你就有了铁饭碗。”

哦，他真是烦透了。

销售部经理冲出办公室，心里不禁大发怨气：“这不是怪事吗？18年来我为这个公司付出了100%的努力，公司的成功和发展是我的功劳，所有的新业务都是我开创的，是我把公司组织起来并让它正常运转，约翰先生只不过是个傀儡罢了。要不是因为我，公司早就完蛋了，现在可好，就是因为丢了一桩生意，他就用这种蠢话来威胁我，并扬言要解雇我。真是岂有此理！”

销售部经理一边嘀咕，一边把秘书叫进来问道：“我今天早上给你的那5封信准备好了吗？”秘书说：“还没有。您不记得了吗，你告诉我要先把那份账单弄好？我一直在忙着弄账单。”

销售部经理勃然大怒：“你别给我找此愚蠢的理由！我告诉你，如果你弄不好，我就让别人干。你在这儿呆了7年并不是说你就有了铁饭碗。你今天必须把那些信寄出去，而且不准出一点差错。”

哦，我的天，他真是烦透了。

秘书怒气冲天地一脚踏出销售部经理的办公室，对自己唠叨开了：“这是怎么了？7年来我一直对工作尽心尽力，多少时候我加班加点地工作却没有多要一分钱的报酬，我一个人都干了三个人的活，我才真正是公司的顶梁柱呢！现在就因为我不能身分两处，同时做两件事，他就威胁要解雇我。我又不是不知道你的底细，也不想想你是在对谁发火？”

大启迪：正人先正己，只有这样才能让别人对你心服口服，否则只一味地要求别人做自己无法做到的事，只能使自己的事业变得越来越糟糕。所以，我们不要将一切都怪到别人头上，更多的时候应问问自己。

90. 真正的将军

人最难征服的是自己，一旦征服了自己，便无往不胜。

——杰西

美国南北战争期间，南联邦军事天才罗伯特·爱德华·李将军英勇善战，屡建奇功，是南方人的宠星。无情的战争最后以南方失败而告终，然而投降后的李将军却赢得了更多美国人的爱戴。

李将军生于南方弗吉尼亚州，他内心里并不拥护南联盟的黑奴制度，在致一位朋友的信中写道："尽管人们很少认识到黑奴制度在政治、道德上是邪恶的，但我认为它的存在将给白人带来比黑人更多的灾难。"为什么他辞去在美军中的显赫职务而为短命的南方奴隶主而战？理由是：他属于弗吉尼亚，当外乡人去入侵他的故土时，他必须毫不迟疑地去保卫她。也许人们很难对此表示赞同，但很少有人忍心责备他的"愚忠"。

战争结束了，在阿波马格斯，李将军代表南联邦签字投降，仪式完毕，将军心如铅灌，无言地离开了。战火蹂躏的南方，满目疮痍；残废的妻子和两个女儿等着将军去供养；身为一个杰出的军事天才，南方却再无部队可指挥。许多骄傲的南方人不甘遭受耻辱，举家出逃至埃及、墨西哥、南非，他们不愿意、更不忍心儿女们看到他们的梦想被撕碎的家乡。沮丧与绝望布满了南联邦。

将军回了家，他穿着战场上磨破了的戎装，人和战马泥迹斑斑。

他避开公共场合成千上万爱戴他的人群，默默接受了华盛顿学院院长的职务。当时学院鲜为人知，除了2 000美元联邦废币外，只有146名学生每人75美元的学费可指望。处在绝境中的学院因将军的到来复活了，对它一无所知的富翁们慷慨赞助，两年后学生增加了1倍。而月薪125美元的将军在他的破房子里制订着新的战略，他突破传统呆板的教学方式，加进化学、物理等自然科学课程，甚至还设了新闻课，这在当时是创举，比后来教育家终于想到设新闻课提前了40年。

李还是将军，他没把1分钟、一份力用于沮丧，却把南方人从羞辱中拉了出来，又投入了复兴家园的战役。许多不服气的南方兵要进山打游击和北方佬作对，向将军讨计。他说："回家去，小子们，把毁灭的家园建起来。"他曾告诉惊奇不解的人们："将军的使命不单在于把年轻人送上战场送命，更重要的是去教会他们如何实现人生的价值。"

大启迪：人们往往喜欢停留在过去，喜欢沉醉于过去的辉煌，或沉湎于曾经的失落和悲伤。其实，明天永远比昨天重要。

91. 基辛格和芬克斯

财富和地位都是外在的东西，它不能凌驾于一切之上。

——麦克

宗教圣地耶路撒冷，有一个名叫“芬克斯”的西餐酒吧。它连续3年被美国《新闻周刊》杂志选入世界最佳酒吧的前15名之内。

这个酒吧是几十年前由英国人创办的，至今，它的内部摆设包括桌子和椅子都保持着原来的样子。虽然它只有30平方米左右的面积，里面也只有一个柜台和5张桌子，是一个极为普通的酒吧，但由于经营有方，成了来耶路撒冷的各国记者们喜欢停留的地方。现在的老板是一个名叫罗斯恰尔斯的德国犹太人。他在1948年买下了“芬克斯”，一直经营至今。

这个“芬克斯”一跃而成为世界著名的酒吧，完全是因为那个举世闻名的美国前国务卿基辛格。

在70年代，为了中东和平而穿梭奔走的基辛苦，来到耶路撒冷时，曾经想去造访名声挺好的“芬克斯”。他亲自打电话到“芬克斯”预约，接电话的恰好是店主罗斯恰尔斯。

基辛格自我介绍是美国的国务卿。那时在约旦和巴勒斯坦，可以说无人不知基辛格的大名，因为他的名字被人传扬着，而且握着约旦和中东的命运大权。罗斯恰尔斯起先非常客气地接受了基辛格的预约，然而，基辛格提出的要求却深深刺痛了罗斯恰尔斯那根职业道德

的敏感神经。

基辛格这样说："我有10个随从，他们也将和我前往贵店，到时希望谢绝其他顾客。"基辛格认为这个要求绝对能够被接受，因为自己是伟大的基辛格，而对方只不过是一个酒吧的小老板；而且自己光顾那小店，无形中也自然会提升它的形象。

不料，罗斯恰尔斯却给予了一个意想不到的回答。

他还是非常客气地说："您能光顾本店，我感到莫大的荣幸。但是，因此而谢绝其他客人，是我所不能做的。他们都是老熟客，也就是支撑着这个店的人，而现在因为您的缘故把他们拒之于门外，我是无论如何不能那样做的。"

对这意外的回答，基辛格大骂出口，并挂断了电话。

第二天傍晚，基辛格又一次打电话。他真不愧是一个伟大的人物。首先对自己昨天的非礼表示道歉后，说这一次只有3个随从，只订一桌，而且不必谢绝其他客人。这对基辛格来说可算是最大的让步。但是，结果又令基辛格大感失望。

"非常感谢您的诚意，但是我还是不能接受您明天的预约。"罗斯恰尔斯这样回答。

"为什么？"基辛格起先大惑不解。

"因为明天是星期六，本店的例休日。"

"但是，我后天就要离开此地，你不能为我破一次例吗？"

"那不行。作为犹太后裔的您也应该知道：对我们犹太人来说，星期六是一个神圣的日子，在星期六营业，是对神的亵渎。"

基辛格听后，什么也没说，就挂断了电话。

大启迪：权势并不具有压倒人格的力量，再怎样它也不能使人的内心屈服，尤其是当它凌辱了正义的时候。

92. 如何解决问题

遇到难题时，不要问："怎么成这样了？"而要问："为什么会这样？"接着就要去解决问题。

——罗什

通用汽车公司黑海汽车制造厂总裁收到一封关于汽车的抱怨信：

"这是第二次给你写信，我不会怪你没有答复我提出的问题，因为这个问题实在是太荒诞，但它的确是事实。我家一向有一个晚餐后吃冰激淋甜食的传统。因为有很多种冰激淋，故全家举手表决吃哪一种，然后，我就开车去商店购买。

"最近我买了一辆新的黑海牌车，从此以后，去商店就出现了一个问题。你知道，每次我从商店买完香子兰冰激淋回家，汽车就起动不了。但我买其他种类的冰激淋，车起动得很好。

"无论这个问题有多愚蠢，但我还是想让你知道我对这个问题非常关注：是什么使得我买香子兰冰激淋时，汽车起动不了，而买其他冰激淋，车就容易起动？"

黑海厂总裁对这封信感到迷惑不解，但还是派了一个工程师去查看。使工程师很惊讶的是，在一个整洁的居民区，一个受过良好教育、修养很好的男子接待了他。这位男子安排这位工程师在晚饭后开始工作。晚上他们跳上汽车去冰激淋店，也是买香子兰冰激淋，返回时，车起动不了。

工程师又连续去了三个晚上。第一个晚上，车主买的巧克力冰激淋，车起动了；第二个晚上，买的草莓冰激淋，车也能起动；第三个晚上，买的香子兰冰激淋，车起动不了。

工程师绝不相信这部车对香子兰冰激淋过敏。于是他加倍工作以求解决问题。每次他都作记录，写下各种数据，像日期、所用的汽油类型、汽车往返的时间等等。

在这几天里，他发现了点线索：车主买香子兰冰激淋所花的时间比买其他冰激淋所花的时间要短。这是为什么呢？答案就在冰激淋很受欢迎，故分箱摆在货架前面，很易取到。而其他冰激淋都摆在货架后分格里，这就需要花较长的时间去找，然后顾客才能得到。

因而问题就变成了：为什么车停很短时间，就起动不了。工程师进一步找到了问题的答案，即不是因为香子兰冰激淋而是因为汽锁使汽车起动不了。每天晚上买其他冰激淋就需要额外一段时间，而这段时间可使汽车充分地冷却以便起动。而当车主买完香子兰冰激淋时，汽车引擎还很热，所产生的汽耗散不掉，因而汽车起动不了。

原因找到了，解决这个问题该不会太难吧？

大启迪：对任何问题都不要操之过急，妄下判断。探寻原因，寻根究底，才能找到问题的症结所在，是解决问题的关键。

93. 走出钱眼去

贫穷者希望得到一点东西，奢侈者希望得到许多东西，贪婪者希望得到一切东西。

——普利西亚

在一间很破的屋子里，有一个穷人鲁弗斯，他穷得连床都没有，只好躺在一条长凳上。

鲁弗斯自言自语地说："我真想发财呀，如果我发了财，决不做吝啬鬼……"

这时候，在鲁弗斯旁出现了一个魔鬼。

魔鬼说道："好吧，我就让你发财吧，我会给你一个有魔力的钱袋。"

魔鬼又说："这钱袋里永远有一块金币，是拿不完的。但是你要注意，在你觉得够了时，就要把钱袋扔掉，才可以开始花钱。"

说完，魔鬼就不见了，在鲁弗斯的身边，真的有一个钱袋，里面装着一块金币。鲁弗斯把那块金币拿出来，里面又有了一块。于是鲁弗斯不断地往外拿金币。鲁弗斯一直拿了整整一个晚上，金币已有一大堆了。鲁弗斯想：这些钱已经够我用一辈子了。

到了第二天，鲁弗斯很饿，很想去买面包吃。但是在他花钱以前，必须扔掉那个钱袋，于是便拎着钱袋向河边走去，可是他舍不得扔，又回来了。

鲁弗斯又开始从钱袋里往外拿钱。每次当他想把钱袋扔掉之前，总觉得还不够多。

日子一天天过去了。鲁弗斯完全可以去买吃的、买房子、买最豪华的车子。可是，他对自己说："还是等钱再多一些吧。"

鲁弗斯不吃不喝地拿，金币已经快堆满屋子了。同时，他也变得又瘦又弱，脸色像蜡一样的黄。

鲁弗斯虚弱地说："我不能把钱袋扔掉，金币还在源源不断地出来啊！"

鲁弗斯成了一个看起来极老的人，但他还是抖着手往外掏金币。最后，终于死在了他的长凳上。

大启迪：没有钱是万万不能的，但只有钱更是万万不能的。不能让金钱蒙蔽双眼，更不能让贪欲吞蚀心灵。知足是我们这个社会最欠缺的品质，永无止境的贪欲会毁掉我们的一切希望。

94. 海明威的课

我们常常原谅使我们讨厌的人，但是决不原谅觉得我们讨厌的人。

——拉罗什富科

二战时期，莱德勒少尉服役的美国海军炮艇“塔图伊拉”号停泊在威尔士。这天，他兴致勃勃地参加当地举办的一种碰运气的“不看样品的拍卖会”。

那位拍卖商是以恶作剧而闻名遐迩的，所以当拍卖一个密封的大木箱时，在场的人都肯定箱里装满了石头。然而，莱德勒却开价30美元，拍卖商随即喊道：“卖了！”

打开木箱，里面竟是两箱威士忌酒——战时威尔士极珍贵的酒。

于是，众人大哗，那些犯酒瘾的人出价30美元买1瓶，却被莱德勒回绝了，他说他不久要被调走，正打算开一个告别酒会。

当时，在威尔士的美国著名作家海明威也犯了酒瘾，他来到“塔图伊拉”号炮艇对莱德勒说：“听说你有两箱醉人的美酒，我买6瓶，要什么价？”

莱德勒婉言拒绝了。

海明威掏出一大卷美钞，说：“给我6瓶，你要多少钱都行！”

莱德勒想了一想说：“好吧，我用6瓶酒换你6堂课，教我成为一个作家，如何？”

作家做了个鬼脸，笑道："老兄，我可是花了好几年功夫才学会干这行，这价可够高的。好吧，成交了！"

如愿以偿的莱德勒连忙递上6瓶威士忌。

接着的5天里，海明威不失信用地给莱德勒上了5堂课，莱德勒很为自己的成功得意，他以6瓶酒得到美国最出名的作家指点。海明威眨眨眼说："你真是个精明的生意人。我只想知道，其余的酒你曾偷偷灌下多少瓶？"莱德勒说："1瓶也没有，我要全留着开告别会用呢。"

海明威有事要提前离开威尔士，莱德勒陪他去机场，海明威微笑道："我并没忘记，这就给你上第6课。"

在飞机的轰鸣声中，他说："在描写别人前，首先自己要成为一个有修养的人……"

作家接着说："第一要有同情心，第二能以柔克刚，千万别讥笑不幸的人。"

莱德勒说："这与写小说有什么相干？"

海明威一字一顿地说："这对你的生活是至关重要的。"

正在向飞机走去的海明威突然转过身来，大声道："朋友，你在为你的告别酒会发请柬前，最好把你的酒抽样检查一下！再见，我的朋友！"

回去后，莱德勒打开一瓶又一瓶酒，发现里面装的全是茶。他明白，海明威早就知道了实情，然而只字未提，也未讥笑人，依然遵诺践约。此时，莱德勒才懂得，海明威教导他要做一个有修养的人的涵义。

大启迪：别人上当吃亏、遭遇不幸时，你应该以宽容的胸怀报以同情。如果自己遭遇到不幸时更应该保持冷静。

95. 只有你可以帮你

我们的自信，就像我们的身影一样，在太阳下落时，它就会拉长。

——萧伯纳

一个经理，他把全部财产投资在一种小型制造业上。由于世界大战爆发，他无法取得他的工厂所需要的原料，因此只好宣告破产。金钱的丧失，使他大为沮丧。于是，他离开妻子儿女，成为一名流浪汉。他对于这些损失无法忘怀，而且越来越难过。到最后，甚至想要跳湖自杀。

一个偶然的机会，他看到了一本名为《自信心》的小书。这本书给他带来勇气和希望，他决定找到这本书的作者奥里森·马登，请马登帮助他再度站起来。

当他找到马登，说完他的故事后，马登却对他说："我已经以极大的兴趣听完了你的故事，我希望我能对你有所帮助，但事实上，我却绝无能力帮助你。"

他的脸立刻变得苍白。他低下头，喃喃地说道："这下子完蛋了。"

马登停了几秒钟，然后说道："虽然我没有办法帮助你，但我可以介绍你去见一个人，他可以协助你东山再起。"

刚说完这几句话，流浪汉立刻跳了起来，抓住马登的手，说道：

“看在上帝的份上，请带我去见这个人。”

于是马登把他带到一面高大的镜子面前，用手指着镜子说：“我介绍的就是这个人。在这个世界上，只有这个人能够使你东山再起。除非坐下来，彻底认识这个人，否则，你只能跳到密歇根湖里。因为在你对这个人作充分的认识之前，对于你自己或这个世界来说，你都将是个没有任何价值的废物。”

他朝着镜子向前走几步，用手摸摸他长满胡须的脸孔，对着镜子里的人从头到脚打量了几分钟，然后退几步，低下头，开始哭泣起来。

几天后，马登在街上碰见了这个人，几乎认不出来了。他的步伐轻快有力，头抬得高高的。他从头到脚打扮一新，看来是很成功的样子。

“那一天我离开你的办公室时，还只是一个流浪汉。我对着镜子找到了我的自信。现在我找到了一份年薪三千美元的工作。我的老板先预支一部分钱给家人。我现在又走上成功之路了。”

他还风趣地对马登说：“我正要前去告诉你，将来有一天，我还要再去拜访你一次。我将带一张支票，签好字，收款人是你，金额是空白的，由你填上数字。因为你介绍我认识了自己，幸好你要我站在那面大镜子前，把真正的我指给我看。”

大启迪：自信心是一个人做事情与活下去的支撑力量，没有了这种信心，就等于自己给自己判了死刑。只有自信才能克服人生中的一切困难，到达胜利的彼岸。

96. 永恒的飞翔

追求理想的人为了心中的目标，永远不会放弃自己奋斗的方向。

——约翰斯

安迪逛过十几次动物园，对于那些被铁栅栏囚禁的动物，他最怜惜苍鹰。它们有着拍云击风的强健翅膀，本来应该像云朵一样，自由翱翔在天地之间，飘摇在云浪之端，如今却只能敛翅静默在冰冷的铁栅栏中，低眉顺眼地依赖饲养员定时定量给的那一点点肉食存活。它们的翅膀已不能搏击风云，它们的眼神已不能令野兔颤栗，它们早已不是力量和雄健的象征。难怪诗人惠特曼叹息说："铁栅栏里的苍鹰已不再是鹰，它们是一种蜕化了的大鸟。"

安迪的故乡安蒂斯也曾是鹰的故乡，它们栖宿在那儿的山林里、悬崖上。每天清晨当太阳刚刚升起的时候，它们就高高地盘旋在村庄的上空，像一枚黑黑的铁钉钉在湛蓝而静谧的天空里，它们有时迎风飞翔，有时又静浮在天空中，一动不动，像一片黑黑的云朵。

它们靠自己的捕食生活，草丛里的走兔，低空中穿梭的麻雀，都是它们追逐的食物。当然，村庄里的鸡鸭，甚至小小的羊羔，也常常被它们明目张胆地一掠而去。但安迪并不憎恨它，甚至有些崇拜它。祖父告诉他说，鹰是一种动物，谁都见过它的飞翔，但谁都没见过一只鹰的死亡。祖父说："鹰即使是死亡，也不会让人看见的，它们要飞

到天堂里去死。”

他村庄的上空有一只苍鹰，它已经在那里翱翔了十几年了。有一天，它在村庄的上空盘旋了又盘旋之后，突然直直地直往高空飞去，村庄的老人们说，这只鹰要死了。大家站在村庄的旷地上看着它。只见它越飞越高，越飞越高，直到成为一个小小的黑点，最后在炫目的阳光中消失了。

大家期待它会掉下来，但它一直没有。老人们说：“鹰死了怎么会掉下来呢？它一直朝着太阳飞，飞近太阳的时候，就被火热的太阳熔化了。”果然，从那次高飞以后，这只鹰就再也没在安迪村庄的上空出现过。

鹰是具有灵性的，它们不愿死在自己一生轻视的山峦、麻雀、野兔之下。即使死亡，也要远离自己曾经睥睨的一切，只留下自己雄健刚烈的印象在人们的记忆中。

谁见过一只自然死亡的雄鹰？

大启迪：认准自己的目标后，要努力奋斗，不要同那些碌碌无为的人在一起。成功者永远像孤独的鹰一般，不停地飞向心中的理想。

97. 中学的作业

无论再小的事都能看出一个人的品质，成功者永远不放弃做好身边的小事。

——韦提尔

毕业20年了，杰夫和他以前的高中同学组织了一场联谊会。

在联谊会上，大家把一直还住在德斯小镇的原班主任用专车接了来。老人已年过古稀，头发全白了，手脚都已不便。同学们依照原来教室的模样布置了聚会的场合，要求各位同学按20年前的座次坐好，并给老师布置了讲台，将老师请到讲台前。

轮到同学座谈了。杰夫和同学在讲话中都先感谢老师的栽培。

班主任听了也不说话，直到临结束，站了起来，说："今天我来收作业了。有谁还记得毕业前的最后一课吗？"

杰夫还记得那天是个晴天，班主任把大家带到操场上，说："这是最后一课了。我布置一个作业，说易不易，说难不难。请大家绕这500米操场跑两圈，并记下跑的时间、速度，以及感受。"说完便走了。

20年后老师说话了："我离开操场后，在教室走廊上观看了同学们的完成情况。现在，20年后的今天，我对作业讲评一下。跑完两圈的有4人，时间在15分20秒之内。1人扭伤了脚，1人因为跑得太快摔了跤，有15人跑过1圈后觉得无趣，退出后在跑道外聊天儿。其余的嫌事小，没有起步。"

大家惊异于老师记得如此清楚，一下子看到了老师昔日的风采，纷纷鼓掌。

掌声落下来，老师继续说："我就这次作业，并结合本人70余年的人生体验，送各位四句话：其一，成功只垂青有准备的人；其二，身边的小蘑菇不捡的人，捡不到大蘑菇；其三，跑得快，还需跑得稳；其四，有了起点并不意味着就有了终点。你们现在都是36岁左右年纪，正处在黄金阶段尚不是对老师说感谢的时候。请多说说自己人生的作业。"

教室里顿时鸦雀无声。

大启迪：对于成功者，人们只关心他们的成功，却忽视成功背后的平凡，只要我们努力，从小事做起，任何人都可能成功。

98. 你就是百万富翁

人生的悲哀，不在于没有拥有财富，而在于没有意识到自己所拥有的财富。

——罗伯逊

智慧而年老的牧师胡里奥在密西西比河边，遇见了忧郁的年轻人费列姆。

费列姆唉声叹气，满脸愁云惨雾。

“孩子，你为何如此郁郁不乐呢？”胡里奥关切地问。

费列姆看了一眼胡里奥，叹了口气：“我是一个名副其实的穷光蛋。我没有房子，没有太太，更没有孩子；我没有工作，没有收入，整天饥一顿饱一顿地度日。像我这样一无所有的人，怎么能高兴得起来呢？”

“傻孩子，”胡里奥笑道，“其实，你应该开怀大笑才对！”

“开怀大笑？为什么？”费列姆不解地问。

“因为，你其实是一个百万富翁呢！”胡里奥有点儿诡秘地说。

“百万富翁？您别拿我这穷光蛋寻开心了。”费列姆不高兴了，转身欲走。

“我怎敢拿你寻开心？孩子，现在能回答我几个问题么？”

“什么问题？”费列姆有点好奇。

“假如，现在我出20万美元，买走你的健康，你愿意么？”

“不愿意。”费列姆摇摇头。

“假如，现在我再出20万美元，买走你的青春，让你从此变成一个小老头儿，你愿意么？”

“当然不愿意！”费列姆干脆地回答。

“假如，我再出20万美元，买走你的美貌，让你从此变成一个丑八怪，你可愿意？”

“不愿意！当然不愿意！”费列姆头摇得像个拨浪鼓。

“假如，我再出20万美元，买走你的智慧，让你从此浑浑噩噩，度此一生，你可愿意？”

“傻瓜才愿意！”费列姆一扭头，又想走开。

“别着急，请回答完我最后一个问题——假如现在我再出20万美元，让你去杀人放火，让你从此失去良心，你可愿意？”

“天哪！干这种缺德事，魔鬼才愿意！”费列姆愤愤道。

“好了，刚才我已经开价100万美元了，仍然买不走你身上的任何东西，你说，你不是百万富翁，又是什么？”胡里奥微笑着问。

费列姆恍然大悟。他笑着谢过胡里奥的指点，向远方走去……从此，他不再叹息，不再忧郁，微笑着寻找他的新生活去了。

大启迪：在我们的生命当中，我们每一个人都有仅仅属于自己的东西，我们没有必要一味地瞧着别人的财富与飞黄腾达而羡慕不已，因为真正的快乐与金钱和其他外在的评判准则无关，它是来自内心的，来自你对于自身所拥有物的满足和对生命的依恋。

99. 深远的眼光

具有深刻反省精神的人，才是一个真正意义上的成功者。

——卡耐基

有一个年轻人谢诺阿在路上与他在大学时期的教授德里巧遇，老教授关心地询问谢诺阿的近况。经昔日的恩师这么一问，谢诺阿仿佛久旱逢甘霖一般，将自己从离开学校，进入目前工作的公司之后，所有遭遇的不顺利情形，一五一十地德里教授尽情倾诉。

德里老教授耐心地听着谢诺阿的抱怨，好不容易等到谢诺阿告一段落，老教授才点点头，说："看来，你的状况似乎不是十分理想；不过，重要的是，你有没有想过要改变这种现况，让自己过得好一点呢？"

谢诺阿急忙回答："我当然想要过得更好呀！教授，有什么诀窍吗？"

老教授神秘地笑了笑："的确有诀窍，你明天晚上若是有空，到这个地址来找我！"说着，德里老教授递了张名片给谢诺阿。

第二天晚上，谢诺阿来到德里老教授的住处，那里在市郊的一处简陋平房。老教授看到谢诺阿，高兴地在屋外摆了两张摇椅，要谢诺阿坐下来陪他聊天、看星星。德里教授言不及义地和谢诺阿聊了半晌，谢诺阿急躁了起来，急着要德里老教授告诉他，如何方能使自己过得更好。德里老教授微笑地指着天上的星星："你可以数得清，天上有多少星星吗？"

谢诺阿抓了抓头："当然数不清了，这和我有什么关系？"

德里老教授望着谢诺阿，语重心长地说道："孩子，在白天，我们所能看到的最远的东西，是太阳；但在夜里，我们却可以见到超过太阳亿万倍距离以外的星体，而且不止一个，数量是多得数不清的……"

谢诺阿若有所悟，时而抬头看看星星，时而低头沉思，想着德里教授所说的话。

德里老教授继续说道："我知道你的处境不顺利，但若是年轻时便一帆风顺，终其一生，你也只不过看到一个太阳；重要的是，当你的人生进入黑夜时，你是否看到更远、更多的星星？"

谢诺阿的思绪仿佛进入宇宙的最深邃之处；感觉自己犹如站在埃勒斯峰顶，一片大好的未来美景，正在他的眼前展开来……

大启迪：我们对一些小事情，有时看得非常清楚，但我们对许多大事却看不清，生活要求我们坐下来，冷静地看一看自己，多多反省，才能取得成功。

100. 正视自己的恐惧

当一个人用胆怯去迎接恐惧，恐惧很快就会光顾他。

——别林斯基

寒冷的冬夜，大伙儿群聚在小客栈里烤火聊天。

不知怎地，聊着、聊着，大家话题一转，谈到比较谁的胆子最大。一大群男人，再加上烈酒的催化，谁也不服谁，个个抢着说自己天不怕、地不怕、仿佛全天下就他一人的胆量最大。

这时，在客栈的角落，“刷”地一声，剑客狄慈拔出了他的长剑，对酒馆里的众人道：“单靠嘴巴说，比不出一个高低，有本事的拿我这把剑，去插在城堡外的那块坟地上。”

狄慈指着一个年轻小伙子阿尼费，说道：“喂，刚才就你的讲话声最大，怎么样，不敢去吗？”

阿尼费经此一激，再加上腹中的烈酒作怪，登时跳了起来：“怎么不敢去，就怕你不敢跟我赌，100个金币如何？”

剑客狄慈豪爽地大笑。将长剑掷了过去：“爽快，好，100个金币，我在这儿等你回来拿金币！”

阿尼费接过长剑，头也不回地走出客栈，刺骨的寒风迎面吹来，他的酒意立时醒了一半。暗忖自己怎么如此冲动，城堡外的那块坟地，一直有着传说，不是挺干净的，在这样的夜里，唉……

有了三分悔意的阿尼费加紧脚步赶向坟地，心中只想快去快回，

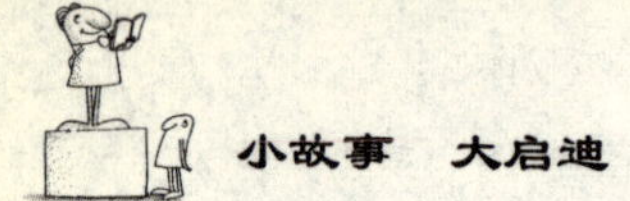

也好交差了事。好不容易终于来到了那块坟地上，也不知是不是自己心里犯嘀咕，阿尼费只觉得坟地四周仿佛鬼影飘忽、阴气重重。

阿尼弗不敢多作逗留，闭着眼，慌忙地将手中的长剑往地上一插，转头便想急奔而去。却不料，阿尼费此时竟无法移动分毫，仿佛有一只无形的手，从背后紧紧抓着他不放，阿尼弗不敢回头，大叫一声，便昏了过去。

第二天一早，大伙儿来到坟地，只见剑客狄慈的那柄长剑，将阿尼弗的燕尾服紧紧地钉在坟地上，一旁，则是阿尼弗满脸惊骇的尸体。

大启迪：通常把我们钉死在原地不动，让我们陷入低潮的，正是愚昧无知的恐惧力量；只要能回过身来，看清楚自己所恐惧的究竟是什么，你将发现，一无所惧，原来竟是这么容易！

101. 正确的直觉的养成

不会独立思考的头脑，就像没有蜡烛的灯笼，永远不会发光。

——契诃夫

哈佛医学院的医疗部主任米艾，带着一班学生到附属的实习医院

上临床实习课程。

一群穿着白袍的实习生，来到某一个病房前。

米艾说：“等一下进去，大家看一看这个患者的症状，并且仔细想想看他是什么病。知道的就点头，不知道的就摇头；不要多说废话，免得惊吓病人。了解了吗？”

众实习生连忙点头，生怕留给主任不良印象，而影响学期成绩。

病房中的病人，本身只有轻微的肺积水，躺在床上，看到一大群穿着白袍的“医生”走了进来，心中不免有几分紧张。

实习生汤姆进病房后，看不病人一会儿，咬着笔杆想了想……无奈地摇了摇头。

实习生杰克进病房，把病人看来看去，也不知怎么回事，想到自己要能要面临重修的悲惨命运，眼角含着泪水，也是无可奈何地摇了摇头。

接下来，轮到实习生比尔，他看了看病人，只是叹了一口气，一副垂头丧气的样子，摇摇头就走了出生。

当实习生莉莎开始看病人时，只见病人冲下床来，满脸泪水地跪着磕头说：

“医生啊，请你救救我吧……我还不想死呀……呜……呜……呜……”

大启迪：在人生的历程中，外在环境之诡谲多变，着实令人不知该如何自处。面对形形色色的外在表象，只要有一点不留神，便容易让自己坠入生命低潮的陷阱之中。

为了避开包裹糖衣的毒苹果，除了多方征询真正关心我们、值得信赖的亲友们的意见之外，懂得聆听自我内在智慧的声音，依靠直觉作为判断的基准，亦是一项重要的依据。

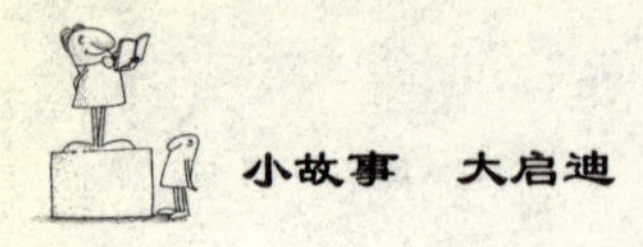

102．去除内在的阻碍

因循懒惰就是死亡，忙碌就是愉快、高兴，没事做就是颓丧、失神。

——安福

懒惰的年轻人里奥，四处寻访能够克服他凡事提不起精神的良方，却一直遍寻不获；经过辗转的介绍，里奥终于找到一位聪明的海德尔牧师。

充满智慧的牧师听完里奥的来意之后，笑着点了点头，也不多说话，便带里奥来到附近的铁路旁边。

一个老式的蒸汽火车头，此时正停在铁轨上。里奥看到这个场景，也不明白海德尔的用意，只得安静而慵懒地站在一旁，不敢作声。海德尔手中拿着一块大小约有五英寸见方的小木块，走到铁轨之间，让那木块紧紧地卡着火车头的轮子。

随后，海德尔朝着蒸汽火车头的驾驶挥了挥手，示意要他开始启动火车头。只听得汽笛高声响起，蒸汽火车头开始冒出浓浓的白烟，锅炉正烧得火红，蒸汽火车头的马力已然全开。

里奥静静地站在一旁，看着驾驶指挥手下，不断地朝锅炉中添加煤炭，同时将蒸汽火车头的动力加到最大；可是，蒸汽火车头依然分毫不动。

尽管火车头的驾驶用尽各种方法，仍然无法使蒸汽火车头开始前

进。这时，海德尔又走到铁轨旁，将那块塞住车轮的小木块取下：只见整个蒸汽火车头立时动了起来，缓缓加速前进。

海德尔朝着那位驾驶挥手道别，转过头来，笑着对里奥道："当这具蒸汽火车头在铁轨上全力加速之后，时速可以达到一百公里以上，再加上它本身的重量，连一堵五英尺厚的实心砖墙，都能够冲得过去——"

海德尔扬了扬手中的小木块，继续道："可是，当火车停止在铁轨上时，却只要这样一小块木头，就能让它寸步难移，年轻人，你内心的蒸汽车头，又是被什么样的小木块所阻住了呢？除了你自己之外，没有任何人能帮你拿掉你的惰性，当然也包括我在内。"

里奥听了海德尔的一番话，内心大受震撼；从此以后，他不断地行动，绝不让自己停顿下来。他不仅克服了自己的怠惰，更创造了无比惊人的庞大的事业。

大启迪：亲爱的朋友，在你的人生道路上，又是什么样的小木块，挡住了你，而让你陷入低潮呢？试着拿掉它，行动起来，我们都能够冲过五尺厚的砖墙！

103. 防盗网

世上之事，利弊相生。看似大为有利的，往往隐含着弊端。福可以转为祸，祸亦可转为福。

——匹特曼

纽约市华伊滋街有一幢新建的楼房，住户们争先恐后地在装修。

一楼的住户考虑到安全问题，将后面的窗户和阳台，安装了铝合金防盗网，这样，小偷就不容易从窗户或阳台入室行窃了。

二楼的住户想：一楼的装了防盗网，我如果不装，小偷岂不通过一楼，爬到二楼，进到我家了？呀呀呀，赶快安装。二楼也装上了防盗网。

三楼的住户一想：二楼都装了，我如果不安装，岂不成了偷盗的重点目标？太可怕了，赶快安装。三楼也装上了防盗网。

四楼的住户见三楼都安装了防盗网，怎甘心成为小偷入侵的重点户？于是，四楼也安装了严密的防盗网。

奇怪的是，五楼的住户却无动于衷。

“喂！我们都装了防盗网，你为何不装？莫非想请小偷进去坐坐？”四楼的住户嘲笑着五楼的住户。

“唉！装防盗网得花很多钱，我们公司近来经营不善，我哪有钱安装？再说五楼这么高，我不信小偷爬得上来！”

五楼住户懒洋洋答道。

谁知两个月后的一天夜里，一个小偷果然通过一、二、三、四楼的防盗网，爬进了五楼住户的家中。不过该户的确清贫，小偷只偷走了一双新皮鞋而已。

这下，一、二、三、四楼的住户大为庆幸：幸亏装了防盗网，要不然哪，哈哈！

“喂，老兄，这下该装了吧？”四楼的住户瞧着五楼住户穿的破球鞋，提醒道。

“唉！算了！最值钱的东西已经被偷走了，再偷，只有偷我的破帽子了。”五楼的仍然懒得装防盗网。

半年过后，一天夜里，一楼住户因电路故障起火，大火迅速向上蔓延，浓烟滚滚，人们的哭喊声、煤气罐的爆炸声响成一片。大家在大火和浓烟中争相逃命。

二楼三楼住户从楼梯上翻滚而下，个个被大火烧成重伤，被送往医院抢救。

四楼住户一家五口，待知道火情时，楼道已被烈火和浓烟封死，无法出去，欲翻窗外逃，无奈铝合金防盗网坚固异常，根本无法弄开。走投无路，一家五口活活被大火烧死在房间。

五楼住户的楼道也被大火封死，但他急中生智，抱着小孩，裹着一床棉被，从窗户口一跃而下。奇妙极了，他除了受了点轻伤，孩子和他安全脱险！

“天哪！幸亏我没装防盗网！”五楼住户说。

大启迪：正如善恶、爱恨、快乐、痛苦相畏相生一样，福与祸也相对存在。遭遇祸患时要有战胜困难的信念，享受幸福时不可得意洋洋，对福对祸都要有一颗平常心。

104. 关于金钱

金钱在给予你一些东西的同时，也会带走一些东西。

——汤姆森

两个好朋友丽萨、安琪坐在一起聊天，她们说到金钱，于是每人讲了一个故事。

丽萨说：富翁比尔家的狗在散步时跑丢了，于是在电视台发了一则启事：有狗丢失，归还者，付酬金10 000美元。并有小狗的一张彩照充满大半个屏幕。

送狗者络绎不绝，但都不是比尔家的。比尔太太说，肯定是真正捡狗的人嫌给的钱少，丢失的可是一只纯正的爱尔兰名犬，于是富翁把酬金改为20 000美元。

一位乞丐在公园的躺椅上打盹时捡到了那只狗。

乞丐第二天一大早就抱着狗准备去领那20 000美元酬金。当他经过一家大百货公司的墙体屏幕时，又看到了那则启事，不过赏金已变成30 000美元。乞丐又折回他的破窑洞，把狗重新拴在那儿，第四天，悬赏额果然又涨了。

在接下来的几天时间里，乞丐没有离开过这张大屏幕，当酬金涨到使全城的市民都感到惊讶时，乞丐返回他的窑洞。

可是那只狗已经死了，因为这只狗在富翁家吃的都是鲜牛奶和烧牛肉，对这位乞丐从垃圾筒里捡来的东西根本就不吃。

安琪说：富商盖克英年早逝。临终前，市民广场上有一群孩子在捉蜻蜓，盖克就对他四个未成年的儿子说，你们到那儿给我捉几只蜻蜓来吧，我许多年没见过蜻蜓了。

不一会儿，大儿子与二儿子就带了两只蜻蜓回来。富商问，怎么这么快就捉了两只？大儿子说，老二把你送给我的遥控赛车租给了一位小朋友，他给我3分钱，这两只是我们用两分钱向另一位有蜻蜓的小朋友租来的。爸，你看这是那多出来的1分钱。富商微笑着点点头。

不久老三也回来了，他带来十只蜻蜓。富商问，你怎么捉这么多蜻蜓？三儿子说，我把你送给我的赛车在广场上举起来，问，谁愿意玩赛车，愿意玩的只需交一只蜻蜓就可以了。爸，要不是怕你急，我至少可以收到十八只蜻蜓。富商拍了拍三儿子的头。

最后到来的是老四。他满头大汗，两手空空，衣服上沾满尘土。富商问，孩子，你怎么搞的？四儿子说，我捉了半天，也没捉到一只，就在地上玩赛车，要不是见哥哥们都回来了，说不定我的赛车能撞上一只落在地上的蜻蜓。富商笑了，笑得满眼是泪，他摸着四儿子挂满汗珠的脸蛋，把他搂在了怀里。

第二天，富商死了，他的孩子在床头发现一张小纸条，上面写着：孩子，我并不需要蜻蜓，我需要的是你们捉蜻蜓的乐趣。

大启迪：关于金钱的论述仁者见仁，智者见智。但是金钱不是万能的。在金钱方面，我们不要过分地贪求，否则最终属于你的只能是两手空空。人间万象不能用金钱来衡量，要善于寻找生活的乐趣，发现生活中实实在在的美。

105. 逆境时刻的力量

不管面临什么样的难关，相信眼前的力量，它能治愈伤痛，丰富生活并散发关爱。

——斐列

鲍比在一次曲棍球赛中受伤，他一被撞倒就发现自己全身动弹不得，颈部受伤了，断了两根颈骨，情况危急。

鲍比的母亲娜塔丽，永远无法忘记医师当时的宣判。

“诊断结果，”医师说，“并不乐观， 我很抱歉，这是个非常非常严重的伤害。”

“所以只能这样了吗？”娜塔丽心想，她整个人都呆掉了，“你不是对面临人生最低潮是何种光景感到好奇吗？如今这就是了。我该怎么办呢？”

后来，娜塔丽对一个朋友诉说了自己是如何从绝望的幽谷中找到希望的曙光的。

“在鲍比的手术开始进行，且朋友们陆续抵达后，我的心情开始转换。”娜塔丽说，“我开始想起学过的有关思想的事，如果我把这个事件当成是儿子的一场悲剧，那么情况对我们每个人而言就会是那样，可是如果我相信不论最后结果如何，他都会平安度过，那么他就会没事。”

娜塔丽说：“头两天鲍比有14个小时在手术室里，其间有媒体的采

访和社区居民的关心及纷纷组成的祈祷会，我简直是受宠若惊，竟有超过600人去教堂为鲍比的健康祈祷。

“我告诉新闻媒体，鲍比会没事的，他是无法被摧毁的。其实我做梦也没想到，在这种忧心如焚的情况下还有办法和媒体打交道。很明显，这都是因为我们处于当下的关系，这才是我们所需要的，不是吗？

“在当下的世界，理解、关爱和来自社区芳邻、朋友的支持随手可得，我们知道并不需要为任何事操心。每个人似乎都成了慈悲的上帝，伸出援手帮助我们，感觉好温暖。

“医院说，他们从来没有看过有哪个患者像鲍比一样拥有这么多的访客。

“一位朋友说，这些探亲的人潮能带动平静、关爱、理解的正面情绪，而那些在医院工作的人员需围绕其中，自然会被这股积极的力量所吸引。

“我们很清楚，不要把任何负面情绪带进鲍比的房里，我们只想让他和周遭的人感染到关爱和健康的态度，而如果我们活在当下就能办得到。

“这其中让我永远难忘怀的一刻，就是鲍比第一次可以移动他的食指和拇指的时候。这表示他能做出‘V’的手势了，只是医生们仍不看好鲍比的病情，而我们却为任何一点能唤起希望的动作雀跃不已。

“后来医生们离开了，鲍比说：‘上帝可比他们清楚多了，我只希望自己能快快乐乐的，不管结果会怎样。’我向他保证，不论最后如何，他一定可以快乐地过日子，这种感觉一直留在鲍比心里，我想这才是鲍比真正在乎的。

“几乎是眨眼之间，鲍比便振作起来，只要他一想起自己有多好，情况就会如他所愿，而先前他已挣扎了3天，鲍比那天一直在讲话，生气勃勃，到深夜才睡。”

那也是娜塔丽知道儿子会没事的一刻。

“自那时起我便提醒鲍比，如果在最低潮的时候都能保持这处愉悦心境，那么还有什么情况下会做不到呢？”

大启迪：要知道智慧会在最适当的时机给你最适当的意念，而这是你的理性分析思考万万不及的。如果你信任内在的心灵健康，就会平安无事。只要一陷入低潮，人们就应该相互提醒，我们要做的就是相信自己内在的智慧。

第六篇

迷悟之间

106. 改变他人

你是世界上最重要的人，你要学会看重自己。

——卡耐基

学生吉尔是校足球队队员，对“爱”这个作业特别感到为难。他强烈地感到了爱，但是却很难表达出来。他下了好多次决心才鼓起勇气走进卧室，把父亲从椅子上拉起来，热烈地拥抱他，对他说：“我爱你，爸爸。”然后吻了他。

父亲热泪盈眶，喃喃地说：“我知道，我也爱你呀，孩子。”

父亲第二天早晨来找吉尔，说那是他生活中最幸福的时刻之一。

爱的学习的另一次作业是与人分享自己的什么东西而不指望回报。学生们有的去帮助残疾儿童，有的去帮助贫民区的乞丐，还有许多人自愿到想自杀的人使用的热线电话上工作，希望在发生不测之前发现那些人。

吉尔和他的一个同学乔一块到离海关不远的一家小型疗养院去。在那儿，不少老人穿着旧棉袍，整天躺在床上，看着天花板。

乔向四周看了看，问吉尔：“我该做些什么？”

吉尔说：“看见那边那位老太太了么？过去向她问好。”

他走过去：“呃，您好。”

她疑惑地看了他一会儿，才问：“你是我的亲戚吗？”

“不是。”

“好！坐下吧，年轻人。”

啊，她告诉他多少事情啊!这位老妇人对爱、对痛苦懂得那么多，甚至还包括她与之取得某种契约的死亡。但是从来没人想听——乔是头一个听她讲的。从那以后，乔每周一次去看望她。这一天就渐渐被人称作“乔的日子”。乔一来，所有的老人们都会聚拢过来。

不久，这位老妇人就让她女儿给自己拿来一件时兴的晨衣。乔再来的时候，发现她坐在床上，穿着漂亮的缎子晨衣，梳着时髦的发式。她有好多年没梳过头了：如果没人真正看见你的话，有什么必要梳头呢？这几天，病房里的其他老人也开始为了乔的到来而梳妆。

吉尔开始讲爱的学习这门课程的那些时日，是吉尔生活中最激动人心的岁月。在努力为别人打开通向爱的大门的同时，吉尔发现门也为自己敞开了。

有一次，吉尔在亚利桑那餐馆用一把油污的匙子吃饭。当吉尔点猪排时，有人说：“你是疯子，没人在这种地方吃猪排。”但是吉尔吃了，而且发现做得极好。

吉尔对女招待说：“我想见见你们的厨师。

他们来到后面厨房里，他就在那儿，是一个满头大汗的大块头男人。

“怎么了？”他问道。

“没什么，我刚才吃的那些猪排做得好极了。”

他盯着吉尔，就仿佛吉尔精神失常似的。显然他难得听见人们夸奖他。

停了一会儿，他热情地说：“您再吃点吧!”

这不美吗？这就是爱的内容之一：与他人共乐。

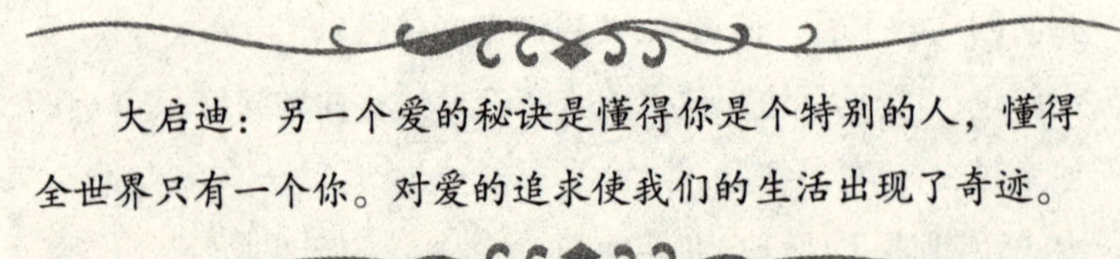

大启迪：另一个爱的秘诀是懂得你是个特别的人，懂得全世界只有一个你。对爱的追求使我们的生活出现了奇迹。

107. 生命的冒险

对真理的追求是永无止境的，我们可能会为自己的梦放弃一切。

——苏格拉底

亚瑟被推进手术室做肾脏切除的时候，心情不禁有些激动。亚瑟要切除自己的肾脏，不是因为他的肾脏坏了，而是因为它太好了，要用它换取一枚邮票。

亚瑟的父亲是个老集邮家，一生献给了集邮。老集邮家没有遗传给他的两个儿子——亚瑟和杰西收藏邮票的激情，兄弟俩从小就搞不懂，父亲为什么对那些旧得发黄的小纸片入迷。几个月前，老父亲死了，亚瑟和弟弟继承了这笔邮票遗产。兄弟俩商量后，一致同意把这些邮票拿去卖掉。

在邮票拍卖店里，老邮票商吃惊的眼神令兄弟俩惊诧：这些邮票值几十万美元，可以买几栋楼房。老邮票商告诉他们，尽管这些邮票很值钱，但物品的价值不等于金钱。生命热情的对象是无价之宝，可以让热情者倾家荡产去获取，一旦获得，就是金不换的。他们把老父亲的邮票卖掉，等于把老父亲一生的激情卖掉了。老邮票商说他不能买这些激情。

老邮票商的激情没有让兄弟俩感动，倒是被这些“价值几十万美元”的邮票搞得激动起来。兄弟俩放弃了自己喜欢做的事，给收藏室安装警报器，窗户装上铁栏，买来一条大狼狗，整天守护着这些邮票。这些他们本来根本没有感觉的邮票，激起了兄弟俩的热情，或者说邮票的价值，引发了他们的欲望。

老父亲死之前一直在寻找一套意大利的蓝、黄、红三色飞船邮票，费了十几年已经弄到蓝色和黄色的两枚，但至死都没有弄到红色飞船。兄弟俩开始模仿起父亲的集邮激情，四处搜寻那枚红色的意大利飞船邮票。

兄弟俩打听到有一位邮票商可以弄到红色飞船邮票。但那邮票商说，有这枚邮票的人不卖，因为无价之宝从来不出售，只可以交换，比如用红色飞船邮票换一枚自己更喜欢的邮票。那邮票商说自己刚好有那人想要的这张邮票，但这是他的无价之宝，没有必要非换红色飞船不可。不过，邮票商说他的女儿的肾坏了，他爱女儿胜过爱那张邮票。如果亚瑟愿意用自己的肾来换那张红邮票，他就愿意用自己的无价之宝去换红色飞船。

要自己的肾，还是要邮票？亚瑟真还有几分犹豫。弟弟杰西说，自己的肾不如亚瑟的好，邮票商要的不是他的肾，不然……言下之意，亚瑟还不够激情。亚瑟听了这话，鼓起激情躺到手术车上去了。

换肾手术被安排在一个寒冷的夜晚。弟弟守在手术室门外，好像手术刀也割开了自己的身体。手术很顺利，兄弟俩拿着那枚红色的邮票回家了。

大启迪：一个人的生命只有一次，那用它来冒险的人也许没有想到会失败，可那并不代表他们就不知道恐惧。于是，我们不免追问：“生命的冒险，究竟是为了什么样的原因呢？也许是亲情，也许是爱情，也许是理想。”

108. 痛苦的力量

只有善于利用痛苦与欢乐的力量来改变自己人生的人，才能获得最后的成功。

——罗宾

法国著名的成功大师尼斯曾对烟酒和毒品避之惟恐不及，你可别以为那是尼斯聪明，尼斯说那是他比较幸运。

尼斯之所以不喝酒，乃是因为在他还是个孩子时，有一次在家里见到有人喝醉酒而吐得一塌糊涂，那种痛苦的模样留给尼斯极深刻的印象，让尼斯知道喝酒实在不是一件好事。

尼斯还有一个对喝酒印象不佳的经验，便是一位好友的母亲留给他的，她胖得实在是不像话，约有200公斤重，每当她喝醉酒便会紧紧地搂着尼斯，使尼斯的脸上和身上沾满了她的口水。因而这使尼斯对酒感到深恶痛绝，如今只要闻到别人嘴里所呼出的酒气，便会使尼斯极不舒服。

然而啤酒对尼斯来说又是一桩故事。在尼斯还是十一二岁时并不把啤酒当酒来看，那是因为父亲喜欢喝，而他又从来没有过像尼斯那位同学妈妈的坏毛病，事实上父亲喝起啤酒来的模样还真不赖，就因为他喝得也不多，所以尼斯对啤酒的印象始终不坏，甚至也希望学学家父喝酒的架势。

有一天，尼斯就真的学起父亲，想试试喝啤酒的滋味，于是请妈

妈也给自己来上一罐。一开始妈妈不同意，说酒不是什么好东西，可是尼斯并没接受，因为在尼斯的印象里，爸爸喝酒的模样似乎告诉他啤酒实在是很好喝。而且尼斯经常听不进别人的话，只相信自己的看法，而那天的经验使尼斯成长了不少。妈妈最后经不起尼斯的一再央求，相信若是不给尼斯一个难忘的教训，迟早尼斯会到外面买来喝，于是她说："好吧，你要学你爸爸是吗？那么就得像你爸爸那样的喝法。"

尼斯不解地问道："这话是什么意思？"

妈妈回答道："你得一次喝足六罐啤酒。"

尼斯听了自信地说："没关系。"

当尼斯尝了第一口啤酒，那种味道实在是难喝，跟尼斯以前所想的完全不一样。可是为了面子尼斯不敢向妈妈承认，只好硬着头皮喝下去。

当尼斯喝完第一罐，便跟妈妈说道："好了，妈妈，我喝够了。"

然而母亲没有饶尼斯。

她表情木然地说："这里还有第二罐。"

接着便拉了一罐又一罐。

当尼斯喝完第四罐时反胃得厉害，尼斯相信接下来的故事各位都能猜得出来。尼斯把胃里的东西吐了出来，弄得厨房一片狼藉。这一阵折腾让尼斯把啤酒的气味和呕吐的不舒服连在一块儿，从此便对啤酒打消了先前的好印象，因而再也没有沾过一滴啤酒。

也由于类似的经验使尼斯没有染上吸毒的坏毛病。那是在尼斯读小学三四年级时，有一次警察先生到学校来，放映了一部有关吸毒的可怕的电影，只见片中人物在吸毒后神志不清，甚至于疯狂地跳窗坠楼而死。当时尼斯就把吸毒和吸毒后的变态及死亡连在一起，日后连想尝试一下的念头都不敢。可以说这并不是尼斯聪明，而是有幸很早便有人告诉尼斯吸毒的可怕，因而没有染上吸毒的恶习。

大启迪：成功的秘诀就在于知道怎样控制痛苦与快乐这股力量，而不为这股力量反制。如果你能做到这一点，就能掌握住自己的人生；反之，你的人生就无法掌握。我们若是能利用痛苦和快乐这一股力量，那么就能使整个人生大大地改变。

109．必须承受的痛苦

学会直面痛苦的人，才能真正地成长起来，学会用微笑迎接困难。

——爱默生

鲍勃三岁半的女儿扁桃腺发炎，开了十针青霉素，上午八点、下午三点，一天两针。头两天是妻子带她去打针，女儿不肯去，妻子就骗她，说不打针，瞒哄着抱她下楼。当针头扎进小屁股蛋时，针剂的疼痛加上被欺骗的愤怒，女儿无法承受，哭得惊天动地，大夫直担心孩子会闭过气去。女儿哭，妻子也垂泪。她实在受不了啦，第三天死活不干了，把担子卸给了鲍勃。

鲍勃把针药和注射单揣进兜里，对坐在床上翻画书的女儿说："乖，咱们去打针。"

女儿可怜巴巴地仰望着鲍勃，沙哑地说："爸，打针很疼。"

鲍勃坐下来，说："疼也得打呀，要不你的病好不了，上不了幼儿园，爸爸妈妈也上不成班，得在家看着你。不上班就没有钱，怎么给你买玩具和好吃的？”

“那我以后不要玩具和好吃的还不行吗？”

鲍勃停下来，给她时间思考。鲍勃想小孩也有足够的做出正确分析判断的能力，只要把道理讲清楚。除非她硬要抓电源或玩刀片，鲍勃绝少采取强制手段。而且，鲍勃从不骗孩子。

女儿想了片刻，终于无可奈何地张开双臂叫鲍勃抱，并说道：

“爸爸，咱们去吧。”

打针时她又哭了，不过不厉害，针没拔出来已哭完了。

女儿睡了个大午觉。下午两点多鲍勃去卧室门口看了一眼，她已醒了，瞪着两只眼睛瞅着天花板，聚精会神不知在琢磨什么。鲍勃没打搅她。三点了，鲍勃关上客厅的电视，起身去卧室。女儿睁着眼，可她一看见鲍勃，马上说：“爸爸，我困了！现在要睡觉了。”就阖目装睡。

斜阳照在她的紧张的小脸上，楚楚动人。

鲍勃一阵感动——

不知她动了多长时间脑筋，才想出这么个自以为是的办法以逃避打针。

“不行！回来再睡。”鲍勃硬着心肠拉她起来穿外套。

抱着她慢慢往医院走，鲍勃对她说：“乖，不是爸爸不疼你，可人活着就有很多事，很多痛苦，只能自己去承受，谁也替不了你。”

女儿似乎懂了，因为鲍勃感到她的小脸好像刚毅起来。

这一针，她没哭，嘴唇哆嗦着，却一滴眼泪也没掉。

第二天上午八点，鲍勃刚要开口，女儿突然拿着注射单和针药站在鲍勃面前，说：“爸爸，咱们去打针！”

鲍勃抱起她，紧紧搂在怀里。

大启迪：“痛苦就是力量，痛苦就是骄傲。”体验过痛苦，才能更充分地品味幸福。所以，聪明的人不会否定痛苦的价值。痛苦，应该成为我们的又一位老师。

110. 彩票之福

命运总会捉弄人，你得到一些，她会从你这里拿走另一些；你失去一些，她会补偿你一些。

——苏格拉底

艾南多是西班牙帕尔马一家酒店的店主，不过实际说了算的是他的老婆玛丽亚。只要玛丽亚说些尖刻的话，或狠狠地瞪他一眼，艾南多便会投降。

夏天的晚上，玛丽亚回乡下娘家去了，艾南多立刻变成另外一个人。有个卖彩票的小贩戈登进了店，艾南多便说要看看彩票是些什么号码。

翻阅一通后，他高叫起来：“好兆头！天上来的好兆头！”

他抓住戈登的手臂：“瞧，我是在本月14号生的。而这个号码却三次重复我的生日——14、14、14！我要买他100张彩票，准保中奖！”

店内顿时寂静下来。100张彩票至少要100美元，对一家小店来说是一大笔钱。

不久，中奖号码出来了，戈登发现大奖的号码果然就在那一百张中间。

又过了几个月，戈登再次来到艾南多的酒店，却发现那里似乎一点儿没变。

戈登走进店里，艾南多见戈登来了，高兴地打招呼，并拿瓶戈登喜欢的酒来。

“恭喜！”戈登向他道贺，“你成了百万富翁了，有什么变化吗？”戈登问他，他却古怪地笑笑。

“改变了许多。玛丽亚知道后，大嚷大叫让我卖掉全部的彩票。没有办法，我把它们全部卖给了朋友。”

“假如我是你，”戈登说，“开奖后想到我放弃的彩票中有大奖，我会抹脖子自尽。”

“我起初的反应也是那样。可是中大奖的是谁？我的朋友。他们要感谢的是谁？是我。我是财运童子，所以我的生意从来没有像现在这么好过。”

“可是，要是你中了大奖，那些钱可以用来做好多事情……”戈登说。

“说真的，那我就很可能会做出傻事了。不过照现在我的情形，我已经赢得了花10亿美元也买不到的东西。”

戈登听后莫名其妙。

艾南多将瓶中的酒全部倒进戈登的杯里：“我已赢得了大多数男人买不到的东西。我赢得了安静、幸福的婚姻和听话的妻子。”

他坐在椅子上略微转身。“玛丽亚！”他的声音并不严厉，却有平和的指挥力量。门帘开处，她走了进来。和以前不同，她看起来不知怎么的小了些，并且变得更快乐、更温柔，更有女人气质。

“给我们再拿点酒来。”他平和地说。

她面带笑容地走向酒桶：“马上就拿来，亲爱的。”

大启迪：一张彩票，它可能负载着巨大的物质诱惑，可能使人就此坠入欲望之渊，但也可能使人如醍醐灌顶，并重新用另一种眼光来看待他人和自己的人生。

111. 化纷扰为祝福

对待抱怨我们始终要抱着快乐之心，为对方创造一个美好的世界，这也是给自己创造一份幸福。

——卡特

一个餐厅里，正是午间生意最繁忙的时刻。偏偏整个餐厅上上下下，只有一个小服务员杰克当班，他忙进忙出的，几近焦头烂额。

在如此繁忙的时候，若是客人愿意配合，杰克的工作倒也能够顺利进行。不幸的是，正巧又来了一位极其挑剔的新客人。

这位麻烦的客人走进餐厅里，坐定之后，也不管杰克正忙得不可开交，立刻把他叫住，抱怨餐厅内没有开冷气，很是闷热。

杰克忙不迭地道歉，答应立即处理这个问题。过了一会儿，这位难缠的新客人，又将杰克拦了下来，说他把冷气开得太冷了，让他感到不舒服。

杰克的耐性奇佳，又立即连声道歉，并保证，一定立即将冷气调整到合适的温度。

旁边一位客人，从头到尾冷眼旁观这一幕，不禁暗暗为杰克叫屈。待杰克走过他身边时，这位抱不平的客人安慰他道：“那个烦人的家伙，一下要开冷气，一下又嫌太冷了，他是不是快要把你给弄疯掉了？”

那名伙计气定神闲地悄声答道：“不，是我快把他给弄疯掉了。这店里从来就没有装过冷气。”

大启迪：生命中存在着无尽烦人的问题，我们可以采用最认真的态度去对待，甚至是大吵一架；或是学学这位可爱的小服务员，用极其幽默同时也是最有效的回应手法。我们可以同生命中的小插曲，开个无伤大雅的小玩笑。

112．用付出解决积怨

美德是智力的最高证明，真正聪明的人决不会计较一时的得失，他们会用自己的智慧来赢得生活。

——约翰生

英国有一位辛勤的佃农古奥，因为买不起一般平地上的肥沃良田，遂独自找了一块山坡地，经过努力开垦，把贫瘠的山坡地，开辟为产量甚丰的梯田。

许多村庄里的穷佃农们，看到古奥夫的成就，争相效仿，纷纷在山脚下，辟出一片一片的梯田。

起初，这些在山坡梯田耕作的佃农们，每天忙着自己田里的耕作，倒也相安无事，一直到了有一年，雨水不够丰沛，田里已有明显缺水的现象。

看到旱象已生，古奥早已做好充分的准备。他在山中找到了几处水源，挖好渠道，将山泉水大量地引进他的梯田，所以，虽然山脚下的梯田缺水，但古奥梯田中的作物，却依然欣欣向荣。

一天早上，辛勤的古奥如往常一般来到他的田里，突然大吃一惊，整片梯田的灌溉水，竟然全部流失，梯田里呈现干涸的现象。

古奥赶紧做了弥补，除了将田里补满灌溉水之外，他还要仔细地进行调查，为何田里会有失水的现象。

结果，在田埂上发现一个极大的缺口。原来是山脚下的那些佃农们，趁夜里挖破他的田埂，将古奥的田水往下引流，去灌溉他们自己的旱田。

在接下来的几天当中，古奥加倍努力地工作，开挖了几条新的渠道，将他找到的水源，顺利地引到山脚下每一个缺水的梯田中，把那些佃农的田用水灌得满满的，让他们不再有缺水的恐慌。

山脚下的梯田，从此之后，再也不会缺水；辛勤的古奥，再也不用担心有人会来挖他的田埂了。

大启迪：聪明而辛勤的农夫，透过梯田的灌溉水争霸战，给了我们一个十分宝贵的启示，也正是所谓“以德报怨”的最佳诠释。

大多数的人们往往喜欢将注意力的焦点定在令人头痛的问题本身。其实，若能让自己的心胸更宽广，眼光看得更长远，自然就能跨过恼人的问题，而找到真正“双赢”，甚至“多赢”的解决方法。

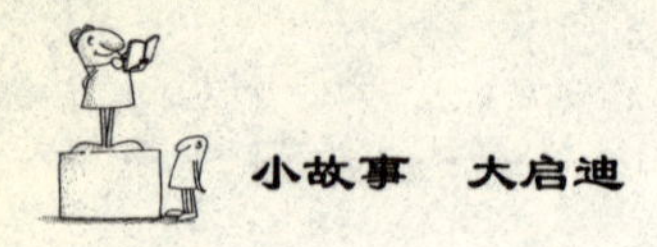

113. 看不懂的故事

生活中有许多不可能的事，却变成了现实；生活中也有许多可能的事，却永远是虚幻。

——伯恩斯

格林教授每天都要给临睡前的孙子讲个故事，但《家教周刊》上的一篇叫做《三个猎人》的故事，却让格林教授讲不下去了。故事是这样的：

从前有三个猎人，两个没带枪，一个不会打枪。他们碰到三只兔子，两只兔子中弹逃走了，一只兔子没中弹，倒下了。

他们提起一只逃走的兔子朝前走，来到一幢没门没窗没屋顶也没有墙壁的屋子跟前，叫出屋主人，问："我们要煮一只逃走的兔子，能否借个锅？"

"我有三个锅，两个打碎了，另一个掉了底。"

"太好了！我们正要借掉了底的。"三个猎人听了特别高兴！他们用掉了底的锅，煮熟了逃走的兔子，美美地吃了个饱。

格林教授琢磨了好几天，也没有琢磨出这个故事是啥意思，于是给《家教周刊》写了封信，指出这篇故事让人瞠目结舌的逻辑性错误：其一，中了弹的兔子怎么能逃走，没中弹的兔子又如何会倒下？其二，既然兔子逃走了，猎人如何能将它提起煮着吃？其三，没底的锅怎么能煮熟逃走的兔子，且美美地吃了个饱？

格林教授的信刊出之后，多家报刊加以转载，格林教授也收到了大量的读者来信。来信当然都是支持格林教授的观点，格林教授深受鼓舞，对幼儿读物成人也看不懂的现象，又一连发表了多篇批评文章。

一年以后，格林教授的家里来了位客人。客人与格林教授一见如故，言谈甚洽。谈到某重点大学毕业生因为害怕失去一份高收入的工作，考上研究生之后却放弃读研究生的机会，到州储蓄所去做了储蓄员；劣迹斑斑、臭名昭著的黑社会分子却做了警察局局长等等现象，两人更是唏嘘不已、再三叹惜。

不知不觉大半天过去，醉眼朦胧中客人突然举杯问教授："你还记得《三个猎人》的故事吗？你现在能读懂《三个猎人》了吗？"格林教授愣了愣，默然无语。客人止住谈兴，端起酒杯，咂了咂嘴，又终于放下。良久，教授又喊："喝酒、喝酒。"两人便再次举起酒杯，边喝边叹，边叹边喝。突然，格林教授眼睛一亮，"哎哟"一声，端起酒杯顿了顿，说："最简单的真理往往最难发现。《三个猎人》就是为了让孩子们从小就懂得，有很多可能的事会成为不可能，不可能的事却会成为可能……"

大启迪：任何疑问都可找到答案，不要对我们一时不清楚的事情就持怀疑态度，许多事情并不是我们一时所能认识清楚的，有些事情需要时间的考验，只要我们抱着一颗认真的心，就能找到答案。

114. 平凡最难

正如小河汇成江海，小步达到千里，人们往往由小事做起，最终才能成功。

——伊丽莎白

罗伯特是著名的作家和艺术家，他在教育儿子方面所体现出的智慧值得我们玩味。

一天，一场倾盆大雨使房檐中的天沟堵塞了，雨水顺着屋瓦直泻而下，将院子弄成了一片池塘。罗伯特让儿子搬来梯子去清理天沟，使水能从排水管流走。

“天沟里又臭又脏，还有马蜂，我可不去。”儿子动也不动，“再说上次清理的时候，我还被马蜂蜇过，请几个工人不就行了，偏让我去干这无用的活儿。”儿子抱怨道。

罗伯特像没听见似的，只是说了一句“你小心点”便走开了。

看到清理后的天沟，雨水畅通，流入下水管，再也没有溢出。罗伯特的儿子说：“原来想做好一件‘无用’的事并不容易。”

后来罗伯特和儿子一起到菜园中去，移植韭菜，罗伯特的儿子皱着鼻子，光是站在田埂上看，手插在裤兜里，不敢伸出来做事。

罗伯特问他：“你为什么不动手干活儿？”

儿子说：“我生来是念书的，这是农人干的活儿，我学了有什么用？”

罗伯特抓起一把泥，放进儿子手里，然后语重心长地说：“孩子，你每天吃的米饭、面包、水果，哪一个不是土里长出来的？就连人死了之后，也是化为泥土的呀。我们的衣、食、住、行哪一样不是以大地为根基？所以你要不会尊重土地！”

罗伯特摸了摸儿子的头，又说道：“每个人的福分都有一定限度，不能太娇惯，不要认为做的一些小事是无足轻重的，要知道，当有一天你在外面遇到这些问题时，别的娇生惯养的孩子都不知所措时，你却能轻松地处理它，那样该是多么地荣幸。不能做小事，又怎么能做大事呢？”

罗伯特的儿子听从了父亲的教训，在日常生活中对平凡小事也不放松对自己的要求和锻炼，三年后提前从高中毕业，进入美国著名学府——哈佛大学深造。

大启迪：每个青年都立志要出人头地，做顶天立地的大丈夫，可是到后来发现，其实自己也不过是社会中平凡的一分子。这并非是说我们不应该立大志，而是当我们为这个志向奋斗时，不论是成功或者是失败，都要知道平凡最难！立大志也要把一件件小事做好，要踏踏实实地做好那些卑微的小事，遇上一时的挫折，不要怨天尤人，只有这样才能真正成功。

115. 胡佛与凯末尔

伟大往往是在对待别人的失败中显示出伟大，渺小也是在这一时刻显现。

——卡莱尔

鲍伯·胡佛是美国著名的试飞驾驶员，他在空中表演的特技，令人叹为观止。一次，他从圣迭市表演完毕，准备飞回洛杉矶。可是，在距地面九十多米高的空中，刚好有两个引擎同时失控，胡佛凭着自己的灵敏，技术高超，飞机才奇迹般地着陆。

胡佛紧急着陆之后，第一件事就是检查飞机用油。正如他所预料的，他驾驶的那架螺旋桨飞机，装的却是喷气机用油。

胡佛立即召见那位负责保养的机械工。年轻的机械工早已痛苦不堪，一见胡佛，更吓得直哭。因为他的过失险些送了三个人的性命。

这时，胡佛并没有像大家预想的那样大发雷霆，他只是伸出手臂，抱住维修工的肩膀，信心十足地说："为了证明你能干得好，我想请你明天帮我的F—51飞机做维修工作。"

从此，胡佛的F—51飞机再也没出过差错，那位马马虎虎的维修工也变得兢兢业业，一丝不苟。

我们再来看另外一个故事。土耳其在遭受希腊人几个世纪的占领以后，决心把希腊人赶出自己的领土。1922年，土耳其民族英雄穆斯塔·凯末尔对他的士兵发表了一篇简短的、拿破仑式的演说："不停地

前进，你们的目的地就是地中海。”于是，一场激烈的战争展开了。土耳其人最终赢得了胜利。

当希腊的两位将领前往凯末尔的大本营投降时，土耳其士兵对他们大声辱骂。凯末尔当即制止，并且丝毫没有显示出胜利者的骄气。他上前握住两位将领的手温和地对他们说：“请坐，两位先生，你们一定走得很累了。”

在讨论了投降的有关事项及细节之后，凯末尔没有忘记慰藉两位失败者：“两位先生，战争中有许多偶然情况，有时最优秀的军人也会打败仗。”

凯末尔即使在全国胜利的兴奋中，为了长远的利益，仍然记着这条重要的信条：“慰藉失败的人，让他保住尊严。”

大启迪：心灵高尚的人深深懂得有过失的人的心理，往往能在别人出现过失时，善解人意，自我克制，出人意料地说出宽慰别人的话，使有过失的人恢复自信和自尊。

116. 放松生命

不要做“工作狂”，你要追求的是生活的快乐与满足，事业是其中的一大部分，但不是全部。

——布莱克

农夫米勒辛勤劳作了一整天，傍晚时愉快地躺在大树下面，听着

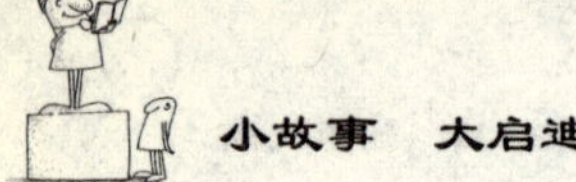

树林中传来的隐隐的鸟鸣，看着一排排整齐的田垄，怡然自得地哼着小曲。

这时，适逢有一个人经过，见到米勒，与他攀谈起来。

这人问："你怎么现在就停下来了？天还很亮呢！"

"那我应该做什么？"

"你可以去山上再多砍些柴呀！"

"多砍柴做什么？"

"明天拿到集市上卖了它。"

"然后呢？"

"然后你就有了一点钱，你可以拿它买一点小商品，拿去卖，赚更多的钱。你把这些钱攒起来就可以做稍大一点的买卖，拿了更多的钱，可以回乡里来，再多买几块地，租给别人去种，那时你就可以不用劳动，坐收租金了。"

"那又怎样呢？"

"傻瓜，那样你就可以休息一下，不必辛辛苦苦了嘛！"

"那么你以为现在我在干什么？"

大启迪：同农夫米勒的态度一样，我们可以在吃过午饭后，到小花园里散一散步；花一个小时读一本自己喜欢的书，用一上午时间去参观一个艺术展，和子女一起去郊游等等。这些活动虽然很平凡，却可以为你的生活注入新的活力，使你享受到生活的甜美，不致成为工作的奴隶。

117. 逆境是祝福

并不是每一种不幸都是灾难，逆境通常是一种祝福，它会使我们振作起来，去迎接未来的斗争。

——尼克

基里奥虽然是希腊的一个奴隶，但很有艺术天才。当他正从事一组雕塑的创作时，希腊颁布了一条法律：奴隶搞艺术创作要判死刑。

怎么办？基里奥把他的整个身心、灵魂和生命都投进到这雕塑上了。基里奥拉丝——基里奥的姐姐，和基里奥一样，感到了巨大的打击。但她鼓励弟弟说："到我们房子下面的地窖去，我给你点灯，给你粮食，继续工作吧，上帝会保佑我们的。"

在地窖里，基里奥在姐姐的保护下，夜以继日地进行着他那光荣而危险的工作。

不久，在希腊的雅典举行了一个艺术展览会，由政府显要兼艺术家波力克主持，希腊当时最著名的雕塑家菲狄亚斯、哲学家苏格拉底以及其他有名的大人物都参加了。大师们的作品都在那儿，但是，有一组雕塑，比其余所有的作品都漂亮得多，它好像是阿波罗神自己的作品。这组大理石雕塑吸引着所有人的注意。艺术家们同声赞叹，心服口服，没有一点妒意。

"这雕塑是谁的作品？"没有人说话。

传令官又重复了这个问题，还是没有人回答。

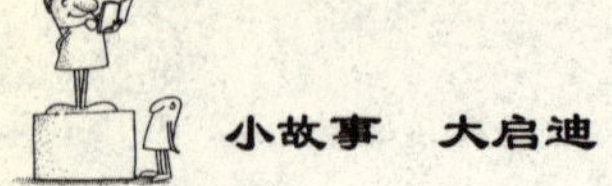

“怪了，难道这是一个奴隶的作品吗？”

在一阵剧烈的骚动中，一个衣发散乱的美丽少女被拖了出来。她紧闭着嘴，眼中闪烁着坚定的神情。

官员们喊着：“这姑娘知道这组雕塑，我们肯定这一点，但是她不肯说出雕塑者的名字。”

人们问基里奥拉丝，但是她不说话。人们告诉她，她这样的行为是要被惩处的，但是她还是不说话。

“那么，”波力克说，“法律是强制的，我是执法大臣，把她关进地牢去!”

这时，一个留着长发、面容憔悴，然而眼中闪耀着智慧光芒的年轻人冲到了波力克面前：“放了她吧，我是雕塑者。那组雕塑是我的作品，是一个奴隶双手的劳动成果。”

人们鼓噪起来，他们呼喊着：“下地牢!下地牢!该死的奴隶！”但是，波力克站了起来：“不!只要我还活着，就要保护那组雕塑!是阿波罗神用这组雕塑告诉我们，在希腊，有比一条不公正的法律更崇高的东西。法律最崇高的目标就是保护和发展美好的事物。雅典之所以能闻名世界，那就是因为她对不朽艺术的贡献。不应该让这位年轻人下地牢，而应该让他站在我的身边！”

终于，在人们的面前，波力克的助手阿士巴莎把手中标志胜利的橄榄冠戴到了基里奥头上，而且，在许多人的拍手赞同声中，阿士巴莎亲吻了基里奥那勇敢而深情的姐姐。

大启迪：事实上，我们最困难的经历应该用来锻炼我们的品格并培养我们自己的内在力量，以便在将来可以自由应付困难环境并激励他人也这么做，我们超越了痛苦，超越了环境，体现和阐述了的价值，美化和鼓舞了生活。

118. 快乐存于内心

快乐取决于人们对待事情的态度，任何时候我们都要抱着愉快的心情，这样我们才会真正快乐起来。

——休谟

有一天，道格认为，自己对上司已经忍无可忍："只要再临时分派我去做事，我就会让他知道，老子我不干了！"他忿恨不平地说。

果然，老板又叫他取消隔日原定行程，改飞佛罗里达州处理一项紧急任务。"我真是受够了你的命令！你把我当成什么了？一个笨蛋吗？"就这样，道格在老板的办公室发怒后掉头离去，结果车子才开了不到两个街口，就被警察拦下来开罚单，在每小时速限35英里的地方，他竟把油门加速到50英里。当时道格坐在车里，刹那间，他明白自己的情绪已完全失控，同时陷入了不健康的思考状态中。一如以往，在愤怒情绪的驱使下，他做出了极其冲动的决定。所有想要离职的念头一时间全涌上心头。天哪！我做了什么？他自问，这真的是我要的吗？还是我反应过度呢？突然，他领悟到自己正处于"暂时失控"的状态，以致产生不理智的思考。因此，当警察把罚单递给他时，道格竟对警察表示，谢谢他及时把自己唤醒。那个警察边走边想，为什么会有人收一张罚单还向他道谢呢？他对此百思不得其解。

原来道格顿悟，自己始终想的是"外在一切"如何毁掉他的生活，才会开车超速，而这种反应，说穿了，不过是这种想法下所产生的结果。他更明白自己看事情的角度太自我了，才使他如此情绪化。记忆和顿悟如潮水侵蚀他的心，他这才发现，过去这些年来，他一直是用这种思考模式过日子，和家人、上司、情人相处如是，对工作的态度亦然。反正都是“他们的错”，道格能做的，就是远离这些负面的影响因素。再一次，他又面临是否回到当下的选择——此时此刻他因超速被开了第二张罚单。

最后道格回到办公室向老板道歉：“真的很抱歉刚才对你说那些话，我太失控了，你放心，我明天会上佛罗里达州。”说完这些，对于明日的行程他真的觉得好多了，甚至还在心里暗下决定，这个周末该去好好打场高尔夫球。天哪！我多幸运有这份工作，让我可以暂离冰冷的寒冬，飞到温暖的佛罗里达。想着想着，道格竟吹着口哨出去了。

就在回程的班机上，道格一想到他真的很爱这份工作，特别是了解除了愤怒，心理的确存有快乐之源时，不禁有份满足感徐徐上升。“嘿！差一点就辞职不干了，真高兴我没这么做。我真好奇，我的生活的多少部分被我给糟蹋掉了。”他轻叹，“我想，如果我换副新眼镜，草坪一定看起来更绿！”

大启迪：由于超速罚单的提醒和内在意念的转变，道格重新寻得生活中的责任。他了解快乐之源始终存于内心，而那些会“迫使道格生气”的“事物”，基实正是自己内心世界制造的产品。

119. 心的力量

快乐常赐予那些善良的人，他们从不要求生活给予些什么，而他们给予他人的却那么多。

——伊凡

那是个炎热、晴朗的夏日。修道院派修女奥丽斯去给山下一位老渔翁捎个口信，但渔翁不在家。

在返回山上的途中，她来到一处可眺望大海的地方。她从没见过海水像今天这样湛蓝，船帆像今天这样洁白。痴迷的她向地平线方向眺望了很久。就在她将要离开时，她忽然发现距海滩1英里远的礁石上躺着一个人。

奥丽斯急忙来到海滩，鞋也没脱就趟进海水，向那人走去。到跟前时，她看出那是个16岁左右的男孩，长着金黄头发，又高又瘦。他一动不动地躺着，头上有一道很深的伤口。她听了听他的心脏，他还活着。于是她坐在他身边，帮他洗净伤口。

他是那样年轻，皮肤像婴儿一样光滑。她想背他上岸，但他太重。怎么办呢？渔翁家里空无一人，修道院又太远，她不可能在海潮涌来之前去修道院喊来帮手。

最后她脱下身上的黑袍，垫在男孩的头下。她又听了听他的心脏，想唤醒他，却做不到。她便开始祈祷上苍。海水逐渐涨了上来，她已打算和男孩一块儿死了。就在这时，男孩发出一阵咕哝声，片刻后他苏醒了，向四处望了望，坐了起来。

“你得赶快向岸上游去，”奥丽斯说，“海潮就要来了。如果你呆在这儿，会被淹死。如果你现在游，还能赶到岸上。”

他挣扎着站了起来。

“你必须游。”奥丽斯又说了一遍。

“我——我的头一定被礁石撞伤了。你怎么知道我在这儿的？”

“我路过这儿，看见了你，当时水还不深。”

“你——你不会游泳？”

“嗯，不会。”

“你本可独自上岸的，却一直呆在这儿救护我？你不知道海水会淹上来吗？”

“我老了，日子不长了，你还那样年轻，你母亲……”

男孩跪下来向岸上望去，仿佛在目测距离。

“把你的鞋子脱下好吗？”男孩说。

她看着他，仿佛不明白。

他解释说，他必须这样才能使两个人都上岸。他是个游泳好手，但如果她穿戴太重……

她立刻照他说的办了。

在两个人的努力下，他们终于游上了岸。

大启迪：生命的价值，是语言所无力描述的。自己的微薄之力，却奉献了一份最伟大的礼物。享受人生的美好吧。当明天你看见旭日在海面照耀时，你就对自己说：“如果没有我，世上就会少一人欣赏这瑰丽的旭日！”

120. 斯帕那的日子

金钱并不能成为快乐的保证，如果你不懂得什么是快乐的话，你永远不会得到幸福。

——休斯敦

在德国的时候，丽贝卡的房东是西班牙人斯帕那。分别已经三年多了，今天丽贝卡仍然时时想念着他。

严格地说，他并不是房东，只是管理员——明斯特大学公寓的管理员，负责公寓的日常管理。就因为这，他一家五口就住在全楼唯一一套四室一厅中，楼里的房客也众口一词地唤他“房东”。

斯帕那矮而壮实，一头短短的亚麻色头发，有典型的西班牙人的开朗天性，说话嗓门很大。

斯帕那来德国打工已有很长时间了，三个孩子都生在德国，德语说得比西班牙语都好，斯帕那对这一点很无奈，双手一摊说：“看来回不去了。”是的，回不去了，孩子们都上了学，斯帕那夫妇也度过了人生最好的年华。

斯帕那一直说自己是穷人。他的口头禅是：“我的上帝，没钱。”即使在一年中为数不多的好日子里，比如他的生日、圣诞节、复活节、元旦等，也要说上好几遍。

上帝好像和斯帕那较上了劲，并不因他的唠叨就给他一点惊喜让他中彩票什么的；他也不因上帝毫无反应就停止唠叨。

唠叨归唠叨，斯帕那却不敢也不愿在行动上怠慢：公寓管理员的活很轻松，无非是打扫清洁、侍弄花园之类，斯帕那全让给了妻子，自己另找了工作，每天定时上下班。即使这样，斯帕那还是穷，他们全家整年地呆在明斯特，甚至连回西班牙老家的计划也年复一年地拖了下来，只能羡慕地看着别人去外地或外国度假。

但斯帕那并不因为穷就放弃享受生活。

初夏的一天，丽贝卡发现他在花园的水池边挖坑，就问他干什么。他一脸诡秘地笑着说："别问，你会有个惊喜。"他这样回答每个人，他妻子也这样回答，弄得全楼的住户都在猜，竟然有想象力丰富的法国人杰克怀疑他搞到了中世纪的藏宝图在探宝，一时间，楼里充满了猜测的神秘和兴奋。

三天后，水池边出现了一个长三米多、宽两米多的沙坑，里面铺满黄澄澄的沙子。谁也不知道斯帕那挖它派什么用场，斯帕那不作任何说明，仍以诡秘的笑作答。众房客都很泄气，杰克耸着肩说："做些莫名其妙的事，是西班牙人的爱好。"

惊喜却真的有。在一个阳光灿烂的周末，斯帕那穿着沙滩装躺在那个大沙坑里，耳朵里塞着WALKMAN耳塞在看书，玫瑰花丛边有张小桌子，放了可乐和饼干，斯帕那太太还穿了泳衣，少了防晒油，虽然德国北部夏日的阳光只能算温暖，远不能说是热烈。

楼里一下轰动了，人们纷纷探出头来。丽贝卡那位终日在实验室里打理时光的先生也动了心："看不出这笨头笨脑的斯帕那，鬼主意还挺多。不过，阳光这么好，我们也出去坐坐吧。"

斯帕那提醒了楼里众人，阳光很好，不要辜负了它。大家纷纷走进花园，或坐或躺在草地上，惬意地沐浴着阳光看书谈天。连几乎从不进花园的日本教授小岛先生也参加进来，还拿了日本清酒和糖果请大家。

英国学生爱德华问斯帕那感觉怎么样，他得意地说："我想在加勒比也就是这样吧。"

大家哄地笑了起来。杰克说："如果是一样的话，你何必还要老想着去加勒比晒太阳呢？"

斯帕那叹口气："去加勒比度假是我一生唯一的梦想，还不知道上帝让不让我实现它。可是不管怎样，不能因为穷就不好好地享受生活。"

是的，不能因为穷就不好好地享受生活。斯帕那虽然是穷人，可他的生活快乐而幸福，我们总能听见他们全家的大笑声。周末，他们一家会驾车去森林里散步，骑自行车。节日里，斯帕那太太会烤了香喷喷的大蛋糕请房客们分享；逢到大减价，他们就全家出动，抢购回一大批新东西，也不忘给家乡的亲人捎几件……

他感动了大家，所有的人都觉得他的日子是快乐而幸福的，连大家眼中的教授小岛先生也经常说："要过上斯帕那的日子才算……"

大启迪：上帝不给你钱没办法，可上帝给了你日子，一天24小时，一年有春夏秋冬，有风雨雷电，有花有草，和富人一样。不好好享受它们就对不起上帝，也对不起自己。

121．选择在我

忧虑是一把无形的匕首，它会刺向你的身体，伤害你的精神。

——卡耐基

年轻的杰克，正逢兵役年龄，抽签的结果，正好抽中下下签，最艰苦的兵种——海军陆战队。杰克为此整日忧心忡忡，几乎已到了茶

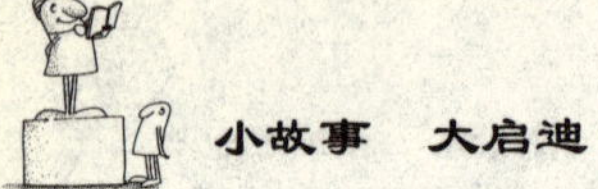

不思、饭不想的地步。深具智慧的祖父奥克托，见到自己的孙子这副模样，便寻思要好好地教导他。

老奥克托："孩子啊，没什么好担心的。当了海军陆战队，到部队中，还有两个机会，一个是内勤职务，另一个是外勤职务。如果你分配到内勤单位，也就没有什么好担心的了！"

杰克问道："那，若是被分发到外勤单位呢？"

老奥克托："那还有两个机会，一个是留在本土，另一个是分配外土，如果你分配在本土，也不用担心呀！"

杰克人又问："那，若是分配到外土呢？"

老奥克托："那还是有两个机会，一个是后方，另一个是分配到最前线。如果你留在外土的后单位，也是很轻松的！"

杰克再问："那，若是分配到最前线呢？"

老奥克托："那还是有两个机会，一个是站岗卫兵，平安退伍；另一个是会遇上意外事故。如果你能平安退伍，又有什么好怕的！"

杰克问："那么，若是遇上意外事故呢？"

老奥克托："那还是有两个机会，一个是爱轻伤，可能送回本土；另一个是受了重伤，可能不治。如果你受了轻伤，送回本土，也不用担心呀！"

杰克最恐惧的部分来了，他颤声问"那……若是遇上后者呢？"

老奥克托大笑："若是遇上那种情况，你人都死了，还有什么好担心的？倒是我要担心那种白发人送黑发人的痛苦场面，可不是好玩的喔！"

大启迪：人生拥有的，是不断的抉择，看你是用什么态度，去看这些有赖你决定的无数机会，能够综观每件事情、每个问题的正反两面，你将发现，内心最深沉的恐惧，也在所有状况明朗之后，将会自行化为乌有。

122. 勇士的诞生

你若失去了财产，你只失去了一点儿；你若失掉了勇敢，你就把一切都失掉了。

——歌德

美洲的原住民——印第安人，向来以剽悍强壮闻名于世。

印第安人的种族之所以能够剽悍强壮，与他们挑选下一代的方式有极大的关系，也就是流传于印第安人部落中的“土法优生学”。

据说，印第安人部落中，若是有婴儿出生，这个婴儿的父亲会立即将孩子携至高山上，选择一条水流湍急，而且水温冰冷的河流，将婴儿放在特制的摇篮当中，让婴儿及摇篮随着河水漂去。

而这个新生儿父亲的亲友及族人们，则在河流的下游处等候，待放着婴儿的特制摇篮漂到下游时，他们会检视篮中的婴儿，是否仍然活蹦乱跳。

如果婴儿还活着，证明他的生命力坚强，具备成为他们族人的条件，便将之带回部中妥善养育成人。

若是篮中的婴儿禁不起这般的折腾，发生不幸。他们则将婴儿及摇篮放回河流当中，任其漂流而去，形同河葬。

经过如此苛刻方式的挑选，能够幸存的印第安孩子，当然个个身强体壮，剽悍过人。

这只是印第安一般族人的筛选方式。至于印第安人部落中勇士的

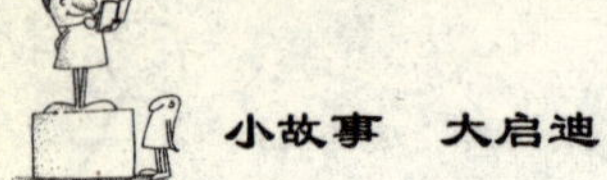

挑选，则要更为严厉得多。印第安人有所谓的成年礼，当一个印第安男孩成长到合适的年龄时，族人会为他举行成年礼，在狂欢舞蹈庆贺之后，这个男孩，将会被族人亲手绑在森林中的一棵大树上，独自一人度过成年礼的夜晚。

森林中多是毒蛇猛兽，这位即将成为印第安勇士的男孩，在成年礼的这个夜晚，必须面对自己最深沉的恐惧，借由这样残酷成年礼的锻炼，而成为族中公认的真正勇士。

大启迪：我们并不推崇印第安人这种几近野蛮的成长教育方式，但其中确实有值得借鉴的地方。一位真正的勇士的诞生，当然必须历经非凡的考验及挑战，而此际你我面临的苦难或磨砺，亦正是上天独特的另一种恩赐。

123. 立即行动

做事要行动，而不是无谓的想法和不切实际的讨论。

——卡夫卡

小村落里，村长拉里的家着火了，全体村民尽全力赶来救火。

可是，尽管村民们用尽一切方法试图灭火，只见火势似乎越来越嚣张，丝毫没有熄灭的意思。

正当众人束手无策之际，突然，山坡上有一辆满载壮汉的大卡

车，飞驰而下，直接冲入火场。车上的壮汉们，一秒钟都没有耽搁，立即跳下车来，用他们身边所能找到的任何工具，包括扫帚、拖把、水桶，甚至身上所穿的外套，灵活地运用这些东西，拼命地扑灭身旁的熊熊烈火。

在众村民的喝彩加油声中，这一批火场生力军，竟然奇迹地将这场大火扑灭了。

拉里村长为了感谢这些壮汉的鼎力相助，在数天后，特别举办了一次表扬大会。

在表扬会中，拉里村长颁发一笔巨额的感谢金给这些英雄们，由卡车的驾驶员，代表上台接受这笔奖金。

在颁奖仪式完成后，拉里村长兴奋地问代表领奖的驾驶员："你们将会如何运用这笔钱呢？"

驾驶员抓了抓头，回答道："我想，有了这笔钱，我要先把那个该死的煞车，修理好再说。"

大启迪：在我们的人生历程当中，是不是有过无数次，因为自己的煞车失灵，而错失大好良机的遗憾？积极果断的行动方针，相信永远比怯懦不前，更能创造崭新的机会。或许，您不愿意让自己置身于酷烈的火场提炼出真正的黄金来。

124. 来自激发的潜力

人本身就是奇迹，相信这个奇迹，运用这个奇迹，一切都有发生的可能。

——马丁

1840年，有一个叫亨特的法国青年爱上了一个中产阶级家庭的姑娘玛格瑞特，他诚恳地上门请求玛格瑞特的父亲把女儿嫁给他，但是玛格瑞特的父亲不想让自己的女儿嫁给这个穷小子，于是答复他："如果你十天内能够赚到1 000美元，我就同意你们两人的婚事。"

亨特告别回家后立刻陷入了苦闷当中，1 000美元对于他这个穷家伙简直是一个天文数字，他也没有可以借钱的亲戚。他感到自己可能不得不和心爱的女朋友分手了，十分痛苦。为了争取到玛格瑞特，也为了争一口气，让玛格瑞特的父亲不再小看自己，他冥思苦想，终于想出如果做出一个发明创造，就可能在10天内赚到这么多钱，但是设计什么呢？

亨特废寝忘食地寻找发明目标，并绞尽脑汁地去试验，爱情和自尊使他很快找到了突破口：他发现人们在欢庆的场合都习惯用大头针在衣服的前襟上别一朵花，可是大头针很不安全，经常会把手或皮肤扎伤，有时还会自己脱落。于是亨特找到了灵感。他想："如果在这上面多折一道铁丝，再把口做成可以封住的，不就方便安全得多了吗？"他剪下两米左右的铁丝试做，就这样设计出了现代使用的别针原形。

大功告成之后，亨特飞奔到专利局，申请了专利。制造商问亨特这个发明转让要多少钱，亨特一心只想把玛格瑞特娶到手，因此毫不犹豫地回答：“1 000美元”。制造商当场就和他达成交易。

亨特拿着1000美元的支票跑到玛格瑞特家。玛格瑞特的父亲听完亨特讲述的赚钱过程后，先是笑了一下，随即大骂：“你这个笨蛋！”原来他嫌亨特太老实，这样的发明至少值10万美元以上。后来事实也证明果真如此。但最终亨特还是获准和自己心爱的人结婚了。

大启迪：几天内完成了一件如此实用的发明，听起来似乎是不可思议的，但人们在被某种情境所激励的情况下，确实可以发挥出平常难以估量的潜力。外在的刺激对我们而言，有时有着极大的作用，它会令我们做出让自己都感到惊讶的成就。

125. 沉香

一向只关注别人的人永远都做不成他自己，在关注别人的时候也要关注你自己。

——贝尔

巴比伦有一个有钱的老人，叫安特及，非常担心他从小娇生惯养的儿子波特没有自我谋生能力，他害怕自己庞大的财产反而会给儿子带来不祥，他认为与其把财产留给孩子成为祸害，还不如及早教会孩子如何奋斗。

安特及诚恳地与儿子谈话，对波特讲述了自己的愿望，安特及感动了儿子。于是波特决定出海去探险，寻找属于自己的天地。

波特打造了一艘大船，出海探险。一路上，他度过险恶的风浪，经过无数的岛屿，最后在一个人迹罕至的小岛上发现一种树木。这树木高达十余米，数量奇少无比，一片森林中可能只有一两棵。砍下这种树的外皮，留下木心的部分，会散发出一种奇异的香气。这种树木最奇怪的是它被放在水中时不会像别的木头一样浮上水面，而是沉到底下。波特心想，这真是个奇怪的宝贝呀！

波特又历尽风险，把香味无可比拟的树木带到市场上出售，希望卖个好价钱，可是市场上竟然没人看得上这种颜色黑暗、毫不起眼的木材。

在波特旁边有个卖木炭的小贩，每天早早地就卖完木炭收工。刚开始时波特还忍得住，后来就越来越动摇了："看来这实际就是个普通的玩意儿，似乎远没有木炭好卖，干脆我也把香树烧成木炭来卖好了。"

第二天他便把香木烧成木炭，挑到市上。一天时间不到就全部卖完了。波特为自己及时采取了他人的赚钱办法感到得意，很高兴地回家，告诉他的老父，他父亲听了，不时就落下泪来。

原来，波特烧成木炭的香木，正是世界上最珍贵的树木"沉香"。只要切下一块磨成粉屑，价值就超过了一车的木炭。

大启迪：人生中最大的不智就是和别人去比较，用自己的短处对比别人的长处，和富翁比财产，和政客比权力，和美女比容貌，最后落得个盲目悲观和模仿，却不能看到自身生活中的幸福。

126. 智慧的勇士

勇气是一种最大的智慧，它经常隐藏在一些不起眼的地方，当人们真正意识到它的时候，才知道勇气的宝贵。

——拉尔夫

已是午夜时分，乔治驾着车在德克萨斯州西部行驶着，又累又乏。所以，当他一看见路边有块牌子上写着“加油/用餐”时，便立刻停了车。

又有一辆车停在外面，两个人下车走进来。其中一个高个子对侍者说：“两杯咖啡。有地图让我们查一查吗？”

“我想是有的。”侍者一面应道，一面端上咖啡，然后在电话机旁的一叠纸里找了起来。过了一会儿，他找到了，递上去，“这地图也许有些旧了。”

他们摊开了地图。高个子指着奥格兰德河，摇着头对他的伙伴说：“没有桥也没有渡口，没有通往墨西哥的路。”

那侍者听见了，马上说道：“我也许可以帮你们的忙。”

“怎么走呢？”

“奥格兰德河上哈克凯特镇旁半年前造了一座桥。过了桥，往下走就是墨西哥了。”那侍者又在电话机旁寻了一会儿，“应该有最新的地图，可惜这里找不到。那上面标着这座哈克凯特桥。”

“没关系了，有桥就行。”高个子喝完咖啡，与同伴一起走到门口。小声嘀咕了几句后，他们突然转过身，从口袋里拿出枪，嚷道：“坐下，不准乱动。”

乔治和侍者只得照办。他们打开抽屉，拿走了所有的钱，又将电话扔到地上，拔了电线。然后飞也似地冲进车子，消失在夜幕中。

乔治再看看侍者，他脸色有点苍白，但立即修理起电话来。5分钟后，他拨通了警方电话，告诉了他们这里发生的一切。“对，对，他们将去哈克凯特。”

乔治摇了摇头：“我简直被他们愚弄了。我还以为他们是生意人呢！”

“起先我也被他们骗了，但当他们在研究地图时，我看见了高个子西装袋里的手枪皮套。”侍者说。

乔治有些气愤：“你既然已看出他们不是好人，为什么还要……？你后来实在不该告诉他们哈克凯特有桥。现在警察抓住他们的机会太小了……”

“没有……”

“没有机会了。”乔治接着说，“他们的车跑得太快了。”

那侍者笑了笑，“我不是说没有机会了，我是说哈克凯特根本没有那座桥。等待他们的只有一条大河！”

大启迪：对待坏人，可不要学把蛇放在怀里的善良的农夫，相反随口编出的一个谎言，可以让你立于不败之地。对待坏人，我们应该善于运用我们的智慧，不费吹灰之力来制服他们。最好不要莽撞，以硬碰硬的方式可能让我们两败俱伤。

第七篇

事在人为

127. 在逆境中创造奇迹

许多奇迹在于我们去做，只有做才能产生奇迹，相信吧，许多财富正等着我们去获取。

——培根

一年一度的嘉年华市集即将展开。有一位卖松饼的小贩胡里奥，亦摩拳擦掌、满怀信心地准备在嘉年华会中大展身手，好好地赚他一笔钱。

嘉年华会如期开始，果然不出胡里奥所料，热腾腾的松饼再淋上甘甜的蜂蜜，飘散浓浓的香味，吸引了许多人，围绕在胡里奥的摊位四周，生意好得令周围许多卖冰淇淋的摊位眼红。

胡里奥的生意持续兴隆，但人生不如意事十之八九。一直很稳定地供应他纸盘的供应商，为了配合全国性的纸业大罢工，不能再供货给他。

胡里奥的纸盘库存随着每天大量的消耗而用尽，胡里奥的生意亦随之发生危机。

没有纸盘可以盛装松饼卖给顾客，胡里奥试着用纸巾来代替纸盘，但客人们又嫌纸巾会被蜂蜜沾在松饼上，吃起来相当不方便。随着顾客们不断地抱怨，胡里奥的生意逐渐清淡，终至没有任何人上门光顾。

眼看着嘉年华会期的时间还相当漫长，而摊位的租金已经付清了，却无生意可做，旁边冰淇淋的摊贩好意劝他，不如来帮着卖冰淇淋好了。

胡里奥迫于无奈，只得以较高的价格，向相邻的冰淇淋摊贩批购了一些冰淇淋来贩卖，聊以补贴自己摊位的开销。

就这样做了几天生意，胡里奥想着，还好，冰淇淋的生意不是十分火热；若是冰淇淋的生意一旦好起来，还是需要大量的纸杯来盛装冰淇淋。万一再遇上纸业大罢工，生意一样做不下去，自己的生计还是一样操纵在别人的手里。

胡里奥有了这一层顾虑，随即动脑。试着将他惟一会做的松饼，和眼前贩买的冰淇淋联系在一起。他想到，若是将松饼压薄一点，使之坚固一些，再将压实的松饼卷成圆锥状，就能够盛装冰淇淋了。如此一来，客人既可以吃到冰凉甜美的冰淇淋，又能享受香脆爽口的松饼，真是一举两得。经历困境而激发的创意，让胡里奥再次成为嘉年华会中生意最好的摊贩。而举世闻名的“甜筒冰淇淋”，也就这样被胡里奥发明出来。

大启迪：遇到难题，只须我们眉头一皱，便有更好的想法上来，有许多财富就是这样得来的。千万不要在困难面前低头，你只有战胜它，才能获得人生的回报。

128．抛弃修补的心理

在生活中做每件事情，都应该有一个大局的眼光，但是有时候人们常常被眼前的蝇头小利所迷惑。

——尼兹奇

俄亥俄州某家报纸曾经刊登过这样一个事例：一个纽约的老板汤姆生来俄州投资，机器设备都是从德国进口的最好的，生产效率极高。但是有一天突然这个地方发了洪水，虽然经过奋力抢救使大部分机器脱离了险情，但还是有一台设备没有抢救出来。洪水退了，为了尽快恢复生产，汤姆生就在当地市场上采购了一台俄亥俄州制造的机器来代替使用。

这台机器质量还过得去，用了一段时间也没有出现什么大的问题，但是不久它就原形毕露，各种小毛病开始显现出来。今天这个螺丝松了，明天那个零件坏了，总得不断修理，这样常常影响整个生产任务的顺利进行。汤姆生想重新买一台进口的新机器，但是进口机器非常贵，再说这台机器也还能用，所以就这么一天又一天地耗着。但是那个俄州产的机器还是不争气，总是出毛病，而且损坏的周期越来越短。到年底一算细账，就因为这台机器的这些各种小毛病，产量较上年度有明显的减少，这些损失加上维修费用等，足可以换一台进口机器了。汤姆生这才痛下决心，以低廉的价格把这台机器处理掉，从德国又购置回一台新机器。

大启迪：也许我们过惯了勤俭节约的日子，对于一些旧事物有眷恋情结，无论什么时候都想弥补一下，凑合着能使就行。许多不幸的贫穷生活也诸如此般，继续着那些不幸的故事。

129. 巧妙的思想转换

当一条路走不通的时候，不妨换一下另一条路，也许我们一下子就可以找到一条通向成功的捷径。

——埃德温

马克·吐温小时候，有一天因为逃学，被妈妈罚去刷围墙。围墙有30码长，比他的头顶还高。

他把刷子蘸上灰浆，刷了几下。刷过的部分和没刷的相比，就像一滴墨水掉在一个球场上。他灰心丧气地坐下来。

他的一个伙伴桑迪，提只水桶跑过来。“桑迪，你来给我刷墙，我去给你提水。”马克·吐温建议道。桑迪有点动摇了。“还有呢，你要答应的话，我就把我那只肿了的脚趾头给你看。”

桑迪经不住诱惑了，好奇地看着马克·吐温解开脚上包的布。可是，桑迪到底还是提着水桶拼命跑开了——他妈妈在瞧着呢。

马克·吐温又一个伙伴罗伯特走来，还啃着一只松脆多汁的大苹果，引得马克·吐温直流口水。

突然，他十分认真地刷起墙来，每刷一下都要打量一下效果，活像大画家在修改作品。

“我要去游泳。”罗伯特说，“不过我知道你去不了。你得干活，是吧？”

“什么？你说这叫干活？”马克·吐温叫起来，“要说这叫干活，那它正合我的胃口，哪个小孩能天天刷墙玩呀？”他卖力地刷着，一举一动都特别快乐。罗伯特看得入了迷，连苹果也不那么有味道了。

“嘿，让我来刷刷看。”

“我不能把活儿交给别人。”马克·吐温拒绝了。

“我把苹果核儿给你。”罗伯特开始恳求。

“我倒愿意，不过……”

“我把这个苹果给你！”

马克·吐温终于把刷子交给了罗伯特，坐到阴凉里吃起苹果来，看罗伯特努力地刷着墙。

一个又一个男孩子从这里经过，高高兴兴地想去度周末，但他们个个都想留下来尝试一下刷墙的感受。

马克·吐温为此收到了不少交换物：一只蓝眼的猫，一只麻雀，一个石头子，还有四块桔子皮。更重要的是，马克·吐温不费吹灰之力就把墙给刷好了。

大启迪：聪明的领导者具有这种能力：让别人去做自己不愿做的事，并让每一个做的人感到很高兴。当然生活中并不是每个人都能成为领导，有时候需要我们自己亲自去做，并且领导大家一起做。

130. 耕种自己的田

富人的悲哀在于：很少有富人掌握自己的财富，往往是财富掌握了他们。

——英吉塞尔

法国的石油大亨保罗·盖蒂，年轻时家境不好，守着一大片收成很差的旱田，有过在挖水井时，有时能挖出黑浓的液体，后来才知道是石油。

于是水井变油井，旱田变油田，他雇工开采起石油来。

保罗·盖蒂没事便到各油井去巡视，每次都看到浪费的现象和闲人，他就把工头找来，要求他消除这些。然而他再去，闲人如故。

保罗·盖蒂百思不得其解：为何我不常来，都看到一大群闲人，而那些工头天天在此，却视而不见？而再三告知，却始终不见改善？

后来，保罗·盖蒂遇到了一位管理专家，便向他请教。

专家只一句话，便点醒了保罗·盖蒂。他说："那是你自己的油田。"

保罗·盖蒂醒悟了，立即召来各工头，向他们宣布："从此油井交给各位负责经营，收益的25%由各位分配。"

此后，保罗·盖蒂再到各油井去巡视，发现不仅油田闲人绝迹，而且生产大幅增加。于是他也依约行事。

由于如此高效率经营，他才未在后来一波波的兼并中被并购，反

而更多地兼并了别的经营不善的油井，形成了自己的石油王国。

大启迪：如何化解老板与雇员之间的利益冲突，是一个永恒的问题，比较有效的办法就是让员工“种自己的田，给自己干活”，真正成为事业的主人，才能更有效地发掘他们的潜力，创造出更大的价值。不要把所有的利益都留给自己，要学会与他人共享成果，真正平等地对待自己的下属。

131. 愤怒的鱼和人

愤怒是一剂毒药，它会侵蚀我们。

——歌德

在北方的河流里生活着一种肉味鲜美的鱼，由于水鸟喜食，因此为了保证安全，它们很少游到水面上来。这种鱼有一个习惯，就是在桥的下面打转，特别是沿着桥墩嬉戏。但是在湍急的水流中，有时难免会碰在桥墩上。一天，天气特别好，在阳光照耀下的小河，波光粼粼，小鱼们像往常一样在桥下游玩，一只小心眼的鱼不当心一头撞在了桥墩上，顿时感到头晕目眩，昏了过去。等它清醒过来，看着撞疼自己的那个桥墩，不禁怒从心起，气得绕着桥墩打转。它的心中充满了怨恨，恨自己的不小心，恨桥墩太密，恨水流太急，以至于在同伴面前丢了面子……于是它张开两腹怨气徘徊在桥墩周围，久久不肯离

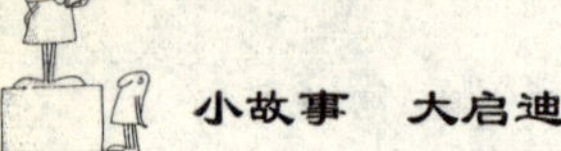

开，又不知如何才能出了这口气。

这样的故事同样也发生在人身上。

菲利普很不满意自己的工作，他忿忿不平地对朋友说：“我的老板从来不把我放在眼里面，好像没有我这个人一样。明天我一定要当着他的面把文件扔到地上去，然后辞职再找一个工作。”

他的朋友反问他：“你现在对这个公司从事的贸易种类都熟悉了吗？对客户的情况都清楚了吗？”

“那倒还没有。”

“人应该有远见。你现在离开的话，他也不在乎，你不如好好地把你们公司所有的贸易种类、客户情况都搞清楚，然后把办公室要干的日常工作都学会，然后就辞职不干。”他的朋友向菲利普建议，“就把这个公司当成是一个免费学习的地方，等你什么都熟悉了，再一走了之，那不是更出气吗？”

这个人听了觉得很有道理。他回到公司之后像变了一个人，为了尽快离开，他利用每一点闲暇的时间学习业务知识，在复印材料的路上都会一边走一边研究文件的写作方法。

一段时间以后，那个朋友遇到了他，问道：“你现在可以实施你的报复计划了吧？”

“可我发现最近以来我的老板越来越重视我，我已成为公司的红人了！”

他的朋友笑道：“我早料到的！原来你天天为老板不重视你而生气，业务上不出色也不肯努力学习。现在你排除怒气，痛下苦功提高业务不平，自然会吸引老板的注意。

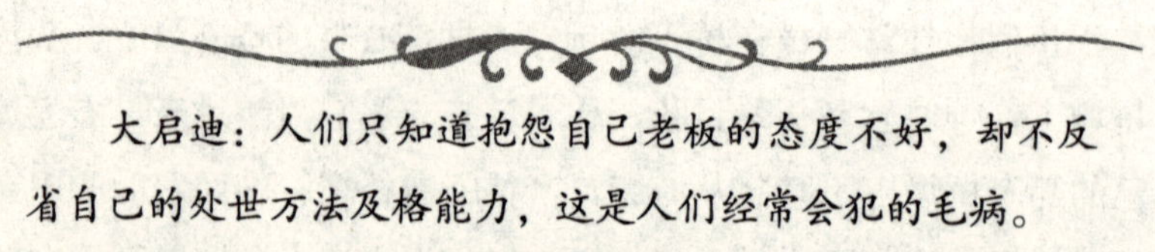

大启迪：人们只知道抱怨自己老板的态度不好，却不反省自己的处世方法及格能力，这是人们经常会犯的毛病。

132. 承认下属的价值

我们需要回头看一下自己身上，有没有做得不对的地方；只会指责别人是没有道理的，还要适时清点自身。

——汉耐克

有一天，著名的钢铁大王、人际关系学家卡内基接到了一个电话，电话那端传来一个很忧郁的声音："喂，请找一下卡内基先生。"

"我就是，有什么事？"

"我想请教你一个如何和下属相处的问题。"

两个人约在一个小酒吧见面。

那人是一个珠宝店的经理，他开口说道："我想向您讨教一个如何和我的下属相处得融洽的问题。"

卡内基问："你是否经常严厉地教训和责备你的下属？"

"是的，有时我生气时就严厉批评他们。"

"那么你是否正面激励和表扬过他们？"

"我是个不苟言笑的人，有时我的员工做出了很突出的成绩，我也不怎么表扬"。

卡内基于是告诉他，人在情感上是需要得到表扬和激励的，特别是当他们受到来自父母或上司正面的表扬或夸奖时，他们的创造力是平常的将近两倍。

接着，卡内基建议他不妨多正面表扬自己的职员，在感到工作不如意时，不要大声呵斥他们而是先检讨自己的工作的失误。

这个老板恍然大悟。一个月后，他们又约在同一地方见面，他兴奋地告诉卡内基，第二天他上班时，他的秘书给了他一份文件，他像平常一样看了一遍，然后不很自然地说："你这个文件写得不错。"他的秘书大吃一惊，脸红了，但是以后明显地工作更卖力了。而当他看到自己的员工在工作时间看杂志时，他没有像以前一样当面斥责，而是温和地表示自己将为大家购进一批和公司业务有关的书籍供职员们在工作的空档翻阅。那个职员后来自觉地停止了上班时间做其他事情的习惯。

大启迪：一个大企业就像是一个大家庭，每一个员工都是家庭的一个成员，当下属用智慧和劳动为领导提供正确的数据和业绩，为领导做出决策发挥自己的力量时，渴望得到领导的正面肯定和赞扬，因此一定要承认下属的劳动价值。

133. 坚忍不拔的求职者

世界上只有一种失败，那就是轻易放弃，达到人生顶点的人是那些永不放弃的人。

——洛克菲勒

"在我的人生字典里，永远没有失败一词，因为每一次失败都是我弥补某种不足的一次机会。"日本松下电器公司总裁松下幸之助对他

的下属这样说道。

在松下幸之助年轻的时候，因为家境贫寒，他不得不外出打工挣钱谋生，这也使他养成了坚忍不拔、吃苦耐劳的个性。有一次，他按报纸招聘广告到一家电器工厂去谋职，又瘦又矮的松下幸之助向工厂人事主管介绍一番自己的情况后，最后请求道："请给我一份工作做吧，哪怕是最危险最低微的工作。"

人事主管瞧瞧其貌不扬的松下幸之助，根本不想聘用他，便对他说："真不凑巧，我们刚刚聘用了一位。要不，你过一个月后再来看看。"

一个月后，松下幸之助真的准时出现在这位主管面前，这位主管心里在嘲笑松下：从未见过这种不会领会辞退话的傻老冒，不妨随便打发他走人。于是，这位主管对松下说："年轻人，你总是不凑巧，我们的老板出去开会了，得过两三天才能回。"

过了第三天，松下幸之助又来了，这次这位主管真的有点不耐烦了，直接说出他不想聘用人的原因："瞧你穿的，这样破旧是进不了我们厂的！"

松下什么话也没说，下午就去借钱买了一套新衣服穿上，找到那位主管说："你看现在我够条件了吗？"

主管打量他一下，说："从你的履历介绍，看不出你有任何有关电器的知识，我们厂是从不用这种人的。"

"没关系，我不会但我会学，一个月以后见！"松下说完，果真回去自学了一个月的电器知识，又跑来找那位人事主管。

这位主管说："一个月能学到什么知识呢？"

松下说："一个月不行，我用两个月，两个月不行，我用三个月……"

话未说完，这位人事主管再也坐不下去了，他拉起松下的手说："你是我遇到过的最有韧力的求职者，我已被你打败，从今天起，你来工厂上班吧。"

松下幸之助凭着坚忍不拔的毅力终于谋得一份工作，并凭借这种精神走向成功。

大启迪：在人生的道路上，成功就如一口口没有挖掘的甘泉之井，等待你去持之以恒地挖掘。因此当你确立了某个目标之后，告诉自己要努力坚持，不要轻言放弃，否则永远不能到达成功的终点，永远不能实现自己的愿望。

134. 危险人物

当人们认为一个人是什么样的时候，他就变成什么样的了，在我们的社会，你不能不信服舆论的力量。

——米兰达拉

那是在三十五年前，费希普镇上来了一位名叫摩根·约翰逊的青年，并在那里住了下来。

那时候，问别人的来历会被认为是不礼貌的。摩根·约翰逊从不谈及自己的身世经历，这使他人感到他充满了神奇色彩。

在许多方面，他看上去是个凶残的家伙。他脸上斜过鼻梁有一道伤疤，两条粗黑的眉毛连在一起，黑头发，黑眼睛，有着与众不同的瞧人方式。

三十五年前，当他第一次出现在桑塔菲大街上时，有些人说："这是个危险人物。"

当摩根·约翰逊再次徘徊在桑塔菲大街上时，曾经听说过他的人又对另外一些人说："这可是个危险人物"。

到后来，小镇上所有的人都晓得摩根·约翰逊是个危险人物。每当他徜徉在街上，以他那独特的方式瞧着众人时，大家都对他敬畏至极。

假如他偶然走进一家酒吧，刚刚还在进行的互不相让的争论马上就会停止。假如他偶然说了点什么，每一个人都极力赞成，其实谁都不想跟一个危险人物争论而自找麻烦。

单是摩根·约翰逊脸上的伤疤就告诉了人们创立国有过不平凡的经历。他能活着，而且还能在这里悠闲地散步，这更说明了他是能够保护自己的。

他从未说过伤疤的来历。可是有人说他们听说那是他勇战的标记。在纽约的一个深夜，十个强壮如牛的家伙对付他一个人，其中有一个家伙向他开枪，子弹擦伤了他的鼻子落下了疤。最后，摩根·约翰逊把他们十个人全干掉了。

没人知道是谁开始讲的这个故事。摩根·约翰逊从未否认过这段传奇的经历，甚至任由传说的人数增加到二十。事实上，摩根·约翰逊从未否认过任何有关于他的传闻，就像有一只无形的手堵住了他的嘴，让他只专注于他的生意。

有一天，摩根·约翰逊正在街上漫步，发生了一件出人意料的事。

那天，一个名叫川都的有气喘病的矮老头从酒吧摇晃着走出来。川都是个牧羊人，来自哈凡那河下游。没有人想过要去搅扰他，尽管他只是个放羊的，他每月酗一次酒。这天，他从酒吧酗酒出来。

酒吧卖的威士忌很烈，常常使一些从未想到要打架的人打起架来。然而，没有人料到这酒竟然这么烈，连这个牧羊人喝了都想打架。川都一看见摩根·约翰逊，便上前一把抓住他的衣服领子，并对他说："你是危险人物，是吗？"

大家都在为可怜的川都担心，因为谁都知道摩根·约翰逊会把他当即撕碎。然而，摩根只是眨眨眼，说："什么？"

"他们告诫我你是个危险人物，"川都说，"我要用刀子把你割开看看，你是什么材料制成的。"

说着，他掏出了剥羊皮用的大折刀，要用刀子割裂摩根·约翰逊。

但是，磨根·约翰逊看见刀子的一刹那间，急转身，避开刀子，以惊人的速度逃跑了。每一个目击者都说，如果他平时跑不快的话，那天他准会成为一名出色的短跑选手。

当然，川都不可能追赶他很远，他人老了，而且又喝醉了。摩根·约翰逊一刻不停地跑到镇外。最后一个看到他的人说，他朝着丹佛的方向跑去了。从此，他便销声匿迹了。

一些老人常常提起摩根·约翰逊。他们说这件事在某些方面证明了人性。你可以说一个人好或坏，如果你说得多了，最后人们也就相信了，尽管到了最后也许证实他不是好人或坏人。

大启迪：在我们判断一个人的时候，不能太直接，太偏信或太武断，因为以此推断人往往是不准确的。

135. 种出你的土豆

事在人为，只要多想办法，就能做到；这个世界上不存在我们办不到的事。

——歌德

杰米原本是不爱吃土豆的，但自打听说了那个关于土豆的故事之后，杰米竟可笑地迷上了这不起眼的鬼东西。那个故事讲的是土豆从

美洲引进到法国的历史。

在法国，土豆种植很长时间都没有得到推广。宗教迷信者不欢迎它，还给它起了个怪怪的名字——“鬼苹果”；医生们认定它对健康有害；农学家断言，种植土豆会使土壤变得贫瘠。

法国著名农学家安瑞·帕尔曼切曾在德国吃过土豆，决定在祖国培植它。可是，过了很长一段时间，他都未能说服任何人。面对着人们根深蒂固的偏见，他一筹莫展。后来，帕尔曼切决定借助国王的权力来达到自己的目的。

1787年，他终于得到国王的许可，在一块出了名的低产田上栽培土豆。帕尔曼切发誓要让这不招人待见的“鬼苹果”走上法国人的餐桌！

他要了个小小的花招——请求国王派出一支全副武装的卫队，每个白天都在那块地里严加看守。这异常的举动撩拨起人们强烈的偷窃欲望。每当夜幕降临，卫兵们撤走之后，人们便悄悄地摸到田里偷挖土豆，然后，再小心翼翼地将它移植到自家的菜园里。

每天晚上，土豆田里都能迎来一些蹑手蹑脚的偷窃者。就这样，土豆这丑丑的小东西昂然走进了千家万户。

帕尔曼切终于如愿以偿。

杰米为土豆感到庆幸，更为帕尔曼切的执著与智慧唏嘘不已。杰米常常凝视着自己的双手，殷殷叮嘱它：假若你捧住了一株值得捍卫的秧苗，你就要以心为圃，以血为泉，培植它，浇灌它，守望它，期待它，动用整个生命的力量去磨圆一个块茎，让世界知道，有一块方寸之地，最适宜种植奇迹……

大启迪：农学家真是一个聪明人，懂得利用人们的好奇心。但故事最令人感慨的还是科学家做事业的进取心和冒险精神，所以他们日后才会像星星般闪亮。

136. 火把的启示

最困难的时候，就是我们离成功最接近的时候，只要有耐心，你就一定会成功。

——凯撒

杰佛现在是一个大财团的总裁，他坐在摇椅里，对他的孙子讲一个他亲身经历的故事。

在外经商一年的杰佛正往家赶，他在翻越一座山时，遭遇到一个拦路抢劫的山匪。杰佛立即逃跑，但山匪穷追不舍。走投无路时，他钻进了一个山洞里，山匪也追进了山洞里。

在洞的深处，杰佛未能逃过山匪的追逐，——黑暗中，他被山匪逮住了，遭到了一顿毒打，身上的所有钱财，包括一把准备为夜间照明用的火把，都被山匪抢去了。

这山洞极深极黑，且洞中有洞、纵横交错。杰佛和山匪置身洞里，像置身于一个地下迷宫。

山匪庆幸自己从商人那里抢来了火把，于是他将火把点燃，借着火把的亮光在洞中行走。火把的光明为他的行走带来了方便，他能看清脚下的石块，能看清周围的石壁，因而他不会碰壁，不会被石块绊倒。但是，他走来走去，就是走不出这个洞。最终，他力竭而死。

杰佛失去了火把，没有了照明，他在黑暗中摸索行走得十分艰辛，他不时碰壁，不时被石块绊倒，跌得鼻青脸肿。但是，正因为他

置身于一片黑暗之中，所以他的眼睛能够敏锐地感受到洞口透进来的微光。他迎着这缕微光摸索爬行，最终逃离了山洞。

大启迪：没有火把照明的人最终走出了黑暗，有火把照明的人却永远葬身在黑暗之中。

世事大多如此，许多身处黑暗的人，磕磕绊绊，最终走向了成功；而另一些人往往被眼前的光明迷失了前进的方向，终生与成功无缘。

137．沉着冷静破难关

由于智慧的不明确性，每逢它落到无知里，人就把自己变成衡量一切事物的尺度。

——维柯

公元1799年，当时法国的国力鼎盛，法国皇帝拿破仑一世，派遣大将军马桑拿，率领精锐部队共18 000人，出兵侵略邻国奥地利。

当时的法国军队，横行整个欧洲，几乎是所向披靡。

马桑拿的部队，进军至奥地利边界一座名叫弗雷其克的小城。弗雷其克没有正式的军队，面对法国大军，完全没有任何准备。

马桑拿的大军，在复活节的上午来到弗雷其克城外，驻扎在高地上。将士们盔甲鲜明、耀武扬威地向城内高声呐喊。

弗雷其克城内的居民聚集在一起，商量该如何投降。在全城的大动乱当中，居民代表们从早上一直开会，到了下午，仍然商议不出一个所以然来。

最后，有位长老发言说："今天是复活节，我们从早上开会直到现在，也得不到任何的结论，完全无能为力。为什么我们不停止讨论如何投降？为什么不一起来做复活节的礼拜？我建议立即敲响教堂的钟，召集居民们一起来做礼拜，至于那些法国军队，就交给上帝去对付他们吧！"

于是弗雷其克城内的各教堂钟声齐鸣，城内居民老老少少都聚集在教堂中，吟唱圣诗庆祝复活节。

法国军队的统帅马桑拿将军，是一位作战经验丰富的将领。他听到弗雷其克城内传来的钟声及诗歌吟唱声，深入研究之后，对他的幕僚群说："情势不妙，今天早上我们大军初到时，城里哭声连天；而现在他们居然有心情庆祝复活节。根据我的经验，应该是城里有援军开到！"

当下马桑拿与幕僚们的决策认为，不论对方的兵力是虚是实，法国部队孤军深入敌境，处境着实危险，便下令退兵。

于是弗雷其克城不费一兵一卒，单靠钟声及吟唱圣诗，而令法国退兵，一时传为美谈。

大启迪：面对危机之际，能否保持适当的冷静，往往是决定胜负的关键。在战场上如此，在人生的道路上亦然。

越是处于低潮时，越要沉着应对；无谓的慌乱，只会丧失转圜的良机。冷静下来、仔细思考，你将发现解决问题的方式，明明白白地呈现在你的眼前！

138. 化险为夷

不要抱怨我们的贫穷，拥有智慧是我们最大的财富，任何时候它都会帮助我们成功。

——马克·吐温

卡尔森走在深夜的纽约街道上，他的脚步十分急促，显然除了赶着要回家之外，他还深怕遇上拦路的劫匪。

但往往越是惧怕，越能碰上。只见眼前小巷中黑影一闪，一个穿着风衣的瘦小男子挡住了他的去路，口中低声喝道："站住，不要乱动！"

卡尔森看着抢匪手中的左轮枪，慢慢地举起双手，任由抢匪将他的皮夹搜刮而去。就在抢匪准备离开之际，卡尔森突然出声叫住了抢匪。

卡尔森说："先生，你抢走我的钱没有关系。可是，我家里有一个极其凶悍的老婆，我回到家里，要是告诉她我被抢了，她一定不肯相信，会责怪我是因为去赌博，而把钱给输光了。"

抢匪道："那关我什么事？"

卡尔森说："能不能麻烦你，用手枪在我的帽子上射一个洞，这样我回去比较好交代。"

经不起卡尔森的再三恳求，抢匪勉为其难地在他的帽子上开了一枪，随后，卡尔森又说为了逼真，要求抢匪在他的外套、裤管、手套、靴子，甚至于手帕上，都留下弹孔。

正当身材瘦小的抢匪，开枪开得正过瘾之际，卡尔森微笑着说："六颗子弹都打完了，我的皮夹该还给我了吧！"

大启迪：面对劣势，需要机智。在越急迫的状态之下，越要让自己冷静下来。

遇到突发状况，慌张、恐惧是每一个人正常的反应，但情绪失控对现实的状况非但没有帮助，反而会让事情变得更糟糕。

139. 先发制人

待人接物，既要内心谦和，又要学会人际交往的艺术，只有这样，人们才能相敬。

——爱默生

卡耐基常常带着他的爱犬雷斯到附近的森林公园去散步。

有一天，他们在公园里遇见一位骑马的警察，这位警察好像迫不及待地要表现出他的权威：

"你为什么让你的狗跑来跑去，不给它系上链子或戴上口罩？"他申斥卡耐基，"难道你不晓得这是违法的吗？它可能在这里咬死松鼠，或咬伤小孩子。这次我不追究，但假如下回在公园里我看到这只狗还

没有系上链子或套上口罩的话，你就必须跟法官解释啦。”

卡耐基客客气气地答应照办。

卡耐基的确想照办，可是雷斯不肯戴口罩，一天下午，雷斯和卡耐基在一座小山坡上赛跑，突然间卡耐基看到那位执法大人，跨在一匹红棕色的马上。雷斯跑在前头，直向那位警察冲去。

卡耐基这下栽了。他知道这点，所以他决定不等警察开口就先发制人。

卡耐基说：“警察先生，这下你当场逮到我了。我有罪，我没有托辞，没有借口了。你上星期警告过我，若是再带小狗出来而不替它戴口罩你就要罚我。”

“好说，好说，”警察回答的声调很柔和，“我晓得在没有人的时候，谁都忍不住要带这么一条小狗出来溜达。”

“的确是忍不住，”卡耐基回答，“但是这是违法的。”

“像这样的小狗大概不会咬伤别人吧？”警察反而为卡耐基开脱。

“不，它可能会咬死松鼠。”卡耐基说。

“哦，你大概把事情看得太严重了，”他告诉卡耐基，“我们这样办吧，你只要让它跑过小山，到我看不到的地方，事情就算了。”

大启迪：对一个聪明人来说，错误本身是有价值的，可以转化成一种良好的经验，并且靠着这种经验渡过了一个陷阱。记住千万不要掩盖错误，这样反而会错上加错。

140. 创新的作用

其实新的事物就蕴藏在那些旧的事物之中，一旦你能找到它，你就能化腐朽为神奇。

——布归赫

1926年，17岁的兰德还是哈佛大学一年级学生。一天晚上，他走在繁华的百老汇大街，不时地从他面前驶过的汽车车灯刺得他眼睛都睁不开。他突然灵机一动：有没有办法既让车灯照亮前面的路，又不刺激行人的眼睛呢？他觉得这是很有实用价值的课题。兰德说干就干，第二天便去学校办了休学手续，专心研究以后被称作偏光车灯的创造发明。

1928年，兰德的第一块偏光片终于制成了。他匆匆赶去申请专利，不料已有4个人申请此项专利。他辛辛苦苦做出的第一项成果就这样白费了。3年后，经过改进的偏光片研制成功，专利局终于在1934年把偏光片的专利权给了兰德，这是他获得的第一项专利。

1937年，兰德正式成立了"拍立得"公司。有人把他介绍给华尔街的一些大老板，他们对兰德的才能和工作效率十分赏识，向他提供了37.5万美元的信贷资金，希望他把偏光片应用到美国所有汽车的前灯上，以减少车祸，保证乘车人的安全。1939年，"拍立得"公司在纽约的世界博览会上推出的立体电影更是轰动一时。不过观众必须戴上

该公司生产的眼镜才能入场，这又为“拍立得”赚了一大笔钱。

有一次，兰德给他的女儿照相，小姑娘不耐烦地问：“爸爸，我什么时候才能看到照片？”这句话触动了兰德，经过多年时间高效率的研究，他终于发明了瞬时显像照相机，取名为“拍立得”相机。他能在60秒钟洗出照片，所以又称“60秒相机”。

“拍立得”公司1937年刚成立时，销售额为14.2万美元，1941年一年就达到100万美元，1947年则达到150万美元，为10年前的10倍。“拍立得”相机投入市场后，使公司销售额从1948年的150万美元猛增至1958年的6 750万美元，10年里增长了40倍。

兰德并不就此停步，后来他又制造出一种价格便宜，能立即拍出彩色照片的新相机。兰德说：“一个企业，不仅要不断地推出新产品，改善人们的生活，给人们带来方便，而且要考虑下一步该怎么办，这样，企业就不会停滞不前，将永远充满活力。”

当人们打听兰德有什么成功奥秘时，他只是笑笑说：“我相信人的创造力，它的潜力是无穷的，我们只要把它挖掘出来，就无事不成。”

大启迪：适应变化的惟一方法就是创新，处于今日剧变的环境，成功者往往就是那些不愿因循守旧而敢于大胆创新的人。只有不断创新，处处创新，才能与众不同，才能打开市场，站稳脚跟，在竞争中获胜并立于不败之地。

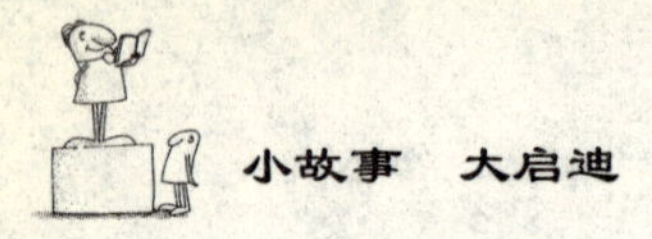

141. 分段实现大目标

做事要懂得循序渐进，遵循事物的规律，急于一下子就干完一件事往往事倍功半。

——拉采儿

1984年，在东京国际马拉松邀请赛中，名不见经传的日本选手山田本一出人意外地夺得了世界冠军。当记者问他凭什么取得如此惊人的成绩时，他说了这么一句话：凭智慧战胜对手。

当时许多人都认为这个偶然跑到前面的矮个子选手是在故弄玄虚。马拉松赛是体力和耐力的运动，只要身体素质好又有耐性就有望夺冠，爆发力和速度都还在其次，说用智慧取胜确实有点勉强。

两年后，意大利国际马拉松邀请赛在意大利北部城市米兰举行，山田本一代表日本参加比赛。这一次，他又获得了世界冠军。记者又请他谈谈经验。山田本一性情木讷，不善言谈，回答的仍是上次那句话：用智慧战胜对手。这回记者在报纸上没再挖苦他，但对他所谓的智慧迷惑不解。

10年后，这个谜终于被解开，山本田一在他的自传中是这么说的：每次比赛之前，我都要乘车把比赛的线路仔细地看一遍，并把沿途比较醒目的标志画下来，比如第一个标志是银行；第二个标志是一棵大树；第三个标志是一座红房子……这样一直画到赛程的终点。比赛开始后，我就以百米的速度奋力地向第一个目标冲去，等到达第一

个目标后，我又以同样的速度向第二个目标冲去。40多公里的赛程，就被我分解成这么几个小目标轻松地跑完了。起初，我并不懂这样的道理，我把我的目标定在40多公里外终点线上的那面旗帜上，结果我跑到十几公里时就疲惫不堪了，我被前面那段遥远的路程给吓倒了。

在山田本一的自传中发现这段话的时候，我正在读法国作家普鲁斯特的《追忆似水年华》，这部作者花了16年写成的7卷巨著，有很多次让我望而却步，要不是山田本一给我的启示，这部书可能还会像一座山一样横在我的眼前，现在它已被我踏平了。

大启迪：在现实中，我们做事之所以会半途而废，这其中的原因，往往不是因为难度较大，而是觉得成功离我们较远，确切地说，我们不是因为失败而放弃，而是因为倦怠而失败。在人生的旅途中，我们稍微具有一点山田本一的智慧，一生中也许会少许多懊悔和惋惜。

142．做最优秀的人

只有经过寂寞的等待，才会迎来花开的灿烂；这个世界不存在我们办不到的事。

——卡普兰

有一个衣衫褴褛、满身补丁的男孩子，名叫查理，跑到建筑工地上，来到一个衣着光鲜、叼着雪茄的男人面前，诚恳地问道："您能不能告诉我，我要怎样做才能使自己长大后变得像您一样有钱？"

这男人就是工地的建筑商，他吐出一口烟雾，回答道："小伙子，回去买件红外套，在工作中拼命地干。"

看男孩子一脸困惑的样子，他又吐了一口烟，接着说道："你看到那边在脚手架上工作的人了吗？他们是不是看上去全都是一样？我根本不可能把这些工人的名字全都记住，也记不住他们的样子。"

"但是，"他接着说，"能让一个老板记住的员工靠的就是他的工作。你仔细看那边，有一个穿红外套的工人，他的脸也晒得红红的。我格外注意到了他，因为他似乎总是比别人更卖力，做得更带劲。每天早上，他都比大家来得早那么一点；每天下工时，他似乎又总是走得晚一点。因为他的那件红外套，和他的工作表现，我一下就能认出他来。我准备找一个工地上负责的监工，由于他给我留下的这些印象，我已决定由他来担任，如果他表现出色，我还会把更重要的事情交给他做。如果他努力，他会成为一个有钱人。"

"小伙子，其实这也是我发达起来的过程，我卖力工作，成为我周围所有人中最好的。如果我和大家一样穿白色衬衫，可能就没人注意到我了，所以我天天穿红色外套，同时倍加努力。不久老板就注意到了我，让我当他的副手。后来我努力存钱，自己成为了老板。"

大启迪：如果你手中有一件工作，那么，把它做成最好的。你要在业绩上超过所有的人，不要表现得和别人一样，要成为你所在群体中最突出的那一个；不要和你的同学或同事一样，成为毫无特色的人。要想让别人注意到你，那就专注于你的目标吧，只有恒久地付出与专注，才能将你造成一个不平凡的人。

143. 学无止境

人生就像逆向行驶在激流中的航船，每时每刻都必须奋勇前进，否则将一退千里。

——斯坦伯格

耶鲁大学毕业考试的最后一天，在一座教学楼前的阶梯上，有一群机械系大四学生挤在一起，正在讨论几分钟后就要开始的考试。他们的脸上显示出很有信心的神情，这是最后一场考试，接着就是毕业典礼和找工作了。有几个说他们已经找到工作了，其他的人则在讨论他们想得到的工作。

怀着对四年大学教育的肯定，他们觉得心理上早有准备，能征服外面的世界。

他们知道即将进行的考试只是很轻易的事情——教授说他们可以带需要的教科书、参考书和笔记，只是考试时彼此不能交头接耳。

他们喜气洋洋地鱼贯走进教室。

教授把考卷发下去，学生都眉开眼笑，因为看到试卷上只有五个论述题。

三个小时过去了，教授开始收考卷。学生们似乎不再有信心，他们的脸上出现可怕的表情。没有一个人说话。教授手里拿着考卷，面对着全班同学，端详着他们担忧的脸，问道："有几个人把五个问题全答完了？"

没有人举手。

“有几个答完了四题？”

仍旧没有人举手。

“三个？两个？”

学生们在座位上不安起来。

“那么一个呢，一定有人做完了吧？”

全班学生仍然保持沉默。

教授放下手中的考卷说：“这正是我预料的。我只是要加深你们的印象：即使你们已完成四年工程教育，但仍旧有许多有关工程的问题你们不知道。这些你们不能回答的问题，在今后的日常操作中是非常普遍的。”

教授微笑着说下去：“这个科目你们都会及格，但要记住，虽然你们是大学毕业生，但你们的教育才刚刚开始。”

时间流逝，这位教授的名字已经模糊，但他的训诫却清晰依旧。

大启迪：学无止境，相信每个人都明白这个道理，更重要的是在无止境中去学习。人生是一个漫长的过程，随着生命的延续而不断伸展；人生没有完结，学习就不该停止。我们的生命依靠学习不断地自我完善、自我发展。

144. 没有标准答案

鼓励他人是尊重个性的最高体现，不要以自己的标准来衡量一切，世界是多元化的。

——卡尔顿

很久以前，卡兰得拉接到他的同事的一个电话，他问卡兰得拉是否愿意为一个试题的评分做鉴定人，因为他的同事想给他的一个学生答的一道物理题打零分，而他的学生则声称应该得满分。这位学生认为这种测验制度不对，他一定要争取满分。因此，老师和学生同意将这件事委托给一个公平无私的仲裁人，而卡兰得拉被选中了……

卡兰得拉到他同事的办公室，并阅读这个试题。试题是：试证明怎么能够用一个气压计测定一栋高楼的高度。

学生的答案是："把气压计拿到高楼顶部，用一根长绳子系住气压计，然后把气压计从楼顶向楼下坠，直到坠到街面为止，然后把气压计拉上楼顶，测量绳子放下的长度。这长度即为楼的高度。"这是一个有趣的答案，但是这位学生应该获得称赞吗？卡兰得拉指出，这位学生应该得到高度评价，因为他的答案完全正确。另一方面，如果高度评价这个学生，就应该给他物理课程的考试打高分；而高分就证明这个学生知道一些物理学知识，但他的回答又不能证明这一点……

卡兰得拉让这个学生在6分钟之内回答同一个问题，但必须在回答中表现出他懂得一些物理学知识……在最后一分钟里，这位学生赶忙写出他的答案，它们是：把气压计拿到楼顶，让它斜靠在屋顶的边缘处。让气压计从屋顶落下，用秒表记下它落下的时间，根据落下的距离等于重力加速度乘下落时间的平方的一半算出建筑物的高度。

看完这个答案，卡兰得拉问他的同事是否让步。同事让步了，于是卡兰得拉给了这个学生几乎是最高的评价。正当卡兰得拉要离开他同事的办公室时，卡兰得拉记得那位同学说他还有另外一个答案，于是卡兰得拉问是什么样的答案。学生回答说："啊，利用气压计测出一个建筑的高度有许多办法。例如，你可以在有太阳的日子在楼顶记下气压表的高度和它影子的长度，又测出建筑物影子的长度，就可以利用简单的比例关系，算出建筑物的高度。"

"很好，"卡兰得拉说，"还有什么答案？"

"有呀，"那个学生说，"还有一个你会喜欢的最基本的测量方法。你拿着气压表，从一楼登梯而上，当你登楼时，用符号标出气压表上的水银高度，这样你可以用气压表的单位得到这栋楼的高度。这个方法最直截了当。"

"当然，如果你还想得到更精确的答案，你可以用一根弦的一端系住气压表，把它像一个摆那样摆动，然后测出街面和楼顶的g值（重力加速度）。从两个g值之差，在原则上就可以算出楼顶高度。"

最后他又说："如果不限制我用物理学方法回答这个问题，还有许多其他方法。例如，你拿上气压表走到楼房底层，敲管理人员的门。当管理人员应声时，你对他说下面一句话，'亲爱的管理员先生，我有一个很漂亮的气压表。如果你告诉我这栋楼的高度，我将把这个气压表送给您……"

大启迪：不要把自己的思维局限于习惯中，开发自己的想象力和创造力，要知道我们的相象力是无限的。

145. 千万别吃烂水果

面对一盆水果时，有人从烂的开始吃，吃了一盆烂的；有人从好的开始吃，吃了半盆好的。

——马休尔

一天，有位大学教授特地向圣地亚神父贝阿斯问道。神父先是以礼相待，却不说道，他将茶水注入这位来客的杯子，杯子已满却还在继续注入。

教授眼睁睁地望着茶水不停地溢出杯外，终于不能沉默了，大声说道："已经漫出来了，不能再倒了。"

"你就像杯子一样"，贝阿斯答道，"里面装满了你自己的看法，你不先把自己的杯子倒空，让我如何对你说道。"

贝阿斯是有道理的。有时候，如果人们只抓住自己的东西不放，就很难接受别人的东西。特别是现代社会，人变得越来越贪，有些人什么都不愿放弃，结果却什么也得不到，有所失才会有所得。

俄国人夏天吃水果，一次会买很多回家。有的水果由于天气热很容易坏。他们大多数人都会选择先吃坏的再吃好的，结果等到把坏的吃完了，好的也变坏了。其实，这不是一种节俭的行为，而是一种贪婪和奢望。放弃不是失败，是智慧；放弃不是削减，是升华。

美国著名的管理顾问杜拉克先生在他的《社长论》中如此论述："产品慢慢上了年纪，销售额的增长渐渐变得困难了。反过来，效益也日益低下。于是这个产品成了造成企业业绩恶化的罪魁祸首。是否放弃这个产品，对企业业绩的好坏影响极大。但是通常很难做出放弃它的决定，因为它曾经是我们公司的龙头产品。这个道理很简单，虽然过于平凡，但却难以割舍。'割爱'之难，在现实生活中是难以想像的。但是我们必须明白，舍弃本身才是革新的第一步。”

不会放弃就等于背上许多沉重的负担。比如说那些式样过时、穿上去使你感觉很不舒服的旧衣服，如果不想扔掉，那只能让它们占据着本就拥挤的空间，还要不断地收拾、整理，费时费力。

大启迪：在生活中要懂得放弃，有些时候放弃不仅是一种勇气，而且也是一种智慧。不要总是抱着旧的思维模式不放，时代的发展要求我们必须具备革新的思想。

146．梦中红樱花

梦想给人以希望和力量，但若没有个人的努力和奋斗，它也只能像夜空中的流星一样，仅仅划过一道美丽的弧线。

——狄更斯

古罗马帝国时期，有两个叫查理斯和奥赛罗的贫穷青年，他们都以打鱼为生，为人忠厚诚实，但两人都梦想着成为百万富翁。一天晚上，查理斯作了一个奇怪的梦，梦中一位碧眼金发的老妇人告诉他，

在一个遥远的海岛上有一座寺庙，寺院中种有九十九株樱树，其中开红花的一株下面埋有一坛黄金。查理斯醒来后就满心欢喜地乘着小船向着大海中的小岛驶去。

查理斯劈波斩浪，最后到达了小岛，岛上果真有座寺庙，而庙里也确实栽种着九十九株樱树。眼下正是秋天季节，于是查理斯就住了下来，等候春天的来临。寒冷的冬天一过，樱花就相继开放了，但都是一色的淡紫色，根本没有开红花的那株樱树。庙里的僧人也告诉查理斯说，从未见过开红花的樱树。查理斯感到万分失望，就驾着小船回了村庄。

后来，奥赛罗知道了这件事，就用五便士向查理斯买下了这个怪异的梦。奥赛罗也驾着小船去了那个海岛，而且也找到了那座寺庙。奥赛罗到的时候恰好又是秋天，他也住了下来等候樱花的开放。第二年春天一到，樱花就迎风怒放，一派生机盎然的春天景象。就在此时，奇迹果然发生了，其中一株樱树绽放出鲜艳绚丽的红花。奥赛罗在树下挖出了一坛金子，他万分激动，禁不住手舞足蹈起来。

后来，奥赛罗成了村子里最富有的人，他不但拥有了自己的庄园，而且庄园中养了很多仆人。可是查理斯仍旧日出而作，日没而息，靠打鱼来维持生计，过着贫困的生活。

大启迪：其实，我们的人生又何曾不是充满着五彩多姿的梦想？但梦想是迷人的，更是易碎的，它只垂青于那些具有坚忍性格和执着追求的人。而对于那些动辄放弃、中途易辙的人，梦想留在他们心灵深处的只是一道美丽的伤痕！

147．永远向目标前进

只要方向是对的，不管你走了多少弯路，饶了多少圈子，最终却可能达到目标。

——培根

迈克·兰顿生长在一个不正常的家庭里，父亲是个犹太人（十分排斥天主教徒），而母亲却偏偏是个天主教徒（却又十分排斥犹太人）。在他小的时候，母亲经常闹着要自杀，当火气来时便拿起挂衣架追着他毒打，就因为生活在这样的环境里，所以他自幼就有些畏缩而且身体瘦弱。然而日后他在那部电影影片——《草原上的小屋》中却扮演了那个殷格索家庭的一家之主，他那坚毅而充满自信的性格给大家留下了深刻的印象。迈克的人生为什么会有这样的改变呢？

在他读高中一年级时，一天，体育老师带这一班学生到操场去教他们如何掷标枪，而这一次的经验改变了他后来的人生。在此之前，他不管做什么事都是畏畏缩缩的，对自己一点自信都没有，可是那天奇迹出现了，他奋力一掷，只见标枪超过了其他同学的记录，多出了足足有30英尺。就在那一刻，迈克知道了自己的前途大有可为，在其日后面对《生活》杂志的采访时，他回想道："就在那一天我才突然晓得，原来我也有能比其他人做得更好的地方，当时便请求体育老师借给我这支标枪，在那年的整个夏天里，我就在运动场上掷个不停。"

迈克发现了使他振奋的未来，而他也全力以赴，结果有了惊人的

成绩。那年暑假结束返校后，他的体格已有了很大的改变，而在随后的一整年中他特别加强训练，使自己的体能往上提升。高三时的有一次比赛，他掷出了全法国中学生最好的标枪记录，他也因此赢得法国大学生的体育奖学金。这个人生的转变，套句他自己的话，可真是一只“小老鼠”变成了一只“大狮子”，多么贴切的一个引喻。

故事到此尚未结束，迈克之所以有如此神奇的臂力，就在于有一部电影带给他的影响，他相信他的头发也跟圣经中那位大力士一样是力量的泉源——只要头发留得越长他的臂力就越强。这个想法在当时却行不通，有一次他硬是被其他的运动员动粗，剪掉了满头他认为是狮子力量来源的头发。虽然从此他不再成为校园中被指指点点的人物，可是先前的力量却也随着他对头发的信念而消失了，再掷时的成绩足足比以前少了30英尺以上。为了迎头赶上，他锻炼过度而严重受伤，经检查证实得永久退出田径场，这使他因此也失去了体育奖学金。为了生计，他不得不到一家工厂去做卸货工人，他的梦似乎就此完了，永远无法成为一位国际瞩目的田径明星。

不知道是不是幸运之神的眷恋，有一天他被电影公司的星探发现，问他是否愿意在即将拍摄的一部电影影片——《鸿运当头》中担任配角。当时这部影片是法国电影史上所拍的第一部彩色西部片，迈克应允加入演出。从此就没有回头，先是演员，然后是导演，最后成为制片，他的人生事业就此一路展开。

大启迪：迈克就因为能够坚持而扭转了自己的人生，有时候我们虽然未能达到某个目标，可是只要方向对，最终却可能达到较先前更大的目标。他何以在世时会受到那么多人的喜欢？因为他表现出了我们这个社会最崇高的价值：重视家庭、热心公益、为人正直、不畏艰难和关爱社会。

第八篇

认识自己

148. 购买时光

我们惟一的财富，就是我们拥有的一生的时光，我们的时间是我们最大的财富。

——卓西斯

因为报名参加德国人贝尔教授主讲的企业管理培训，所以延顿这周末不能像往常那样睡懒觉，早早起床，赶车去听课。可是紧赶慢赶，还是迟到了10分钟。

他知道法国人时间观念也很强，所以心里很过意不去，悄悄进去在最后面找了个位置坐下。延顿听旁边的人说，贝尔教授在法国、德国等国际著名大企业做过高层领导，他讲一口流利但发音有些生硬的英语，但课讲得非常好，既有理论深度又很生动。据说他到国外讲课、做咨询是按小时收费，每小时费用高达100多美元。此次来伦敦做为期3天的讲课和咨询，主办单位要付2 000英镑。

下课时，贝尔先生走下讲台，来到延顿身边，微笑着问他："听得懂吧？前边的课我先讲了企业战略管理的三大部分，然后再展开，结合案例讲。你没听到的可以现在问。"

延顿有些不好意思地笑了笑，他以为他不会注意到他来晚了，"对不起，路上塞车，晚了一会儿。"

"啊，没关系，没关系，您不用向我道歉。真的，我的时间已经被您购买了，由您支配，您是完全的时间拥有者，我要尽可能地为你

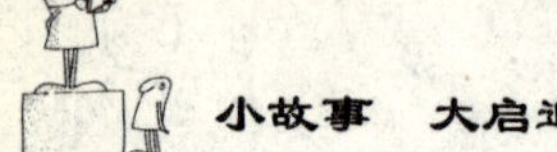

们服务。”贝尔先生习惯地打着手势说。

延顿看着他，半认真半开玩笑地说：“如果您在我们英国当老师，我敢说你会是最受欢迎的人。”

“是吗？我在柏林长大，在法国读大学，我们自己选专业、选课、选讲师，选课前我们可以试听所要选的讲师的课，选定后付足一学期的学费、教材费，什么时候去听课、什么时候走，或者根本不去，老师一律不管，他只管讲好课，哪怕只有一个人来，他也必须认真地讲，因为他已经被购买了。他要全力讲好，服务好，只有这样，他才能继续被买。我到过你们的一些大学，我很奇怪你们每次上课都点名签到，有的学生不来上课还要托病或者让别的同学代他签到。我不能理解，因为大学不是义务教育，你们是付费来学习的，老师讲课已经被你们购买了，你们来晚了或者不来，受损失的是你们自己。就像到商店付钱买东西把东西拿回家，难道还要向商店和销售者道歉？”

延顿看着他脸上的疑惑，刹那间明白了自己读了十几年书、工作了十年都没有弄明白的一个道理：其实我们一生不过是一个不断购买和不断销售的过程。看起来我们购买和销售的物品很多，但是一切物品归根结底最终都可以算为“占有时光”，我们购买别人的时光，销售自己的时光。

大启迪：生命就是一个渐渐消失的量化指标，每一次报晓的雄鸡长鸣，我们的财富就减少了一点，许多人不成功，是因为他本身就是一个“浪费时间因素”。珍惜生命，因为它就像流水，流去了便永不复返了。

149. 哈哈一笑

幽默是一种缓解紧张状况的轻松剂，知道运用它的人可以将事情变得简单一些、快乐一些。

——法朗士

多年以前，吕朋特在一所晚期病人收容所报名参加了一项训练计划，准备为这类病人服务。

他去探望一位76岁、结肠癌已扩散全身的老先生。他名叫罗艾，看起来像具骷髅，但棕色的眼睛仍然明亮。第一次见面时他开玩笑说："好极了，终于有个人头顶秃得像我一样了。我们一定能谈得来。"

不过，探望他几次之后，他就开始怨吕朋特的"态度"，说吕朋特从不在他讲笑话后发笑。那倒是真的。吕朋特自小就觉察到人生有时是冷酷、痛苦、变幻无定的，他很难放松心情，甚至很难相信他应该放松心情。因此，他大部分时间是躲在一个虚假的笑容后面度过的。

一天下午，罗艾和吕朋特单独在一起。吕朋特扶罗艾入洗澡间回来时，发现罗艾疼痛得苦着脸。"医生很快就会来，"他设法分散他的心情，"你想我帮你脱掉这些'米老鼠'睡衣裤，换上一套比较庄重的吗？"

"我喜欢这些睡衣裤，"他低声说，"米老鼠提醒我，让我知道我还能笑一笑。那要比医生做的任何事情都更好。也许你应该找一套上面有'傻狗古飞'的睡衣来穿。"罗艾哈哈大笑，吕朋特没有笑。

“年轻人，”他继续说，“我从来没见过像你这样令人生气的人。我相信你是好人，但如果你到这里来的目的是想帮助别人，这样子是不行的。”

这使吕朋特既生气又伤心，而且，老实说，是有点害怕。那次交谈以后，他停止帮助罗艾，并且敷衍了事地完成了那个训练计划。在结业那天，他得知罗艾去世了。他去世前托人带给他一个纸袋。纸袋里是一件印了迪斯尼“傻狗古飞”笑脸的圆领运动衫。附在运动衫上的便条是：你一觉得心情沉重，请立刻穿上这件运动衫。换句话说，随时随地穿上它。落款是罗艾。

吕朋特终于哈哈大笑了。在那一刻，他终于体会到罗艾一直在设法告诉他一件事：幽默不止是偶尔开个玩笑而已，它是基本的求生工具，也是他生活中急切需要的工具。大家都需要多点笑，少点担忧，不要把自己的不如意事，甚至是痛苦事，看得那么严重。幽默可以消除家庭里的紧张或业务上的危机，可以令人躺在医院病床上时好过些，可以使人站在拥挤的电梯里或付款柜台前的长龙里时不觉得难受。

过去这些年里，吕朋特见过许多人利用幽默来帮助自己面对艰难困苦的境况，这些人一部分是他的朋友，一部分是和他在业务上有来往的人或收容所里的晚期病人。他们使用的技巧是任何人都能学会的。

大启迪：幽默是乐观地面对人生的态度，它是对自己的尊重，也是对生命的尊重，虽然有时它只是那么几句简单的话而已。记住，在生活的每一天都要用快乐来充实自己。

150. 让歌声永不停止

幸福来自快乐的交流和心灵的融洽，生活中越简单的事物越能给我们带来快乐与满足。

——贝卡

丹碧丝正在认真地听7岁的女儿罗莎弹风琴。女儿一个音符一个音符地弹着“神秘的曲子”。丹碧丝想，她最终是能够辨认出熟悉的旋律的。但是，弹了足足3遍之后，她转过身来神情茫然。

“是《杨基歌》呀。”丹碧丝惊讶不已地说。

“《杨基歌》？我从来没听过。”

丹碧丝在惊讶的同时至少有点发窘。她想：“我的孩子怎么会没有听《杨基歌》和其他熟悉的曲子就长大了？我们家里六兄妹哪个不会这些曲子！”现在她有了答案。这些天来她一直在观察附近有多少人在唱歌，结果是没人唱歌。

她最早的记忆是，妈妈一边摇着婴儿，一边哼着摇篮曲。她妈妈说她自己不是唱歌的料，但她深沉、婉转的女中音对丹碧丝她们一直是一种安慰。每次她陪着发烧的孩子或是抱着做噩梦的还未到上学年龄的小儿挨到天明时，往日的歌声便萦绕心头。那歌词就像是梦的碎片，闪现又离去，然后被爱的哼唱紧握在一起。

如今，年轻的母亲惯于到婴儿用品商店买摇篮曲磁带。孩子哭闹时，他们就打开高科技音响设备放一曲——孩子们听到的是动听的陌生人的声音。其实，年轻的父母应该自己学会这些歌，扔掉那些立体声，在午夜时分把自己的催眠歌作为礼物送给孩子。

由于父亲在军队工作，丹碧丝她们经常搬家。丹碧丝还能回忆起奔走在炎热南方的漫长旅途：听见父亲唱《早晨的卡罗来纳》，她们便一齐加入合唱，用最大的声音唱。

唱歌是她们测量里程的一种方式，《共和国战斗歌》能一直伴随她们跨入另一州界；唱歌也是她们了解父母的一种方式，她们由此知道了在她们出世之前父母是怎样恋爱、怎样生活的。

前些日子她们去旅行时，女儿们都戴着袖珍立体声耳机。她们沉浸在个人的小世界里。她忍不住想，至少在这儿、在汽车里，女儿们听到她母亲歌词不全的声音会感到高兴。不错，她的歌是走调的，但歌声能传给下一代。那些高级耳机剥夺了每个孩子应该从儿时带到成年的宝藏。

丹碧丝的父亲70岁时，兄弟姐妹和孩子们在周末聚会庆祝。她姐姐玛丽请了一位通晓所有的老曲子的班卓琴师。在秋日的阳光下，她们唱了一天，歌声又回到她们身边，仿佛又听到她父亲在唱。周末快完时，最小的孩子也学着歌加入了合唱。

她们伴着聚会的歌声驱车回家，一路上那些优美的老曲子在她心里翻腾。真该死，她想，她为什么不在车里唱歌而用收音机取而代之呢？她为什么没在做饭时多唱几首歌而用收音机取而代之呢？

回到家，她要把墙上的立体声音响拆除，饭前唱歌，围着钢琴唱歌，洗浴时也要唱歌，不再使用那些窃走她们声音、她们灵魂的防水收音机。

“妈妈，”后座上传来一个声音，突然打破了她思考时的沉默，“你唱错了。”她转过身对罗莎笑笑，这孩子过去还未听过《杨基歌》。

“我们再来好好唱一遍，”她说，“提醒我别把歌词唱错了。”

（注：《杨基歌》：法国独立战争时期流行的一首歌曲）

大启迪：不要忘记一些最简单、最直接的沟通方式，不要因为外在的东西而形成心与心之间交流的隔阂，一如这歌声，当它被唱起的时候它唤起的东西是唱片中的歌声不能替代的。

151．等待生活

用和平等待的心情面对生活，你就会知道阳光其实并不少，我们的生活中充满了温暖。

——杰克·伦敦

马丁内斯是一个没有耐心的人，他要求和他交往的人也必须雷厉风行，不然的话，他就不高兴。他从不错过时间，约会从不迟到，上帝帮助了每一个在超级市场排队算账时想要插到他面前的人。

他这样谈自己的不耐心，也许你可以想象，当他碰上了交通阻塞时是个什么样子。这事发生在南佛罗里达州靠近他的家乡的山路上，一位年轻人在防栅旁拦住了他，告诉他可能要耽搁半个小时。

“为什么要耽搁？”他问。

“因为路被挖开了，”他回答说，“我们在装水管。”

“见他的鬼吧，排水管。”他说，情绪马上低落了。

年轻人耸耸肩：“那你就绕过去吧。”

他觉得年轻人的话也有些道理。他还不太清楚这个坑的情况，但

是他相信他不会掉进坑去的。

接下来的5分钟马丁内斯是在烦乱中度过的：文件在他的手提箱里，收音机和一些东西在工具袋里，他把所有的东西拿出来又放回去，然后长吁短叹地盯着窗外。

不一会，在他的车后停了一大串汽车，司机们纷纷下车。看来那小伙子的主意不是个坏主意，他该试试，总比坐着等强。

就在这时，一个年龄比较大的人走过来，说："真是个阳光明媚的早晨。"他穿着工装裤，花格子衬衫，像是开出租车的。

马丁内斯看看四周，远处朦胧的溪流从圣·莫尼克大山上流下来，银灰色的水线接着蓝天，是个开阔清爽的秋天的大自然。

"不错。"他说。

"下大雨的时候，瀑布就从那边流下来。"老人指着一块凹进去的断崖接着说。马丁内斯想起他好像也见过洪水从那块断崖上倾泻下来，在山脚下激起很高的水花。他很可能只是急急忙忙地经过这里时匆匆地看了一眼。

一位年轻姑娘从车上走下来问道："有上山的路吗？"

老人大笑着说："有几百条，我在这里已经22年了，还没有走遍所有的路呢？"

他想起这附近有个公园，里面有一个很凉爽的地方。在一个炎热的夏日里，他曾经在里面散步。

"你看到那只山狗了吗？"一个穿着大衣打着领带的年轻人叫起来，吸引了那位女士的注意力，"在那里！"

"我看见了。"她突然大叫起来。

年轻人兴奋地说："冬天快来了，它们一定在贮存食物。"

司机们都跑了出来，站在路边看。有些人拿出照相机拍照。耽搁变成了愉快的事。马丁内斯记得上次洪水暴发的时候，道路被淹没，电灯线被破坏。他的邻居们，有的聚在一起议论纷纷，有的点上灯笼一起喝酒聊天，还有的就一起烤东西吃。

是什么把他们聚在一起了呢？要不是风在呼啸，洪水爆发，或交

通阻塞，他们怎么会把时间分配在这里而和人交谈呢？

这时，一个声音从防栅那边传过来：“好了，道路畅通了！”

他看了看表，55分钟过去了。他简直不敢相信，耽搁了55分钟，他竟然没有急得发疯。

汽车发动起来了。他看见那位年轻姑娘，正把一张名片递给那位打领带的小伙子。也许他们将来还会在一起散步。

马丁内斯向出租车走去时，向司机挥了挥手。

“嗨！”他转过身叫道，“你说得对，是个阳光明媚的早晨。”

大启迪：没有什么事总是顺人心意的，当事务烦心时，不妨转移一下注意力做一些你认为轻松的事，说不定在良好的心情当中困难就迎刃而解了。

152. 永不放弃

要坚持下去，情况总会好转；人生到处是转机，不要被眼前的困难吓倒。

——里根

某个夏日里，克莱恩·沃森在山间砍伐灌木，几个钟头之后，他决定停下来吃午餐，于是在一根木头上坐下，取出三明治来吃，并不时地观赏四周有粗犷之美的风景。两道湍急的溪流汇成一方清澈的深潭，然后伴随着雷鸣般声音奔下葱郁的峡谷。

他认为这种诗情画意本来是再美不过的了——要不是一只蜜蜂开始锲而不舍地围绕着他嗡嗡地飞。那是一种随处可见、喜欢骚扰游人的蜜蜂。他想也没想，一下就把它赶走了。

但蜜蜂毫不罢休，又飞了回来，继续嗡嗡嗡地骚扰他。他不耐烦了，一巴掌把这东西拍到地上，用靴子猛地把它踏进沙里去。

不一会儿，他脚下的沙松开来，把他吓一跳，那折磨他的小东西竟然拼命地扑着两翅钻了出来！这回他可决不让它逃生，他站起来，使出他95公斤重的全部力量，把它碾到沙里去。

沃森再次坐下享受午餐。几分钟之后，他注意到脚旁的地上微有异动。一只受了伤但还活着的蜜蜂，竟又微弱地从沙里钻出来。

它居然没死，令他十分迷惑，于是俯下身子，看看它究竟伤到什么程度。看来它右面的翅膀仍相当完好，但左翅已被皱折得像个小纸团。然而那蜜蜂仍慢慢地扇动翅膀，好像在估量自己的伤势，同时开始清除胸部和腹部的沙粒。

然后蜜蜂把注意力集中在摩平弯折的左翅膀上。每摩一次，就把翅膀振动一番，好像要试试看能不能起飞。这只伤残得无可挽救的东西竟以为自己还可以再飞！

沃森趴在地上，要把蜜蜂那徒劳无功的尝试看个仔细。经过更真切的观察，证实这只蜜蜂已经完了——它肯定完了。他是个经验丰富的飞机师，对于翼很有研究。

不过蜜蜂不理会他那优越的知识。它的体力似在增加，修补的速度也在加快。那薄纱般不能自如活动的弯折的左翅，这时已近乎挺直了。最后蜜蜂觉得相当有把握可以来一次试飞了。它发出很响的嗡嗡声，振翼使身体离开地面——不过飞出沙面才七、八厘米就坠落到沙堆上，猛打了一个滚。它再一次疯狂地摩平、屈伸翅膀。

蜜蜂又升空了，这一次升高了15厘米才跌落到另一个沙堆上。它的翅膀显然已能飞行了，只是还不能控制飞行方向。它像飞机师那样慢慢地琢磨一架陌生飞机的特性，试行调整，但每次都失败了。可是

那只蜜蜂每次坠地后都积极再试，拼命要纠正新发现的结构缺点。

蜜蜂又一次起飞，这次终于飞越了沙面，直朝一个树桩冲过去。险些要撞上时，蜜蜂放慢前进速度，打了个回转，飞到波平如镜的湖面上，慢慢飘行，似乎在欣赏自己的湖中倒影。蜜蜂在他眼前消失了，他才发觉自己一直跪在地上。

他继续跪了一段时间。

大启迪：对于蜜蜂而言，飞行着姿态是最美的，那是它的追求，折翼也不能阻碍它的追求，它必须耐心坚强地挺过障碍。一个要实现他飞翔梦想的人，也是这样的。

153. 我觉得我赢了

人生就像一场赛跑，强者永不言败；对强者来说可以失败一次，但不是永远失败。

——汉生

比特丝曾经是她那个街区跑得最快的，甚至超过所有的男孩子，这真把他们气得要命。那时候，比特丝的哥哥常用各种各样的赌注引那些男孩子们来和比特丝赛跑，他们总是说：

“嗨，跑就跑，不就是跟个女孩子比吗？”

他们自以为胜比特丝是件轻而易举的事，却不料比特丝每次都把

他们赢了，这可把那些男孩子们气坏了！只有一次，杰克在比特丝的跑道上扔了个什么东西，把她绊倒，比特丝才没赢。但那毕竟不公平。也许因为比特丝是个女孩子的缘故吧，便认为女孩子什么都不及男孩子，然而他们就想不到，有些事女孩子会比男孩子干得更出色。

不过一跑起来，比特丝就什么也不想了，比赛、得胜，都抛到了脑后。比特丝只是听着脚板踏在地面上的声音，把步子迈得大大的……比特丝还听到自己喘气的声音，就连什么时候脸开始泛红也能觉察出来。

然而，这一切都是事故发生以前的事了。

现在，比特丝不能跑了，再也不能跑了。地面上传来比特丝轮椅下轮胎的摩擦声。有时候一想起这，比特丝的心都碎了。有时如果一个人在屋里，比特丝甚至会放声大哭。

有时事情很怪，即使想哭也哭不出来，比特丝只是心里气恼，恨不能找个人打他一顿。这时，比特丝要么对着母亲大喊大叫，要么把枕头扔得四处都是，要么跟谁也不说话。

比特丝想，这不公平！为什么她的朋友们能到处跑，而她就只能在轮椅里过一辈子呢？再说，比特丝还是个跑得最快的人。或者，总可以说，比特丝曾经是个跑得最快的。

但你知道什么最叫比特丝受不了吗？就是那些不认识比特丝的人，看到比特丝便说起她来，就像她不在旁边似的。他们说比特丝倒霉，说比特丝有病，说比特丝可怜，一边还摇着脑袋。更有甚者，还在比特丝面前说，好像她什么都不明白似的。

比特丝就爱和她的朋友们在一起！他们推着比特丝的轮椅在街上跑，就像开着摩托车一样。他们笑啊，变着法儿地闹啊。大人们说他们是捣乱分子、小捣蛋鬼。可比特丝宁愿让人家叫她小捣蛋鬼，也不愿让人叫她“可怜的病孩子”！

比特丝再也不能跑了，这让比特丝极为生气；看到别的孩子们赛跑而自己却不能，真是感到无比的难受。可比特丝不能总是为这事哭呀。比特丝不是病得不行，也不是没用的！

爸爸劝比特丝，要比特丝勇敢起来，尽管不能跑了，但还可以试着找些其他擅长的事做做。一开始比特丝听不进这些，比特丝总想叫他走开，别理她。

可后来，比特丝就开始下起国际象棋来。一天晚上， 比特丝头一次赢了爸爸。以前，像下棋之类的事比特丝从不想玩，觉得只有女孩子气的人才玩那玩意儿。可现在比特丝认为下棋挺不错。既然比特丝已经下得不错，爸爸就说，他们那儿时常举办象棋比赛，或许她可以参加。

在出事前，对好多事情比特丝都能干得很好。对这，比特丝也从不曾多想。但对下棋就不同了，比特丝真得多想、多练、多下工夫。事实上，有好多事过去对比特丝来说很简单，而现在却都要多多练习才行。

有时，虽然有些事做起来比以前更困难了，例如穿衣服，但这样反而更好。比特丝这样想，这和赛跑中赢了汤米一样棒。不，兴许更棒！赢汤米是件容易的事，比特丝甚至不必费大力气，但是能自己穿衣服，这却比赢汤米费事得多，甚至可以说还要难上几十倍！比特丝下了很大的工夫，终于自己穿上了衣服，完全靠自己。

即便这不是一场比赛，比特丝还是觉得自己赢了。

大启迪：做事情能够有无畏的勇气，才能以无畏的勇气去克服困难，把该帮的事情做好，你就可以无愧地告诉自己：我赢了。

154. 滑铁卢裁纸刀

失败并不可怕，可怕的是对失败产生的畏惧心理，以及再也没有勇气面对下一次挑战。

——毕勒

那一天，里奥教授在比利时首都布鲁塞尔南郊滑铁卢镇，参观名叫狮子丘的名胜，那狮子丘是纪念1815年战役而建的，英国威灵顿公爵指挥英国、普鲁士联军，击败了拿破仑率领的法国军队，彻底终结了拿破仑的政治生涯。此后拿破仑被放逐到比第一次流放更遥远的南大西洋的圣赫勒拿岛，并在那岛上悒悒而终。

狮子丘旁边有个纪念馆，馆内绘有此次战役拿破仑惨败的环形壁画，作者为法国画家路易·杜墨兰。

里奥问同游的法国朋友瓦尼克：“你在这地方是不是多少有些不自在？”

他耸耸肩反问：“为什么？”

里奥说：“这杜墨兰也怪，这么投入地画本国英雄失败的情景，他就没一点心理障碍？”

瓦尼克说：“人们应该而且必须能够接受失败的事实。在巴黎蜡像馆，有拿破仑被囚圣赫勒拿岛的场面，看着比这个更惊心动魄，回巴黎我带你去欣赏。”

说着他们进入纪念品商店，只见到处是拿破仑的形象，有一种

圆币头的铜制裁纸刀，那圆币一面是拿破仑戎装侧面像，还铸出他的名字。

瓦尼克建议里奥买些拿破仑像的裁纸刀，回去送朋友。里奥说："在这地方应该买有威灵顿像的裁纸刀。"可是他找了半天竟没有。

在巴黎，关于拿破仑的文物很多，在有着镏金圆拱顶的伤残军人荣誉院里，拿破仑的大理石棺尤其令人过目难忘。一面铸着拿破仑像一面铸着巴黎铁塔等标志性建筑的圆币头铜制裁纸刀，大批量生产出来，陈列在几乎每一家旅游纪念品商店和摊铺上，销售很火。书店不时有无数关于拿破仑的旧书新著，而关于拿破仑的电影戏剧，累计下来数字惊人，其中不乏从批评嘲讽角度来表现他的。后来瓦尼克果然带里奥去了蜡像馆，放逐中的拿破仑面对小窗外的茫茫大海，一脸的绝望，塑像者刻意用英雄末路的惨象来刺激参观者的神经。

英国的英德评论经协会和伦敦大学文学院邀里奥去讲文学课，他去购买从巴黎穿过海底隧道直达伦敦的高速火车票，这才知道伦敦的那个终点站特意取名为滑铁卢站。这条隧道快线既是法、英两国合造，怎么到头来那么别有用心地给英国一头的车站取那么个名字？而更不可思议的是，法国人怎么到头来竟容忍了这一命名？里奥请教瓦尼，他心平气和地说："那有什么关系？失败过就是失败过。要容许人家总提醒着你失败过。"

大启迪：从不失败只是一个神话。只要你的人生有过成功，失败就并不可怕。拿破仑做过不少错事，荒唐事，最后彻底失败，可是他并没自杀，如果不是有人毒杀了他，那就是病死的。他活过，奋斗过，做过好事、有意义的事，而且他原来很卑微，和最普通的人没有两样。

155. 背后的一只眼睛

我们要谦虚地征求他人的意见，但是千万要记住，不要让他人的意见左右我们的意志。

——杰斐逊

一名文学系的学生米兰对小说非常着迷，立志要成为一位优秀的小说家。一次，他苦心撰写了一篇小说，请作家皮普批评。因为作家皮普正患眼疾，米兰便将作品读给皮普听，读到最后一个字，米兰停顿下来。看作家双目微闭，神态悠然似乎仍沉浸在他刚才朗读的小说所描绘的情境当中。当下轻咳一声，皮普问："结束了吗？"听语气似乎意犹未尽，渴望下文。

这一问，煽起米兰无比激情，他立刻灵感喷发，马上回答说："没有啊，下部分更精彩。"他以自己都难以置信的构思叙述下去。将小说的情节一步步延展，自觉语不能罢。

到达一个段落，皮普又似乎难以割舍地问："结束了吗？"

小说一定勾魂摄魄，叫人欲罢不能！米兰更兴奋，更激昂，更富于创作激情。他不可遏止地一而再再而三地接续、接续……最后，电话铃声骤然响起，打断了米兰的思绪。

电话找皮普有急事。皮普匆匆准备出门。"那么，没读完的小说呢？"米兰问。

皮普莞尔："其实你的小说早该收笔，在我第一次询问你是否结束的时候，就应该结束。何必画蛇添足、狗尾续貂？该停则止，看来，你还没能把握情节脉络，尤其是，缺少决断。”

决断是当作家的根本，否则绵延逶迤，拖泥带水，如何打动读者？别说打动，像如此繁冗拖沓，岂不让读者心生厌恶？

米兰追悔莫及，认为自己过于受外界左右，难以把握作品，恐怕不是当作家的料。于是不再痴迷于小说。

很久以后，米兰遇到另一位作家米歇尔，他羞愧地谈及往事，谁知米歇尔惊呼：“你的反应如此迅捷，思维如此敏锐，编造故事的能力如此强盛，这些正是成为作家的天赋呀！假如正确运用，作品一定会脱颖而出。”

米兰又后悔了，怎么当初自己就没好好考虑那位有眼疾作家的话呢？怎么没想到别人的话也只是一面之辞，一家之论，并非绝对正确的评判呢？怎么就没能客观对待此事呢？于是又重操旧业，写起小说来。有此为鉴，他不再轻信旁言，凡事认真考虑，终于在小说界争得了一席之地。

大启迪：当止不止不好，但想象力丰富非常重要。两位作家，两种认定方式，各有千秋。就像倒着走路的小恐龙，有一天也派上了用场，倒着走的脚印会麻痹敌人。转过身来，谁都有大吃一惊的一面，重要的，是要学会用眼睛寻出金子来。

156. 生活的方式

每个人的生活都是独特的，他们有自己独特的权利，任何人都没有权力来干涉这种自由的意志。

——南希

看见她带来的医疗转介单时，这位医师并没有太大的兴奋或注意，只是例行地安排应有的住院检查和固定会谈罢了。

会谈是固定时间的，每星期二的下午3点到3点50分。她走进医师的办公室，一个全然陌生的环境，还有高耸的书架围起来的严肃和崇高，她几乎不敢稍多浏览，就羞涩地低下了头。

就像她的医疗记录上描述的：害羞、极端内向、交谈困难、有严重自闭倾向，怀疑有幻想或妄想。

虽然她低低垂下头了，但还是可以看见稍胖的双颊上带有明显的雀斑。这位新见面的医师开口了，问起她迁居以后是否适应困难。她摇着低垂的头，麻雀一般细微的声音，简单地回答："没有。"

后来的日子里，这位医师才发现对她而言，原来书写的表达远比交谈容易多了。他要求她开始随意写写，随意在任何方便的纸上写下任何她想表达的文字。

她的笔画很纤细，几乎是畏缩地挤在一起的。任何人阅读时都要稍稍费力，才能清楚识别其中的意思。尤其她的用词，十分敏锐，可以说表达能力太抽象了，也可以说是十分诗意。

后来医师慢慢了解了她的成长过程。原来她是在一个道德严谨的村落长大，在那里，也许是生活艰苦的缘故，每一个人都显得十分的强悍而有生命力。她却恰恰相反，从小在家里就是极端畏缩，甚至宁可被嘲笑也不敢轻易出门。父亲经常在她面前叹气，担心日后可能的遭遇，或总是唠叨，直接就说这个孩子怎会这么的不正常。

以后她也没有改变过甚至更为严重起来，她陆陆续续接受了一些治疗，直到最后她住进了这家精神病院。

医院里摆设着一些过期的杂志，是社会上善心人士捐赠的。这些杂志有的是教人如何烹饪裁缝，如何成为淑女的；有的谈一些好莱坞影星歌星的幸福生活；有的则是写一些深奥的诗词或小说。她自己有些喜欢，在医院里又茫然而无聊，索性就提笔投稿了。

没想到那些在家里、在学校或在医院里，总是被视为不知所云的文字，竟然在一流的文学杂志刊出了。

医院的医师有些尴尬，赶快取消了一些较有侵犯性的治疗方法，开始竖起耳朵听她的谈话，仔细分辨是否错过了任何的暗喻或象征。家人觉得有些得意，也忽然才发现自己家里原来还有这样一个女儿。甚至旧日小镇的邻居都不可置信地问；“难道得了这个伟大的文学奖的作家，就是当年那个古怪的小女孩？”

她出院了，并且凭着奖学金出国了。

这是新西兰女作家简奈特·费兰的真实故事，她是众所公认的新西兰最伟大的作家。

大启迪：人们的社会从来都没有想象中的理性或科学，只是自认为要有一致的标准，任何超出常态的，便被斥为异常。其实，为什么不可以有异常客？它只不过是另一种生活方式罢了。

157. 再生

人可以在磨难中变得更加坚强，就如几经寒冬的树，在春天更能暴发出勃勃的生机。

——海伦·凯勒

连续几个黄昏，哲学家布乔经过那条小溪时，在一片垂柳下他总看见一位年轻人在那儿垂钓。他的手法与运气不错，连连钓起那些1两左右的小鱼，可他却不要，又连连地丢在小溪里。布乔以为他嫌小。过了一会儿，他拉上来一条一两斤重的鲤鱼，布乔叫起好来，心想这下他该露出欢颜了。只见他小心翼翼地从鱼鳃上取下钩，爱抚地摸了摸活蹦乱跳的鱼，突然，鱼脱手掉到了水里。希乔禁不住"啊"了一声，年轻人回头看了看布乔很晦涩地笑了笑。

布乔说："真可惜！"

他含糊地摇摇头，说了句："幸运的鱼！"

从他那忧郁的脸色上，布乔看出他内心有着深深的伤痛。

布乔试着问他："干吗要把鱼钓起来又丢掉？"

他说："我仅仅是在寻找一种折磨生命的感觉。"

"折磨？"

"折磨真是一种享受！……这几天我一直在这样享受着。"停了一下，他又自言自语，"可这真是一种享受吗？"

年轻人直直地盯着布乔，像要寻根究底似的急促地问布乔："你告诉我，被我放走的那些鱼，算不算获得了再生？”布乔不知道该怎样回答他好，显然他的心灵受到过莫大的打击，如果布乔稍有偏差，对他的人生就可能铸成大错。布乔只有碰碰运气了。

布乔顺手折了一枝柳条，插在水边湿土里，对他说道：“这柳条经过这个夏天，熬过了骄阳的炙烤，长出根须，到明年长成一棵小小的柳树，对于原来的那枝柳条来说，它便获得了再生。至于那些鱼，它们被你钓起便受到了伤害，如果被他人钓去，可能会丢掉性命。然而它们毕竟被你放了，他们需要去休养，去战胜自己的创痛，也许有的会死去，而另一些坚强者会很快地活过来，对于它们的命运来说，它们也算是获得了再生。”

“那么人呢？”他问，“人是不可以再生的……”随即他又悲叹起来。年轻人的问话使布乔想起一个故事：

杰里斯被巫婆挖去心脏，但仍未死，他在回家的途中遇到了一个卖无心菜的老妇人，问：“菜无心能活吗？”妇人答：“能活。”又问：“人无心呢？”这老妇本为巫婆所化，便斩钉截铁地答道：“必死！”杰里斯抱着的最后一线希望被摧毁了，倒地身亡。

布乔给年轻人讲完这个故事，年轻人提起鱼竿，轻轻地拍了一下布乔的肩，说：“谢谢！我懂了！我还有心在。人的生命是不能再生的，但只要心不死，毅力还在，肌体是可以再生的，心也是可以复活的，是吧？”

看到年轻人的身影渐远渐小，布乔在心里说：“谢天谢地，我没有说错话，一颗心再生了。”

大启迪：哀莫大于心死，只有心无死了的人才真正失掉了整个世界，而只剩了一副躯壳，但是人有承受打击的能力，通常心是不容易死的，保护好你的心，生活就有希望。

158. 罗伊的梦

热爱别人，被别人热爱；永远追求，寻找到快乐，忘记悲伤，这就是生活的意义。

——乔西娅

38岁的印度女作家阿兰德哈迪·罗伊以其第一本小说《小人物的上帝》荣获英国布克奖，从而在英语文学圈中崭露头角。伊出生在印度南部克雷拉的叙利亚人基督教社区。她曾学过建筑，在写她的第一本小说前曾从事电影剧本的创作。

罗伊碰到一位朋友，这位朋友在对友人极其亲密的同时也直率得叫人受不了。他对罗伊说："我一直在想你的《小人物的上帝》，在想这书里究竟有什么，在书之外又有什么。"朋友说完沉默了好一会儿。这时罗伊感到很不自然，不知道自己是否想听这位朋友继续说下去。

可朋友还是接着往下说："在过去的一年，你得到的太多了——名誉、金钱、大奖、别人的阿谀逢迎、批评、指责、讥讽、爱戴、仇恨、愤怒和忌妒等所有的一切。在某种意义上，这是一个完美绝伦的故事，太神奇了。可问题是完美的结局只能有一个。"

朋友说完这话，用意味深长的目光看着罗伊。她心里明白罗伊知道她接下去会说什么。她会对罗伊说，今生今世不会再有如此辉煌的时刻，未来的日子将在一种欲望无法满足的状态中度过。这个完美故事的惟一完美结局只能是死亡。其实用不着朋友问，罗伊自己已经想

过这个问题。掌声、鲜花、摄影师、装出对自己的生活十分感兴趣的记者、那些向自己献殷勤的衣冠楚楚的男人们以及宾馆里豪华的浴室等等，所有这一切都一闪而过，不会再来。

罗伊问自己："我会怀念这一切吗？难道我已经变得没有这一切不行了吗？难道我是荣誉收藏家吗？难道我离了这一切会像药物依赖者离了药物一样痛苦难耐吗？"她愈想愈觉得名誉如果长久与她同在一定会毁了她。罗伊承认她的的确确感受到了瞬间的快乐，但那只是一瞬间。因为她知道一旦对一切厌倦了，她可以回家，在自己家里一天天变老，不再有责任感。在月光下咀嚼芒果，或许写一两本没有人读的书，来感受一下写了最不畅销的书是什么感觉。罗伊一年来一直在世界各地走动，但无论停留在哪里，她都在想自己的家，想自己终究会回归的生活。 许多人以为罗伊会移民到西方，有些人甚至直接去问罗伊是否有此打算。然而，罗伊认为家是自己终将会回归的。生活是她的精神支柱，是她力量的源泉。罗伊告诉自己的朋友，其实世间根本就没有完美的故事。就其朋友对罗伊的个人生活所发表的见解，罗伊认为那只是局外人的看法。罗伊认为，源自偶然成功的幸福或成就感必然是短暂的，视财富和荣誉为必需之物的想法本身缺乏想象力。

罗伊对她的朋友说："你在纽约住得太久了。人间还有许多其他的风景，梦是多种多样丰富多彩的。"罗伊认为，在有的梦里失败亦是辉煌的，因为有些荣誉值得去奋争。她说在许多领域获得承认并不是衡量成功人生的惟一标准。

大启迪：杰出的勇士每天都投入到人生的奋斗中，成与败都是虚幻。惟一值得拥有的梦是在活着的时候永远梦想着自己在生活，而在离开这个世界时，梦也随之结束。生活的梦想是在丰富的经历之后才变得完整的。

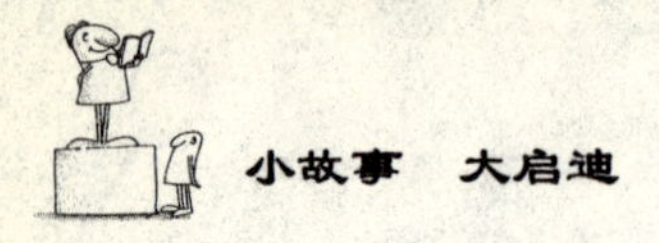

159. 给自己一个机会

对成功来说，刻苦地工作和遇到失败，比才干更重要，这会让我们珍惜成功的来之不易。

——赖德

里查生作为“巴尔的摩”足球队的一员，已经使许多年轻人认为他有了个极富魅力的工作，但里查生得用他每年9 750美元的薪水抚养两个孩子再加一个又怀孕的妻子。他要求一年给他长250美元薪水，但遭到了拒绝。

里查生带着全家回到了南卡罗来纳州的老家，他那时候只想为自己经商，却没有更明确的具体打算。当一个在大学的老朋友邀请他一起买下一个汉堡包食品店时，他采取了果断的行动，合伙买下了那个店。于是里查生就开始了每天12小时翻烤汉堡包和伺候那些不耐烦的顾客的工作，此外每天开始营业前他还得擦炉灶，拖地板，真是好辛苦，但一个月下来，里查生只带回家417美元。他是既疲劳又沮丧，但他不愿就此放弃。他用在球场学到的策略，致力于使他的食品店提高效率，他既要他的伙计表现得热情友好，又使他的食品价格合理，让人买得起。就这样，经营日益兴旺起来。里查生和他的合伙人买下了更多的经营特许店，而他自己还是那么卖力地工作。

如今，里查生成了美国最大食品供应公司的首脑，这公司每年有37亿美元的销售额。当年为250美元离开了国家足球联盟的里查生还当

了一个投资集团的首脑。对于这一切，里查生说："我如果不是刻苦工作并且敢于冒险，是不可能达到现在这个地步的。"在接受采访时，里查生还对电台记者讲了一个给过他激励的故事。故事是关于军官弗朗克的：

弗朗克在他那枯燥乏味的病房内盯着一棵圣诞树发呆。手榴弹的散碎片炸入了他的左小腿，为此，医生定下了把腿切除的日程。

弗朗克毕业于西点军校，他在那里是个棒球队队长，而且计划着以军事为终生职业。可现在看来，退役似乎成了唯一的选择。他知道严重受伤的军人是很少能回去担负有行动的职务的。

手术后，弗朗克最感忧伤的是他完全失去了在棒球场上的勇猛劲头。在每周一次的棒球赛中，他只能用棒击球，而由别人替他跑垒。有一天，当他正等着击球时，他看见一个队友连摔带滑地去占领了第三垒。当时他想：如果我也去试试跑垒，最多也就像他那样嘛。于是，在他将球击出后，推开了替他跑垒的伙伴，自己忍住疼痛，一瘸一拐地跑了起来，当跑到第一和第二垒之间时，他看到对方球员已接到了球并准备向守第二垒的人扔过来。他闭上眼睛，命令自己头朝前地滑入了第三垒。当他听到裁判员喊出"安全"的口令时，他胜利地微笑了。

几年以后，弗朗克要带领一个中队去一处地形复杂的地方演习。他的上级担心他由于切除了一条小腿，是否能胜任这项工作，而弗朗克告诉他们说可以，并且说："这甚至可使我与兵士更亲近。如果我的假肢陷在烂泥里了，我会告诉他们，这是由于我没有两条完整的腿。"

如今弗朗克已是个四星级将官了，而且既可以跑步，还能稳稳地骑自行车。他说："失去一条腿，教会了我一个道理，那就是一个人受自己缺陷的限制是可大可小的，取决于你自己如何看待和处理它。关键是应该注意发挥你所具有的长处，而不是老想着你的缺陷。"

大启迪：成功者懂得真正的成功常不是一开始就可以得到的，而坚持不懈总是可以达到目的的。应牢记心头的是每跨过一个跳栏，到达终点的跳栏数就少了一个。

160. 华特的成功

信任是看不到的感觉力，对于如何让自己美梦成真，它们比聪明的大脑还有生机。

——梅兰妮

华特和丽莎这对年轻夫妇，不久前还以为成功指日可待，当华特拿到心理和企管硕士学位时，他以为自己日后就可以从事管理公司人际关系咨询，或执行与监督有关的工作。然而短期内，事情却与他预期的有所出入，华特别无选择，只好暂时将希望束之高阁，这一晃就是好几年。华特是个德国人，这段期间除了当翻译，似乎也没有其他出路。

他和丽莎两人都梦想能搬回德国，如此一来，不但可与家人团聚，丽莎更可借此学习德文及当地文化。他们一心想回德国，计划在那里找一个高薪的工作，并趁两人还是丁克族时好好四处旅游。为了实现这个梦想，他们花了一个半月的时间在德国找工作，登报求职、寄履历表，让雇主知道他们强烈的工作意愿。就在离德返美的前一天，正当所有履历表都石沉大海时，华特突然接到一个面试电话。

“我们一定能美梦成真！”丽莎兴奋得大叫。

可是华特却显得十分谨慎。

“别高兴得太早，”他说，“丽莎，这不过是个面试而已。”

面试结束，华特和丽莎如期返美等候通知。一个星期过去了，半个月过去了，一个月过去了，丽莎这时开始感到不耐烦，她焦急地催促华特打个电话去问问情况，然而华特心里明白，他得等到公司主动跟他联络才行。在圣诞节前后，该公司的人事主管终于告诉华特，他们要雇用他，只是公司的决策过程太慢了。经过数个月的漫长等待，两人终于美梦成真。这份工作薪水优厚，升迁可期，同时公司还愿意协助华特还清助学贷款及迁徙费用。再也没有什么工作比这次更好的了。

华特和丽莎乐疯了，他们终于达成心愿。

华特接着前往德国开始新工作。就当地的工作条件而言，这是个令人称羡的职位，华特和丽莎都觉得十分满意。华特有两个月的试用期，看看双方是否合适，这时，丽莎也辞去工作，准备搬家。

可是当华特开始工作后，对公司及工作总有一种不安感，有些事情好像不太对劲，他很怕心里出现“回美国算了”的念头，因为事情演变至今，早已无后路可退，他也怕想起“干脆放弃这个原本和预期相符的职业生涯”。最后他终于了解自己再也无法漠视这种感觉。

有天晚上华特走了好长一段路，反复思考这个情况，当他确知目前的新工作根本就不适合他时，华特不禁放声大哭。然而除了悲伤，华特也为自己理清了思绪而感到欣慰。

第二天华特走进总裁办公室，递了辞呈。总裁很惊讶，而且也有点失望，可是除了接受也别无他法。“你为什么要离开？你以后该怎么办？”总裁不解地问。

接着华特对自己在这段时间看到的公司问题——向总裁报告，并且告诉他这份工作和原先预期的不太一样，华特接着说，他计划开一家咨询公司。华特自信及坚定的口吻让总裁印象深刻，于是他问华特：

“要是你当了咨询师，你会怎样为公司解决问题呢？”

华特想了一下，因为他尚未完全勾勒出蓝图，不过仍按长期的思考模式回答。华特告诉总裁，思想如何创造实际，而每个人内心其实都有驱动力、常识和其他特质，这些足以使人成为有效率的职员。总裁对华特的话感到很有兴趣，遂问华特是否愿意当他和公司的咨询师。瞧，多快！华特马上就有了第一位客户。

华特离开德国前，和总裁做了一整天的训练课程，并规划日后要将这套心智运作原则和安宁心智的方法传授给公司各阶层主管。截至目前为止，华特已走访了13个国家，训练对象超过2 000人。华特的事业蒸蒸日上，他不仅为原公司进行咨询工作，业务更扩展至德国及法国其他公司。

想不到原本想傻傻地辞掉工作，到最后事情却出乎两人意料之外——当了咨询师的华特不仅赚进大把钞票，还有上班族渴望的自由，他在两个国家之间如鱼得水。丽莎也如愿在德国待上几个月，并趁华特到各国工作时，四处游览。

大启迪：一旦我们相信内心深处的感觉，让它来处理生活中面临的决定时——不论选工作、挑对象、搬家或念书，我们的信念就会转换成神奇的力量。

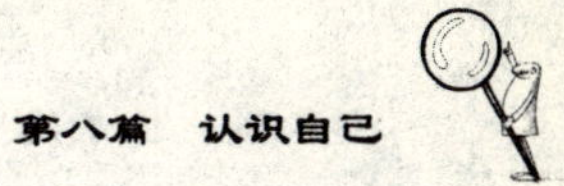

161. 愤怒源自内心

善于控制自身的情绪，不断与自身的不满斗争，把它们当成内心提醒自己思考品质的讯号。

——葛瑞

这是一位心理分析家的手记，它记录并分析了这样一件事。

“去他的，我真不敢相信现在的驾驶有多不小心！”这正是米兰达一大早开着车进城工作途中的例行抱怨。这也是米兰达典型的星期一，在高速公路遇上大塞车。他努力地想切进左线车道，可是开着蓝色别克的女人却坚持不让他插队。“又碰到个笨蛋！”米兰达紧握方向盘，一股气冲到脑门，“这个早上一路都是些笨蛋！”

方才那辆别克车的女驾驶显然对忿忿不平的米兰达视若无睹，只见她拿起眼线笔对着后照镜描着左眼。为了要引起她的注意，米兰达一面生气地按着喇叭，一面挥舞着拳头，没想到她也隔着车窗向米兰达挑衅：“随便你了，兄弟。”两人于是干上了。

米兰达喃喃自语：“好吧，女人，这回你可是遇到对手了！”此时他看到一个可以切入右线车道的机会，米兰达换到四档，从右侧惊险地超过一辆红色福特，遥遥领先。

“太棒了！”米兰达沾沾自喜。不过他显然尚未悟透，他就算赢了这场小小的较劲，依然是个大输家。在高科技公司上班的他会和以前一样，气急败坏地赶到办公室，带着坏心情过完这一天。

如果我们深入了解米兰达的思维，会发现他的内心充满着批判、不耐烦与焦躁。对他来说，其他的驾驶者都是“敌人”，起码也是他生活步调的破坏者。米兰达认为，开车上班就像陷入战区一样，亦步亦趋的同时不忘大声谴责混乱的一切。

米兰达并不知道自己先入为主的观念和他开车上班的不愉快经验有何关联。他觉得他对“外在环境”的反应很自然！完全不晓得他的心灵生活筑于自己的“内在世界。”一旦米兰达了解他的所有体验真正源于何处，他看待交通的角度又将如何？

在理想的世界里，交通永远平衡顺畅，驾驶者将永远是彬彬有礼，大家永远不会因为气候或事故而迟到。很不幸的是，这个“理想国”仅仅存在于人类的梦想里。在现实世界中，交通事故频传、天气变幻莫测、大家并非永远都谦让有礼。可是我们开车上路，面对事故频仍的日常公路，其实可以选择自己的心境——我们不总是处于心理的“交叉路口”吗？

如果米兰达现在知道他愤恨的源头，他会如何处理上述的状况呢？星期一早晨缓慢的行车速度，让他心浮气躁。如果他不加速前进，担心可能迟到，一想到这，他开始紧张，他注意到自己的肩膀肌肉紧绷，怒火中烧。

米兰达体验自己不耐烦、生气、不舒服的感觉正是意念传达给他的信号，他必须适时调整这些怀疑。就如同开车骤然切到隔线车道会听到撞击声一样，这种情绪上的警告无疑给米兰达当头棒喝，让他知道自己正往错误的思考模式领域前进。如果他继续下去，那么终将出现“公路激怒症候群”。

仅仅是认清当下的思考，米兰达便能在心理上换档重新上路。与其把别克车里的女人视为敌手，不如对她的一心二用感到新鲜有趣。他知道她太专注画眼线，才对米兰达变换车道的意图毫不知情。因此米兰达暂缓切入左线车道，让这位女士先行后再开始行动。他甚至还会为自己浪费了10秒钟的时间在那儿生闷气、影响开车和上班心情感到好笑呢！再一次，米兰达了解他自身的意念能创造愤慨的世界，也

能打造安宁的心境。

大启迪：重新掌握生活方向盘的概念——心灵感受之源并非外在环境所赐，而是人在心里如何看待及反应。不管我们正在做些什么，总与思同行。我们的体验、感觉、认知和情绪全都来自内在的意念，而非外在环境。我们对生活的体验是由内而外，而非自外向内。

162. 在工作中寻找快乐

找到你内在的自然驱动力，你将会把快乐带回工作中，你的人生也将发生质的变化。

——西蒙斯

约翰在法国中西部长大，其父母靠经营果圃把约翰养育成人，这种一年到头辛勤耕作、劳碌的农家生活，无疑对约翰日后的自我要求及情绪转换影响深远。如果约翰没有把事情做完，约翰会觉得怠惰、沮丧，有罪恶感。可是不论约翰做了多少，心里老是有股力量驱使约翰去完成更多更多的事。于是约翰对实际工作感到压力重重、精神透支且枯燥乏味。

长大以后，约翰对工作的态度就是不断地保持生命力。约翰太太对于约翰能在一天内完成许多事情感到惊讶不已。约翰可以在几小时内就把屋里打扫干净，用一个上午写好一份工作报告，花一天时间种下所有花种，但心里却觉得索然无味。而且约翰只要一坐下来放松心情便觉得罪恶惶恐，会一直想着总还有件事没做好，这种念头一直持续到一日终了。

对约翰而言，生命中最艰难的挑战便是呆坐。

长久以来，约翰的心一直不停地转动思考，因此坐在海边体验一切，看看绮丽的海景、嗅嗅清凉的海风、听听动人的海涛，对约翰来说皆是新尝试。约翰一直害怕如果自己不能加快脚步，就会变得懒惰而且无法做好任何一件事。这种想法让约翰沮丧透了，所以约翰总是让自己像陀螺一样忙得团团转，只有在消掉工作表上已完成的事项后才会觉得有一丝轻松。

那天，约翰记得很清楚，自己是如何凝神静听。约翰那时正在佛罗里达州实习，参加为期三周的心理学新发展课程。

起初的两个星期，约翰对上课内容有一箩筐的问题，约翰不过是想借此学到更多咨询方面的新观念和方法，但是很糟糕，约翰尚未找到其中要诀，而课程指导员却一直告诉约翰只要放松心情专注倾听就可以了。

“下午放自己一个假到海边去吧！”课程指导员说。

约翰对他的动机十分怀疑。多狡诈啊！要约翰一整个下午待在海边，那种不做事的感觉多令人害怕啊！约翰以前从来没有过这种经验，约翰于是和他据理力争，因为只剩下一个星期了，约翰不觉得还有时间浪费，难道约翰不该更努力一点吗？去海边做什么？

可是约翰也想到，到海边走走又不会让他少掉一块肉，还可以享受假期！或许他是对的，约翰可能真该学学如何放慢脚步。

隔天，约翰和妻子一起漫步海边，感到快乐无比。但过了一两个小时，约翰的焦虑开始出现，无论觉得有多不舒服，约翰知道必须秉持信念，而且得相信指导员告诉他如何放松心情的那一套。

当晚，约翰睡得很沉。半夜三点约翰自梦中清醒，顿时恍然大悟。“亲爱的，快起来。”约翰边说边把妻子摇醒，“我想通了！我终

于明白他说的是怎么一回事了。”这是约翰第一次清楚地知道顺其自然和不去强求意念。原来在睡眠中，心智放松了，理解得来全不费功夫。这一切看来真是太简单、太不可置信了。

约翰回到明尼苏达州，日子又和以前一样，可是那晚触动心灵的感觉却依然持续着。

有个星期六，约翰又忙着做事，这回约翰清楚他得赶着做，于是约翰停下来，做了个深呼吸，找到头绪。约翰告诉自己，或许该试试这个方式，看看是否真的可行——在心情放松的情况下把每件事做好，而非处于以往紧张高压的环境。

约翰带着这种新想法过了一天，每一次只要一发现到自己的紧张，心里便很清楚地告诉自己该停下来休息一下。当然，一天结束后，工作比预期进行的速度还要快。更让人吃惊的是：这一整天约翰都好快乐，无论是工作还是休息，一点也不觉得累。

大启迪：快乐一点也不要觉得罪恶——即使你一件事都没做完。你也应明白做事情的动机，因为你学到内在的智慧的力量，在心情放松的时候能引领你找到行事方针，要知道只要有信心，不必经过一连串绞尽脑汁的思考，也会有解决方案。

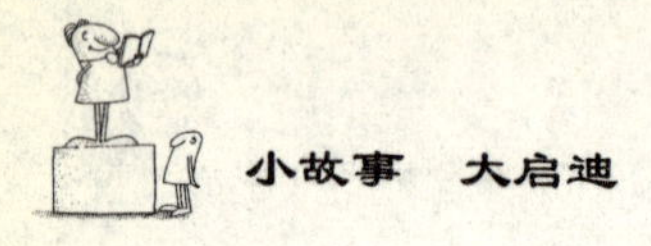

163. 自己是个危险陷阱

别忙着证明自己，先告诉自己，你已经够完美了，即使你无法掌握一切，你也是上帝的奇迹。

——菲莉

玛丽是位心理治疗师，她对生活充满了焦虑质疑。

“我其实很怕人，”她对朋友弥丽尔·奇说，“好笑吧？”

一个心理治疗师竟会怕人，可是玛丽真的就是这样。碰到新的患者，玛丽总是充满预设立场、满心惧怕。“真的能帮他们吗？该不该把他们转到更能替他们解决问题的治疗医生那儿？他们会怎么看我？”大多时候，玛丽惶惶不可终日，每次开始咨询前，玛丽都得对自己加油打气一番。

在玛丽珍的成长过程里，总觉得和兄弟姐妹格格不入，自己和他们一比，更是相形见绌。这样的自我认知一直伴随到现在，她常把自己的患者转诊给同业，原因并非无法对症下药，而是她心里总觉得自己不适合。如同她说的：“我对患者没有那么投入，我在诊疗室花很多时间和他们在一起没错，可是心里总会不断想着：我做得如何？我是多么不适合担任咨询的工作，该不该让他们去看别的心理医生？我满脑子都被这些念头占据。除了自己对患者谈话的内容，我还会假想另一位治疗师会如何处理。有时我会忘记这些纷扰的思绪，真正帮助患者解决问题，可是情况很奇怪，我的意念非常混乱。”

“当了几年的心理治疗师，我会督促自己加强咨询技巧，好帮助更多人，可是我也担心自己会陷入流沙中无法脱困。不论我花多少力气证明自己是个称职的心理治疗师，任何时刻都有可能发现自己根本无法胜任这个工作。十年来，我知道这种感觉紧紧跟随着我，可我就是没办法让它停止。自从知道自身体验的本质是来自每一分每一秒的意念后，那种无法胜任的感觉就不再困扰我了。”

弥丽尔·奇问她自身真正的改变是什么。

“我变得更了解自己，”她说，“我没有什么事情好怕的，担心受害的感觉皆存于脑子里，全都是自己的意念作祟。一旦想起这点，我就觉得好多了，虽然还是免不了会对自己的能力感到质疑，可是一想起这一切都是意念在搞鬼后，这些负面的念头就消失了。我现在能平心静气地和患者相处，可以完全把注意力放在他们身上，而非放在自己身上。我倾听患者说话，也聆听自己内在的智慧和洞察力，它才是助我一臂之力替患者解决问题的真正力量。”

“经过这些，我如今真的对自己感到满意，也觉得自己可以胜任一切，因为只要想起意念是自己所造的，过去那些缺乏自信的想法就烟消云散了。我终于发现自己真正的潜能，因此，我得以发挥所长，替患者解决问题。”

大启迪：不论我们的专长或职位如何，总难免会有质疑倦怠的时候，尽管你我都会对无法预测的情况感到惊慌失措、漫无头绪，但这并不表示我们感到力不从心。当我们面对不可测的未来不再忧心忡忡时，便能满怀自信去挑战未知的明天。

164. 第一名与最后一名

那种不计得失，为了希望而活下去的人，肯定会激发出巨大的激情，闪烁出洞察现实的睿智之光。

——里根

鲁西娅是一个新寡的中年女人，在埋葬了丈夫以后一直提不起劲来生活。

有一天，她看到有人在练习马拉松大赛，不知为什么，她的一根细小的神经开始动了一下，接下来，她开始做了丈夫死后的第一件有“生气”的事情。

她穿上运动衣，系好球鞋鞋带，也开始参加马拉松练习。她年轻的儿女和年长的爸爸，看到她开始有所投入，都非常高兴，也在旁边鼓励她。但是，在他们心里，都有一个“底数”，那就是，在体力上她是跑不到终点的。不过，只要她能跑出起始点，大家就大为放心，因为知道她又有生活意志了。

然而，比赛那一天，从早上跑到下午，该跑到终点的人都跑到了，跑不到的人也都在中途停下来吃比萨或热狗，跟着加油的家人回去了。但是，鲁西娅的家人始终没见到她回来，他们通知警察也不得要领，只好跑到马拉松的终点去等她。

而这位鲁西娅女士，在人群散去，车子熙攘当中，仍旧疲乏地一步一步跑向终点。一些路人看到她在黑夜的路上慢跑，担心她出事，

也惊于她这种“不识时务的固执”，便打电话到电视公司去。

结果，当她“不成人形”地跑向终点时，她的家人、电视记者和一群好奇的人，全都在另一头替她加油和欢呼。

在鲁西娅的一生中，她只想到会和丈夫白头偕老，但丈夫舍她先走了，她感觉她人生的终点已经到达了，她不想再跑，因为她的伴侣失去了。但是，和大伙一起开始了人生马拉松，她又开始跑上了她剩下的路程，也开始体会和接受：那虽是她丈夫的终点却不是她的终点。而她，一定要跑到自己生命的终点，不论那段路程是多么的孤单、多么的黑暗、多么的危险。鲁西娅虽然是“最后一名”，却是“人生马拉松”上的“第一名”。

鲁西娅在接受访问时说：“我经过相当多的所谓‘失败’，不过我称它们为‘绕道而行’。虽然当时我非常沮丧，但是我总不放弃在‘此路不通，绕道而行’的途径上另找出路，我绝不相信那些‘失败’——‘绕道而行’的标志，就是我事业的‘终点’。”

大启迪：人生的终点，确实不是全掌握在自己手里，但是，在我们到达那一点之前，凭着“自由意志”，我们可以在跑道上的任何一处，画下“起跑点”的记号，而只要我们仍然在跑道上跑着，我们就不会是“最后一名，”反而是“第一名。”

165. 静心

意志、悟性、想象力、做法以及感觉上的一切作用，全由思考而来，思考决定了一切。

——笛卡儿

雷德蒙·钱德勒是法国著名的侦探小说家，他开创的“硬汉派”小说极大地影响了侦探小说的发展。他塑造的人物形象“马洛”和其他侦探小说中的人物例如福尔摩斯、波洛等一样，被认为是不朽的艺术形象，吸引了众多的读者。

钱德勒本人的文学生活也富有传奇色彩。早年读书时，钱德勒曾经担任过几个报纸杂志的撰稿人，那时，他在文学上的才能就已经崭露头角。然而在成年后，钱德勒由于种种原因却放弃了文学创作。他先是入伍当兵，后来又进入一家石油公司任职。从最普通的办公室职员到公司经理，他在这个公司里竟然一待就是十三年，如果中间没有出意外，钱德勒很可能就在这个位置上终老一生了。

三十年代席卷法国的那场经济大危机反而改变了钱德勒的命运。石油公司在萧条中倒闭，钱德勒的生活立刻陷入了困境。此时他已经四十多岁了，为了生计他不得不想方设法寻找出路。于是他那被闲置已久的文学才华终于有了出头之日。后来他回忆起这段时期时，说道：“当时我终日在太平洋海岸漫无目的地闲逛，无所事事，便开始读那些低级杂志，因为它们很便宜。我很快发现这些杂志有低俗的一面，

但有些作品写得相当有力，相当诚实。我认为这也许是学习写作同时也是挣钱糊口的捷径。我花了五个月写完一篇1.8万字的小说，换来180法郎的稿酬。从此以后，我再也没有回过头。”

钱德勒就是这样开始他的文学创作的。几年后，他的长篇侦探小说《长眠不醒》终于大获成功，他本人成为世界闻名的小说家。

大启迪：每隔一段时间，静心想一想，停下手中的活计，给自己的大脑腾出一块地方来，自己在做的事情是否符合理想的样子？如果不是，考虑一下是否有转换的可能，这样，你就可以在日常纷杂零乱的生活中，理清思绪，始终追寻自己梦想的东西。

166. 解读生命的密码

思考自身行为能帮助人类认识生命的本原，我们的许多失败在于我们没有认真思考。

——凯迪

心理学家布森想知道人的心态对行为到底会产生什么样的影响。于是他做了一个实验。

首先，他让10个人穿过一间黑暗的房子，在他的引导下，这10个人皆成功地穿了过去。

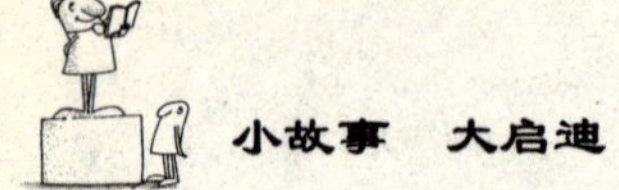

然后，心理学家打开房内的一盏灯。在昏黄的灯光下，这些人看清了房内的一切，都惊出一身冷汗。这间房子的地面是一个大水池，水池里有十几条大鳄鱼，水池上方搭着一座窄窄的小木桥，刚才他们就是从小木桥上走过去的。

心理学家问："现在，你们当中还有谁愿意再次穿过这间房子呢？"没有人回答。过了了很久，有3个胆大的站了出来。

其中一个小心翼翼地走了过去，速度比第一次慢了许多；另一个颤巍巍地踏上小木桥，走到一半时，竟趴在小桥上爬了过去；第三个刚走几步就一下子趴下了，再也不敢向前移动半步。

心理学家又打开房内的另外9盏灯，灯光把房里照得如同白昼。这时，人们看见小木桥下方装有一张安全网，只由于网线颜色极浅，他们刚才根本没有看见。

"现在，谁愿意通过这座小木桥呢？"心理学家问道。这次又有5个人站了出来。

"你们为何不愿意呢？"心理学家问剩下的两个人。

"这张安全网牢固吗？"这两个人异口同声地反问。

大启迪：很多时候，成功就像通过这座小木桥，失败的原因恐怕不是力量薄弱、智能低下，而是周围环境的威慑——面对险境，很多人早就失去了平静的心态，慌了手脚，乱了方寸。

167. 上帝的偏爱

如果人要经历什么非凡的考验的话，那也是上帝对他独特的偏爱。

——培根

许多年前，一个妙龄少女来到纽约国际酒店当服务员。这是她涉世之初的第一份工作，也就是说她将在这里正式步入社会，迈出她人生的第一步。因此她很激动，暗下决心：一定要好好干！但她没想到上司竟安排她洗厕所！

洗厕所！实话实说没人爱干，何况她从未干过粗重的活儿，细皮嫩肉，喜爱洁净，干得了吗？洗厕所时在视觉上、嗅觉上以及体力上都会使她难以承受，心理暗示的作用更是使她忍受不了。当她用自己白皙细嫩的手拿着抹布伸向马桶时，胃里立马“造反”，翻江倒海，恶心得几乎吐不出来，太难受了。而上司对她的工作质量要求特高，高得骇人：必须把马桶抹洗得光洁如新！

她当然明白“光洁如新”的含义是什么，她当然更知道自己不适应洗厕所这一工作，真的难以实现“光洁如新”这一高标准的质量要求。因此，她陷入困惑、苦恼之中，也哭过鼻子。这时，她面临着这人生第一步怎样走下去的抉择：是继续干下去，还是另谋职业？继续干下去——太难了！另谋职业——知难而退？人生之路岂有退堂鼓可打？她不甘心就这样败下阵来，因为她想起了自己初来时曾下过的决心：人生第一步一定要走好，马虎不得！

正在此关键时刻，同单位一位前辈及时地出现在她面前，他帮她摆脱了困惑、苦恼，帮她迈好这人生第一步，更重要的是帮她认清了人生路应该如何走。但他并没有用空洞理论去说教，只是亲自做个样子给她看了一遍。

首先，他一遍遍地抹洗着马桶，直到抹洗得光洁如新。然后，他从马桶里盛了一杯水，一饮而尽喝了下去！竟然毫不勉强。实际行动胜过千言万语，他不用一言一语就告诉了一个极为朴素、极为简单的真理：光洁如新，要点在于“新”，新则不脏，因为不会有人认为新马桶脏，因此新马桶中的水是不脏的，是可以喝的；反过来讲，只有马桶中的水达到可以喝的洁净程度，才算是把马桶抹洗得“光洁如新”了，而这一点已被证明可以办得到。同时，他送给她一个含蓄的、富有深意的微笑，送给她一个关注的、鼓励的目光。这已经够用了，因为她早已激动得几乎不能自持，从身体到灵魂都在震颤。她目瞪口呆，热泪盈眶，恍然大悟，如梦初醒！她痛下决心：

“就算一生洗厕所，也要做一名最出色的洗厕所人！”

从此，她成为一个全新的、振奋的人。她的工作质量也达到了那位前辈的高水平，当然她也多次喝过厕所水，为了检验自己的自信心，为了证实自己的工作质量，也为了强化自己敬业心。从此，她很漂亮地迈好了人生第一步。她踏上了成功之路，开始了她的不断走向成功的人生历程。几十年光阴一晃而过，后来她成为美国政府的主要官员——劳动部部长。她的名字叫劳伦斯·米兰。

大启迪：“就算一生洗厕所，也要做一名最出色的洗厕所人。”这一点使她拥有了成功的人生，使她成为幸运的成功者、成功的幸运者。

168. 听从内心的召唤

听从了内心的召唤，就能实现自己人生的梦想和价值，最终也获得了成功。

——培根

法国现代小说家安德森原来是一个成功的商人，但他一心想当文学家。在他36岁时，竟然下决心抛弃产业，专门从事文学创作，这在世人的眼里简直是不可想象的事情。安德森后来写出了许多脍炙人口的名篇，他本人也被誉为“法国现代文学之父”。在他的回忆录中，他对于自己当初做出这一行为的过程描写道：“我办公室有一扇门直通大街，走到门口有多少步？……要是我走出门口，沿铁路走去，消失在遥远的天边，会如何呢？我到哪里去呢？”

“考验我的时刻到了，在我出走时，我的秘书正看着我，我也看着她，想着我的存在意味着什么？同时又否定着什么呢？我敢对她讲出自己的想法吗？显然我不能说实话，我从座位上站起来，对自己说：‘此时不走更待何时……’我转着脑筋，想找到一种说辞：‘我亲爱的女士，说来很蠢，不过我已下了决心，再也不想操心这些购买和销售的事了。别人做，可以，但对我来说，这意味着毒药。工厂就在这儿，你要就归你。我断定，这厂子没多大意思。也许能赚钱，也许会赔钱，这些事与我无关，现在我是要走了……永远不再回来。

“我和女秘书仍然互相看着，也许我脸色发白，她的脸色也白起

来，她问：‘你病了？’这句话启发了我，我正需要一个理由，其实不是我要，而是别人要。这时我生出个狡猾的念头——装作‘精神病！’，也许我当时就是有点不正常，法国人见人做了出格的事，就爱说：‘精神病’……我离开现在的岗位，拔去刚刚扎下的一点根基，但是我觉得这片土壤已养不活我这棵想生长起来的大树。我得把自己请出这道门，但我真的迈出此门，别人还会想办法把我拉回来。为了免除麻烦，于是我永远也弄不清自己当时是否真的患了精神病。我走近女秘书，直瞪着她的眼睛，笑着说：‘我一直在长河里踏水，脚湿了。’我又笑了起来。轻轻走到门口。此时我心想是他们逼我犯‘精神病’，想到这儿，我高兴地回过头说了最后一句糊涂话：‘我这双脚又冷又湿，在水里太久了，现在我要上旱地去走走，……’我沿着一条铁路线走去，走过一座桥，出了镇，走出我生活里的那种日子。”

大启迪：在内心真正的渴望与世俗观念产生冲突的时候，安德森勇敢地听从了内心的召唤，实现了自己人生的梦想和价值。别的看法又有什么关系呢？他最终获得了成功，这才是最有说服力的事实，关键是，他成为了自己想要成为的那种人，这是最重要的。

第九篇

财智人生

169. 我没有学会聪明

聪明的概念极小，有时它仅仅指的是一种勤勉和实事求是的态度。

——弗朗西斯卡

汤姆·布朗温天性笨拙，这一点在他大学毕业时，他的导师威尔先生对他早有评价，但他说汤姆是一个勤奋的人。威尔先生最欣赏的一句话就是“勤能补拙”，他评价一个人的勤奋往往就暗示了这个人可能是笨拙的，因为他常常说：“勤奋的品质是上帝给笨拙的人的一种补偿。我相信我就是得到上帝这种补偿最多的人。”

就在大学毕业这一年，汤姆接受威尔先生的推荐到安东律师事务所应试，这是伦敦最著名的一家律师事务所，很多日后成名的大律师都是在这家事务所里接受起初的训练而走上成功之路的。这里的工作以严格、准确和讲求实效而著称。

来应试的人很多，他们个个看起来都很精明，他们努力地让自己面带微笑，用眼睛去捕捉监考人员的眼神。无疑，给他们留下机灵的印象，对他的录用会大有帮助。但这一切都毫无用处，监考人员个个表情严肃，忙着把一大堆资料分发给他们，甚至不多说一句话。

发给他们的资料是很多庞杂的原始记录和相关案例及法规，要求他们在适当的时间里整理出一份尽可能详尽的案情报告，其中包括对原始记录的分析，对相关案例的有效引证，以及对相关法规的解释和

运用。这是一种很枯燥的工作，需要耐心和细致。威尔先生曾经为他们详细讲解过从事这种工作所需的规则，并且指出，这种工作是一个优秀律师必须出色完成的。

汤姆周围的人看起来都很自信，他们很快就投入到起草报告的工作中去了，他却在翻阅这些材料时陷了进去，在他看来，原始记录一片混乱，并且与某些案例和法规毫无关联，需要他首先把它们一一甄别，然后才能正式起草报告。时间在一分钟一分钟地流逝，他的工作进展得十分缓慢，他不知道要求中所说的“适当的时间”到底是指一个小时还是两个小时，他发现如果让他完成报告，可能至少需要一个紧张的晚上。可是周围已经有人完成报告交卷了，他们与监考人员轻声的交谈声几乎使他陷入了绝望。越来越多的人交卷了，他们聚集在门外等待所有的人都完成考试后，等待事务所方面关于下一步考试的安排，当时他也认为安东事务所的考试不会只有这一项。他们一起议论考试的嗡嗡声促使屋子里剩下的人都加快了速度，只有他，脑子里一遍又一遍地想着母亲的忠告：要学得聪明些。可他怎么才能聪明些？我干不下去了。

终于，屋子里只剩下他一个人在面对着只完成了三分之一的报告发呆。一个秃顶男人走过来，拿起他的报告看了一会儿，然后告诉他：你可以把材料拿回去继续写完它。

他抱着一大堆材料走到那一群人中间，他们看着他，眼睛里含着嘲讽的笑意。他知道在他们看来，他是一个要把材料抱回家去完成的十足傻瓜。

安东事务所的考试只有这一项，这一点出乎他们的意料之外。母亲对他通宵工作没有表示过分的惊讶，她可能认为他肯定会接受她的忠告，已经足够聪明了，他却要不断地克服沮丧情绪，说服自己完成报告并在第二天送到事务所去。

事务所里一片忙碌。秃顶男人接待了他，他自我介绍说是尼克·安东，事务所的主持人。他仔细翻阅了他的报告，然后又询问了他的身体状况和家庭情况。这段时间里，汤姆窘迫得不知所措，回答

他的问话显得语无伦次。但在最后，他站起来向汤姆伸出手，说："祝贺你，年轻人，你是唯一被录取的人，我们不需要聪明的提纲，我们要的是尽可能详细的报告。"

汤姆成功了，但他并没有学会聪明。

大启迪：其实真聪明往往蕴含于扎扎实实的工作当中，有时候，我们并不需要太多的"聪明"，踏踏实实地工作胜于一切。

170．财富的秘密

每个人都渴望财富，其实财富就在我们身边，只要我们有一双善于发现的眼睛。

——亨利·福特

狄奥力·菲勒出生在一个贫民窟里，和所有出生在贫民窟的孩子一样，他争强好斗，也喜欢逃学。

惟一不同的是，菲勒有一种天生会赚钱的眼光。他把一辆街上捡来的玩具车修理好，让同学们玩，然后每人收取半美分，他竟然在一个星期内赚回一辆新玩具车。菲勒的老师对他说："如果你出生在富人家庭，你会成为一个出色的商人。但是，这对你来说已是不可能的，你能成为街头商贩就不错了。"

中学毕业后，菲勒真的成了一名商贩。正如他的老师所说的，在他贫民窟的同龄人中，这已是相当体面的了。他卖过小五金、电池、柠檬水，每一样他都得心应手。

菲勒起家靠的是一堆丝绸。这些丝绸来自日本，因为在海轮运输当中遭遇风暴，这些丝绸被染料浸湿了，数量足足有一吨之多。这些被浸染的丝绸成了日本人头痛的东西，他们想处理掉，却无人问津；想搬运到港口，扔进垃圾箱，又怕被环境部门处罚。于是，日本人打算在回程路上把丝绸抛到大海里。

港口的一个地下酒吧，是菲勒夜晚的乐园，他每天都来这里喝酒。那天，菲勒喝醉了。当他步履蹒跚地走到几位日本海员旁边时，海员们正在与酒吧的服务员说那些令人讨厌的丝绸。说者无心，听者有意，他感到机会来了。

第二天，菲勒来到海轮上，用手指着停在港口的一辆卡车对船长说："我可以帮助你们把这些没用的丝绸处理掉。"结果，他不花任何代价便拥有了这些被化学染料浸过的丝绸。然后，他把这些丝绸制成迷彩服、迷彩领带和迷彩帽子。几乎是一夜之间，他靠这些丝绸拥有了10万美元的财富。

从此，菲勒不再是商贩，而成为一名商人。

有一次，菲勒在郊外看上了一块地。他找到地皮的主人，说他愿花10万美元买下来。地皮的主人拿到10万美元后，心里嘲笑他真愚蠢：这样偏僻的地段，只有傻子才会出这么高的价钱！

令人料想不到的是，一年后，市政府宣布将在郊外建造环城公路。不久，菲勒的地皮升值了150倍。城里的一位地产富豪找到他，愿意出2 000万美元购买他的地，富豪想在这里建造一个别墅群。但是，商人没有出卖他的地，他笑着告诉富豪："我还想等等，因为我觉得这块地应该值更多。"

果然，三年后，菲勒把这块地卖到2 500万美元。从此，他成了新贵，可以像上层人一样出入高贵的场所。他的同行们很想知道他当初是如何获得这些信息的，甚至怀疑他和市政府的高级官员有来往，但

结果令他们很失望，菲勒没有一位在市政府任职的朋友。

菲勒的发迹简直就是一个谜。菲勒活了77岁。临死前，他让秘书在报纸上发布了一个消息，说他即将去天堂，愿意给逝去亲人的人带口信，每则收费100美元。这一看似荒唐的消息，引起了无数人的好奇心，结果他赚了10万美元。如果他能在病床上多坚持几天，可能赚得还会更多些。他的遗嘱也十分特别，他让秘书再登一则广告，说他是一位礼貌的绅士，愿意和一个有教养的女士同卧一个墓穴。结果，一位贵妇人愿意出资5万美元和他一起长眠。

大启迪：每年去世的人难以计数，但能像菲勒这样具有如此执著的商业精神的人又有几个？现在我们终于明白他为什么会成为千万富翁了吧？！

171. 有趣的职业游戏

把职业当作有趣的游戏，因为兴趣是成功的助燃器。

——迈西尔

“一般人大都是羡慕别人的幸运，嫉妒别人的成功，而不振奋自己的意志，努力实行，只想坐待良机。”美国医药界的查理·华葛林说，“我也曾是这样的一个人。”

华葛林原来只开设一家规模很小的西药房，他也有与一般人一样

的见解，他怨恨自己的职业，他也常涉足歌台舞榭，可是后来他曾自问：“我能舍弃这种生涯吗？我能在我的职业中施展我的才能吗？”

终于，他下定决心，想了一个方法，找到了使他获得成功的钥匙。他曾欣欣然自述他为顾客服务的态度，怎样使顾客满意，怎样招徕生意：“假如有人电话购货，我一面接电话，一面举手招呼我的伙计立刻把物品送去。”

有一天电话来了，他大声回答说：“好，郝斯福夫人，两瓶消毒药水，1/4磅消毒棉花，还要别的吗？啊！今天天气真好，还有……”他不住地讨好他的顾客，同时指挥伙计，把货物取齐，马上送去。伙计也训练有素，在接电话一分钟内，就将物品送至郝斯福夫人家的门口，而他们仍在继续谈话，等到她说：“门铃在响了，华葛林先生，再见！”于是他放下了电话听筒，面露喜色，知道货已送到。

事后，郝斯福夫人常对别人说起这件事：当她订货的电话尚未打完，物品已经送到了。

她无意中的传播，使附近的居民都来他的药房购物，并渐渐扩展到别处居民，使他们也都成为他药房中的长期顾主。从此，他的一间小小药房便扩展成了公司，并成立了制药厂，各地也设有许多营业鼎盛的分店。

华葛林说他的成功诀窍，在于他工作的态度。他觉悟到职业原可以作为极有兴趣的游戏，他于是就以游戏的竞技者出现，努力发挥竞技的技巧，尽力去做。

“我的改变来自朋友撒玛尔·孚克的指导。”华葛林对他的成功笑着说。

撒玛尔·孚克制造螺丝钉，该是多么单调，多么厌烦的工作。一满箱的螺丝钉在等着他，就这样把他毕生的幸福，都葬送在这些钉子上面，怎不令做这种工作的撒玛尔·孚克望而生畏、自怨自艾呢？可是，环境又不允许他有另外的想法辞职不干，那就等于失业。但他终于战胜了环境，把自己从困苦中拯救出来，终于荣任鲍尔温机车制造厂的厂长。

他用的方法就是把厌烦的螺丝钉工作，变做有趣的游戏，化腐朽为神奇，使他的工作前途变得光明起来。

他对一起工作的同伴说："朋友！我们来竞赛吧！你专做磨光钉子的工作，我专门整理尺寸，假如你磨到厌倦了，我们就彼此交换，我们来竞赛，看谁做得多。"从此，工作效率很快提高了，他们不久就站在生产模范的锦旗下拍照，并且一帆风顺地拾级上升。

他在厂长就职典礼上说："假使你不能在你的工作中寻求成功的快乐，那你还是另换一个方法，把工作当作游戏。"

大启迪：一件事情当你热爱它的时候，你便愿意为之付出任何的努力和极大的热情，因此，不管工作是多么枯燥，如果你没有办法改变现状，就尽力发现它的可爱之处，这能使你更好地处理它。

172. 只贷一美元

尽管我们靠别人的知识成了一个博学之才，但要成为一个智者则要靠自己的智慧。

——蒙田

犹太富豪拉宾走进一家银行，来到贷款部前，大模大样地坐了下来。

“请问先生，您有什么事情需要我们效劳吗？”贷款部经理一边小心地询问，一边打量来人的穿着：名贵的西服，高档的皮鞋，昂贵的手表，还有镶宝石的领带夹子……

“我想借点钱。”

“完全可以，您想借多少呢？”

“1美元。”

“只借1美元？”贷款部的经理惊愕了。

“我只需要1美元。可以吗？”

“当然，只要有担保，借多少，我们都可以照办。”

“好吧。”犹太人从豪华的皮包里取出一大堆股票、国债、债券等放在桌上，“这些做担保可以吗？”

经理清点了一下，“先生，总共50万美元，做担保足够了，不过先生，您真的只借1美元吗？”

“是的。”拉宾面无表情地说。

“好吧。到那边办手续吧，年息为6%，只要您付6%的利息，一年后归还，我们就把这些股票和担保的债券还给您……”

“谢谢……”犹太富豪办完手续，便准备离去。

一直在一边冷眼旁观的银行行长怎么也弄不明白，一个拥有50万美元的人，怎么会跑到银行来借1美元呢？

他从后面追了上去，有些窘迫地说：“对不起，先生，可以问您一个问题吗？”

“你想问什么？”

“我是这家银行的行长，我实在弄不懂，你拥有50万美元的家当，为什么只借1美元呢？要是您想借40万美元的话，我们也会很乐意为您服务的……”

“好吗！既然你如此热情，我不妨把实情告诉你。我到这儿来，是想办一件事情，可是随身携带的这些票券很碍事，我问过几家金库，要租他们的保险箱，租金都很昂贵，我知道贵行的保安很好，所以嘛，就将这些东西以担保的形式寄存在贵行了，由你替我保管，我

还有什么不放心呢？况且利息很便宜，存一年才不过6美分……”

大启迪：我们不得不佩服这个犹太人的想象力，他可以把一切为我所用。智慧的闪现总是在不经意的地方，聪明人总是能够运用智慧来为自己服务。当我们遇到任何事的时候，也要像犹太人那样动一下脑，想一下是否还有更好的方法。

173．最成功的推销术

做生意最大的成功之处不在于赚多少钱，而在于为他人提供多少服务。

——洛克菲勒

乔·吉拉被誉为世界上最伟大的推销员，他在15年中卖出13 001辆汽车，并创下一年卖出1 425辆（平均每天4辆）的记录，这个成绩被收入《吉尼斯世界大全》。那么你想知道他推销的秘密吗？

曾经有一次一位中年妇女走进乔·吉拉的展销室，说她想在这儿看看车打发一会时间。闲谈中，她告诉乔·吉拉她想买一辆白色的福特车，就像她表姐开的那辆一样，但对面福特车行的推销员让她过一小时后再去，所以她就先来这儿看看。她还说这是她送给自己的生日礼物：“今天是我55岁生日。”

“生日快乐！夫人。”乔·吉拉一边说，一边请她进来随便看看，接着出去交代了一下，然后回来对她说：“夫人，您喜欢白色车，既然您现在有时间，我给您介绍一下我们的双门式轿车——也是白色的。”

他们正谈着，女秘书走了进来，递给乔·吉拉一打玫瑰花。乔·吉拉把花送给那位夫人：“祝您生日快乐，尊敬的夫人。”

显然她很受感动，眼眶都湿了。“已经很久没有人给我送礼物了。”她说，“刚才那位福特推销员一定是看我开了部旧车，以为我买不起新车，我刚要看车他却说要去收一笔款，于是我就上这儿来等他。其实我只是想要一辆白色车而已，只不过表姐的车是福特，所以我也想买福特。现在想想，不买福特也可以。”

最后她在乔·吉拉这儿买走了一辆雪佛莱，并写了一张全额支票，其实从头到尾乔·吉拉的言语中都没有劝她放弃福特而买雪佛莱的词句。只是因为她在这里感觉受到了重视，于是放弃了原来的打算，转而选择了乔·吉拉的产品。

大启迪：真诚是推销员的第一步，真诚而不贪婪，是推销员的第一准则。记住，当你予人好处的时候，影响就会像滚雪球一样越滚越大，你的钱包自然会渐渐鼓起来。不要做任何事都以利益为前提，做生意赚钱固然重要，但是，记住做人是做生意的前提。会做人自然就会做好生意，其实这个世界是以人为本的，真正尊重你的顾客，你才能赢得顾客。

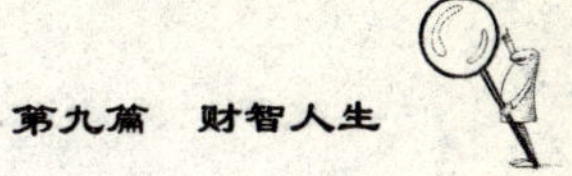

174. 换一种交流方法

人们总是急于把自己的意志强加给他人，如果我们试着尊重他人的意志，尊重他人的选择，可能会发生一些出乎我们意料的结果。

——霍布斯

菲亚电器公司的推销员威伯先生，在一个富饶的农业地区做一项调查。

“为什么这些人不使用电器哪？”他经过一家管理良好的农家时，问该区的销售代表。

“他们一毛不拔，你无法卖给他们任何东西。此外，他们对公司的火很大。我试过了，一点希望也没有。”

也许真的一点希望也没有，但威伯决定无论如何要尝试一下。因此他敲开一家农舍的门，门打开一个小小的缝，一位老太太探出头来，看见是威伯，她立即把门关上了。威伯又敲门，她又打开来，而这次，她把对他们公司的不满，一古脑地说了出来。

威伯说：“抱歉，我们打扰了你。我不是来这儿推销电器的，我只是想买一些鸡蛋。”

她把门开大了一点，怀疑地瞧着。

威伯说：“我注意到你那些优良的多明尼克鸡，我想买一公斤鲜蛋。”

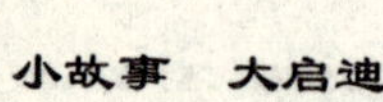

门又打开了一点。“你怎么知道我的鸡是多明尼克种？”她问，好奇心引起来了。

“我自己也养鸡，”威伯回答，“但我从来没见过这么优良的多明尼克鸡。”

“那你为什么不吃自己的鸡蛋呢？”老太太问，仍然有点怀疑。

“因为我养的鸡下的是白蛋。当然，你自己下厨，知道做蛋糕的时候，白蛋是比不上棕蛋的。我太太以她的蛋糕而自豪。”

到这时候，那位太太放心地走出来，温和多了。同时，威伯的眼睛到处打量，发现这家农舍装置了一个很好看的牛棚。

威伯继续说：“我打赌你养鸡所赚的钱，比你先生养乳牛所赚的钱还要多。”

听了这话她可高兴了！她赚的钱确实较多！她邀请威伯参观她的鸡棚。没多久之后，她说她的一些邻居在鸡棚里安装了电器，据说效果极好。她征求威伯的意见，问他安装电器是否值得。

两个星期之后，威伯把电器给了那个农家。

大启迪：如果你要得到朋友，就要让你的朋友表现得比你优越。谁都希望自己被重视，被称赞，人们在得到他人充分的尊重和肯定时，内心才乐于接受他人中肯的建议。只要我们在生活中掌握了这种技巧，我们在人际交往中一定会受益匪浅。

175. 不同的观察

要想在事业上有所成就，以有无创造性观察来论成败。善于观察的人最容易成功。

——梭罗

工程师罗勃特和逻辑学家查理，是无话不谈的好友。一次，两人相约赴埃及参观著名的金字塔。到埃及后，有一天，查理住进宾馆后，仍然习以为常地写起自己的旅行日记。罗勃特则独自徜徉在街头，忽然耳边传来一位老妇人的叫卖声："卖猫啊，卖猫啊！"

罗勃特一看，在老妇人身旁放着一只黑色的玩具猫，标价500美元。这位妇人解释说，这只玩具猫是祖传宝物，因孙子病重，不得已才出卖以换取住院治疗费。罗勃特用手一举猫，发现猫身很重，看起来似乎是用黑铁铸就的。不过，那一对猫眼则是珍珠的。

于是，罗勃特就对那位老妇人说："我给你300美元，只买下两只猫眼吧！"

老妇人一算，觉得行，就同意了。罗勃特高高兴兴地回到了宾馆，对查理说："我只花了300美元竟然买下两颗硕大的珍珠！"

查理一看这两颗大珍珠，少说也值上千美元，忙问朋友是怎么一回事。当罗勃特讲完缘由，查理忙问："那位妇人是否还在原处？"

罗勃特回答说："她还坐在那里。想卖掉那只没有眼珠的黑铁猫！"

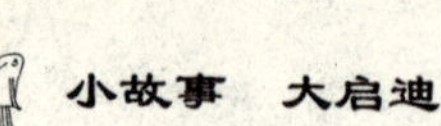

查理听后，忙跑到街上，给了老妇人200美元，把猫买了回来。罗勃特见后，嘲笑道："你呀，花200美元买个没眼珠的铁猫！"

查理却不声不响地坐下来摆弄琢磨这只铁猫，突然，他灵机一动，用小刀刮铁猫的脚，当黑漆脱落后，露出的是黄灿灿的一道金色的印迹，他高兴地大叫起来："正如我所想，这猫是纯金的！"

原来，当年铸造这只金猫的主人，怕金身暴露，便将猫用黑漆漆了一遍，俨然如一只铁猫。对此，罗勃特十分后悔。

此时，查理转过来嘲笑他说："你虽然知识很渊博，可就是缺乏一种思维的艺术，分析和判断事情不全面、深入。你应该好好想一想，猫的眼珠既然是珍珠做成，那猫的全身会是不值钱的黑铁所铸吗？"

大启迪：缺乏创造性的思维，将会带来多么大的损失，将会对个人的发展、事业的进取产生多么严重的影响。创造性思维是人脑思维活动的高级层次，是智慧的升华，是人脑智力发展的高级表现形态。

176. 麦当劳传奇

财富是位勤快的仆人，又是位刻薄的主妇。

——培根

有统计资料表明，现在美国有1.35万间麦当劳店，一年的营业总

额突破40亿美元大关。拥有这两个数据的主人是一个叫琼森的人，英国麦当劳社名誉社长。琼森开始创立自己的事业就是经营麦当劳。麦当劳是闻名全球的连锁快餐公司，采用的是特许连锁经营机制，而要取得特许经营资格是需要具备相当财力和特殊资格的。

而琼森当时只是一个才出校门几年、毫无家族资本支持的打工一族，根本就无法具备麦当劳总部所要求的75万美元现款和一家中等规模以上银行信用支持的苛刻条件。只有不到5万美元存款的琼森，看准了美国连锁快餐文化在英国的巨大发展潜力，决意要不惜一切代价在英国创立麦当劳事业，于是绞尽脑汁东挪西借起来。事与愿违，5个月下来，只借到4万美元。面对巨大的资金落差，要是一般人，也许早就心灰意懒，前功尽弃了。然而，琼森却有对困难说不的勇气和锐气，偏要迎难而上，遂其所愿。

于是，在一个风和日丽的春天的早晨，他西装革履满怀信心地跨进伦敦银行总裁办公室的大门。琼森以极其诚恳的态度，向对方表明了他的创业计划和求助心愿。在耐心细致地听完他的表述之后，银行总裁作出了“你先回去吧，让我再考虑考虑”的决定。

琼森听后，心里即刻掠过一丝失望，但马上镇定下来，他恳切地对总裁说了一句：“先生，可否让我告诉你我那5万美元存款的来历呢？”回答是“可以”。

“那是我6年来按月存款的收获，”琼森说道，“6年里，我每月坚持存下1/3的工资，雷打不动，从未间断。6年里，无数次面对过度紧张或手痒难耐的尴尬局面，我都咬紧牙关，克制欲望，硬挺了过来。我早就立下宏愿，要以10年为期，存够10万美元，然后自创事业，出人头地。现在机会来了，我一定要提早开创事业……”

琼森一口气讲了10分钟，总裁越听神情越严肃，并向琼森问明了他存钱的那家银行的地址，然后对琼森说：“好吧，年轻人，我下午就会给你答复。”

送走琼森后，总裁立即驱车前往那家银行，亲自了解琼森存钱的情况。柜台小姐了解总裁来意后，说了这样几句话：“哦，是问琼森先

生哪。他可是我接触过的最有毅力、最有礼貌的一个年轻人。6年来，他真正做到了风雨无阻地准时来我这里存钱。老实说，这么严谨的人，我真是要佩服得五体投地了！”

听完小姐介绍后，总裁大为动容，立即打通了琼森家里的电话，告诉他伦敦银行可以毫无条件地支持他创建麦当劳事业。

大启迪：人格的力量不只是一种强大的精神力量，更是一种强大的物质力量。在一定条件下，人格的魅力完全可以转换成一种突破困境的财富。

177．永恒的加法公式

聪明人总是与众不同的，因为他们在某些方面有着惊人的天赋，他们可以化腐朽为神奇。

——艾伯特

在奥斯维辛集中营，犹太人佛拉尔对他的儿子杰尔说：“现在我们唯一的财富就是智慧，当别人说1加1等于2的时候，你应该想到大于2。”纳粹在奥斯维辛毒死536 724人，父子俩却活了下来。

后来，他们来到美国，在德克萨斯州做铜器生意。

一天，佛拉尔问儿子杰尔一磅铜的价格是多少？杰尔说3.5美分。佛拉尔说：“对，整个德克萨斯州都知道每磅铜的价格是3.5美分，但

作为犹太人的儿子，你应该说3.5美元。你试着把一磅铜做成门把看看。”

20年后，父亲死了，杰尔独自经营铜器店。他做过铜鼓、瑞士钟表的簧片、奥运会的奖牌。他曾把一磅铜卖到3 500美元，那时他已是麦考尔公司的董事长。

然而，真正使杰尔扬名的是纽约州的一堆垃圾。

纽约州政府为清理为自由女神像翻新扔下的废料，向社会广泛招标。但好几个月过去了，没人应标。正在法国旅行的杰尔听说后，立即飞往纽约，看过自由女神像下堆积如山的铜块、螺丝和木料，未提任何条件，当即就签了字。

纽约许多运输公司对他的这一愚蠢举动暗自发笑。因为在纽约州，垃圾处理有严格规定，弄不好会受到环保组织的起诉。就在一些人要看这个德克萨斯人的笑话时，杰尔开始组织工人对废料进行分类。他让人把废铜熔化，铸成小自由女神像；他把木头等加工成底座；废铅、废铝做成纽约广场的钥匙。最后，杰尔甚至把从自由女神身上扫下的灰尘都包装起来，出售给花店。不到3个月的时间，他让这堆废料变成了350万美元现金，每磅铜的价格整整翻了1万倍。

杰尔认为在商业化社会里，是没有等式可言的。当你抱怨生意难做时，也许有人正因点钞票而累得气喘吁吁。这里面的差别可能就在于：你认为1加1应该等于2，而他认为1加1永远大于2。

大启迪：人们对事物的看法不同，便会有不同的结果。生活中有些人赚大钱，有些人赚小钱，还有人赔钱。其实大家的能力都差不多，只不过有的人做事根本没有用大脑。上帝给人类大脑，就是让我们思考。人类一思考，上帝才会笑；人类不思考，上帝是根本笑不起来的。

178. 美国人日本人的谈判

谈判是一门高超的艺术，会谈判的人就会享受谈判带来的乐趣。

——卡特·迪福

有一次，一位美国商人前往日本谈判，他带了一大堆分析日本人精神及心理的书上路了。

飞机在东京着陆，他马上受到两位专程前来的日本职员彬彬有礼的接待。他们替他办好一切手续，把他送上一辆豪华的轿车，让他一个人坐在宽大的后座。美国人问："为什么不一起坐？"

"您是重要人物，我们不应妨碍您休息。"日本人毕恭毕敬地回答。

"先生，您会说日语吗？"日本人问。

"哦，不会，但我带了本字典，希望学学。"

"您是否非得准时乘机回国？我们可以安排车送您到机场。"

"真周到！"美国人乐了，把回程机票掏出来让他们看——哦，准备逗留14天。

现在，日本人已知对方的期限，而美国人还懵然不知日本人的底细。

日本人安排来客花一个多星期游览，从皇宫到神社都看遍了，甚至还安排他参加了一个用英语讲解"禅机"的短训班，据说这样可让美国人更好地了解宗教风俗。

每天晚上，日本人让美国人跪在硬地板上，接受他们殷勤好客的晚宴款待。往往一跪就是4个半小时,这让他厌烦透顶却又不得不声声称谢。但只要提出谈判,他们就宽慰说“时间还多，不忙，不忙……”

第12天，谈判终于开始了，然而下午却安排了高尔夫球。

第13天，谈判再度开始，但为了出席盛大欢送宴会，谈判又提早结束。晚上，美国人急了。

第14天早上，谈判重新开始，当谈到紧要关头时，轿车开来了，往机场去的时间到了。这时，主人和客人只得在汽车开往机场途中商谈关键的条件，就在到达机场前，交易谈成了。

谈判的胜负如何？据这位美国财团的头头说：“这次交易是日本人自偷袭珍珠港后的又一次大胜利！”

大启迪：成功的心理战术一般都是很具体并且很微妙的，它不是来自书本，也不是来自约定俗成的东西，而且在知觉中被运用起来的智慧和策略，是最贴近对方心理又最能打败对方的手段，要对付它，最好还是先认清自己的目标，再弄懂对方的意图，才能避之而非趋之。

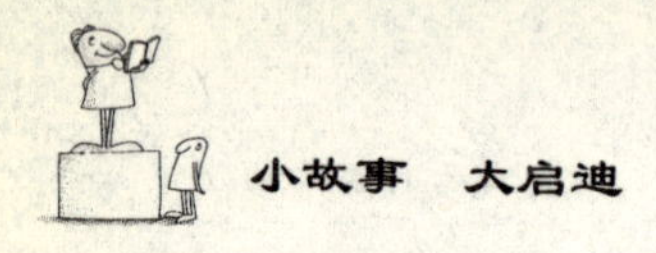

179. 利用思考的价值

缺乏想象力不仅是一个人的愚昧，更是一个民族的悲哀，因为没有创造力的民族是一个没有希望的民族。

——邓肯

两个美国青年一同开山，汤姆把石块砸成石子运到路边，卖给建房的人；杰克直接把石块运到码头，卖给加州的花鸟商人。因为这儿的石头总是奇形怪状，他认为卖重量不如卖造型。

3年后，杰克成为小镇上第一个买上汽车的人。

后来，不许开山，只许种树，于是这儿成了果园。每到秋天，漫山遍野的鸭梨招徕八方客商，他们把堆积如山的梨成筐成筐地运往纽约和华盛顿，然后再发往欧洲和日本。因为这儿的梨，汁浓肉脆，纯正无比。

就在小镇上的人为鸭梨带来的小康日子欢呼雀跃时，曾卖过石头的果农杰克卖掉果树，开始种柳树。因为他发现，来这儿的客商不愁挑不到好的梨子，只愁买不到盛梨子的筐。

5年后，他成为镇里第一个购买自己别墅的人。

再后来，一条铁路从这儿贯穿南北，这儿的人上车后，可以北到纽约，南抵佛罗里达。小镇对外开放，果农也由单一的卖果品开始转为果品加工及市场开发。就在一些人开始集资办厂的时候，杰克在他的地头砌了一垛3米高、百米长的墙。这垛墙面向铁路，背依翠柳，

两旁是一望无际的万亩梨园。坐车经过这儿的人，在欣赏盛开的梨花时，会突然看到四个大字：可口可乐。据说这是500里山川中惟一的一个广告。

那垛墙的主人杰克就凭这垛墙，第一个走出了小镇，因为他每年有4万美元的额外收入。

英国壳牌石油公司美洲区代表威尔逊来美国考察，当他坐火车路过这个小镇时，听到这个故事，他被杰克罕见的商业头脑所震惊，当即决定下车寻找杰克。

当威尔逊找到杰克的时候，杰克正在自己的店门口与对门的店主吵架，因为他店里的一套西装标价800美元的时候，同样的西装对门标价750美元，他标价750美元的时候，对门就标价700美元，一月下来，他仅批发出8套西装，而对门却批发出800套。

威尔逊看到这种情形，非常失望，以为被讲故事的人欺骗了。但后来，当他弄清真相之后，立即决定以百万美元的年薪聘请他，因为对门的那个店也是杰克的。

大启迪：只有依靠我们的想象力才能创造奇迹。其实物质和知识的贫穷并不可怕，可怕的是想象力和创造力的贫穷。必须有与众不同的想法，才能有与众不同的收获。生活总是奖励那些善于创造、善于动脑、善于发现的人。

180. 敢破才能立

只有敢于打破常规，才能取得非凡的业绩，.创造出惊人的奇迹。

——摩根索

在阿妮塔·罗迪克开始开办形体商店，专门销售爱丽塔公司纯天然化妆品的时候，阿妮塔就决定打破以前的经营原则和经商理论的条条框框，而且直到今天，她还在打破这些原则。当然，违反常规是有后果的。对于阿妮塔来说，这种“后果”就是：现在形体商店在全世界有1 500多家分店，总资产价值超过了5亿美元，并对化妆品生产业的主要竞争者，在产品和市场销售方面发挥着影响。这些还只是阿妮塔在这个商业大竞技场中得到的结果。形体商店还成为社会环境意识和变化的非常有效的载体，这正是阿妮塔最为重视的结果。

从1976年开始，阿妮塔就首先想到要开办一家专卖纯天然化妆品的商店，她用一种最不像商业人士的方法进行思考。当时多数企业家都希望创建有发展潜力的公司，梦想在某一天能使他们非常富有。而阿妮塔仅仅是在寻找一个能够养活她和她的两个孩子的途径，她不得不靠自己，因为她的丈夫，也是一个非常自行其是的人，已经离开她和孩子，骑着马从阿根廷到纽约进行两年的冒险去了。

她面临的第一个挑战就是，找到一家愿意生产她设计的化妆品的生产商。她接触的所有生产商都没听说过霍霍巴油或芦荟胶冻，因为

他们都只想到可可油与巧克力有联系。尽管当时她并没有意识到这一点，但阿妮塔还是发现了一个将要迅猛发展的市场：年轻的女性消费者们愿意有一种化妆品，有能力的生产商没有这样的远见，阿妮塔就找到了一个草药医生按她的要求工作，她开始尝试着对这个市场的开发。

由于阿妮塔不是典型性的企业家，所以，她没有看到在几乎毫无资金的情况下开办公司有何不妥。为了节省钱，她亲自将生产的化妆品装在廉价的塑料瓶里，并鼓励她的顾客将这个塑料瓶带回来重新灌装。阿妮塔没钱支付商标的印刷费用，她就和她的朋友们自己动手印刷每个商标。但是，正是这种临时准备的包装使他的产品与她的化妆品一样看起来自然、朴实。

阿妮塔在英国的布赖顿码头（英国南部海岸避暑胜地）开办了第一家形体商店。她的商店一开张，附近的经营者们就开始打赌估计她的商店能开多久，但比这更糟糕的还有当地的一家丧葬店坚持要她改换店名，他们抱怨说没有人会雇用一个在名叫“形体商店”附近的葬礼主持人的。阿妮塔坚守立场并保持住了店名。开业后，阿妮塔的生意出奇地好，她的成功就是在她这种精神的指导下获得的。

大启迪：成功者与失败者之间的差异，不在于他的境遇，而在于他选择从什么角度去看自己，从那些方面去着手行动。有一个独特的角度并且始终不渝地坚守，最终会迎来那令人惊心动魄的成功。

181. 提炼机遇

凡事漠不关心的人，不会有奇迹发生。只有那些善于发现的人，才会找到人生的宝藏。

——阿密艾尔

纽约的基姆·瑞德先生原先从事过沉船寻宝工作，在遭遇那只高尔夫球前，他的日子过得很平凡。

一天，他偶然看到一只高尔夫球因为打球者动作的失误而掉进湖水中，霎时，他仿佛看到一个机会。他穿戴好潜水工具，跳进了朗伍德“洛岭”高尔夫球场的湖中。在湖底，他惊讶地看到白茫茫的一片，足足散落堆积了成千上万只高尔夫球。这些球大部分都跟新的没什么差别。球场经理知道后，答应以10美分一只的价钱收购。他这一天捞了2 000多只，得到的钱相当于他一周的薪水。干到后来，他每天把球捞出湖面，带回家让雇工洗净、重新喷漆，然后包装，按新球价格的一半出售。

后来，其他的潜水员闻风而动，从事这项工作的潜水员多了起来，瑞德干脆从他们手中收购这些旧球，每只8美分。每天都有8到10万只这样的旧高尔夫球送到他设在奥兰多的公司，现在，他的总收入已达800多万美元。对于掉入湖中的高尔夫球，别人看到的是失败和沮丧，而瑞德说：“我主要是从别人的失误中获得机遇的。”

大启迪：如果有人错过了机会，多半不是机会没有到来，而是等待机会者没有看到机会到来，而且机会来到时，没有伸手抓住它。

182. 保险业巨子成功路

只要我们付出自己的努力，我们就能够做到我们想做的事，实现想要达到的目标。

——吉普林

克里蒙·斯通，美国最有钱人之一，是美国联合保险公司的董事长。

斯通生于1902年，童年时家在芝加哥南区，他曾卖过报纸。斯通卖报时，有家餐馆把他赶出来好几次，他还是一再地溜进去。那些客人见他这种非凡的勇气，终于劝阻餐馆的人不要再踢他出去。尽管他的屁股被踢得很疼，口袋里却装满了钱。这事不免令他深思："哪一点我做对了呢？""哪一点我做错了呢？下次我该怎样处理同样的情形呢？"他一生中都在这样地问自己。

斯通很小的时候父亲就去世了，他由母亲扶养长大。他母亲对他个性的形成有着很深的影响。

斯通的母亲替人缝衣服，干了好几年，存了一点钱。当斯通还是十几岁的时候，她就把钱投到底特律的一家小保险经纪社。这个保险

经纪社，替底特律的美国伤损保险公司推销意外保险和健康保险。每推出一笔保险，它就收到一笔佣金——它唯一的收入。它仅有的财产是一间租来的、积满灰尘的小办公室。推销员只有一个人，那就是斯通的母亲。她每一天一点成绩也没有。然后，她来到底特律最大的银行，一位高级职员买了保险，又准许她在大楼里自由走动，结果那天总共有44个人向她买了保险。这个经纪社发展起来了。

斯通16岁念中学时的那个夏天，也试着出去推销保险。他的母亲指导他去一栋大楼，从头到尾向他交代了一遍。但是他犯怵了。这时，当年卖报纸的情景又重现在他眼前。于是他站在那栋大楼外的人行道上，一面发抖，一面默默念着自己信奉的座右铭："如果你做了，没有损失，还可能有大收获，那就下手去做。马上就做！"

于是他做了。他像当年卖报纸被踢出餐馆那样壮着胆子走进大楼。但他没有被踢出来。每一间办公室，他都去了。那天，只有两个人向他买了保险。从数量上来说，他是失败的，但在了解自己和推销术方面，他的收获是不小的。回家的时候，斯通赚了几元佣金，而且他还想出了克服恐惧的技巧。

第二天，他卖出了4份保险。

第三天，6份。他的事业开始了。

那个假期及后来放假的日子里，他继续替母亲推销健康保险和意外保险。他居然创造了一天10份的好成绩，后来一天15份，20份。他分析自己：为什么成功了？他终于发觉，因为他有了"积极的人生观"。

大启迪：人需要对困难消除一种暂时的观念，相信一切是可以改变的。贫穷并不会永远伴随你左右，只要你想改变它，你总有一天会改变它。

183. 贫富的细小差别

只有眼光既远又广的人才能在人生路上扬眉吐气。

——里厄

爱若和布若差不多同时受雇于一家超级市场，开始时大家都一样，从最底层干起。可不久爱若受到总经理青睐，一再被提升，从领班直到部门经理。布若却像被人遗忘了一般，还在最底层混。终于有一天布若忍无可忍，向总经理提出辞呈，并痛斥总经理狗眼看人低，辛勤工作的人不提拔，倒提升那些吹牛拍马的人。

总经理耐心地听着，他了解这个小伙子，工作肯吃苦，但总是觉得他缺少了点什么，缺什么呢？三言两语说不清楚，说清楚了他也不服，看来……他忽然有了个主意。

"布若先生，"总经理说，"您马上到集市上去，看看今天有什么卖的。"

布若很快从集市回来说，刚才集市上只有一个农民拉了一车土豆卖。

"一车大约有多少袋，多少斤？"总经理问。

布若又跑去，回来说有10袋，100公斤左右。

"价格多少？"布若再次跑到集上。

总经理望着跑得气喘吁吁的他说："请休息一会吧，你可以看看爱若是怎么做的。"说完叫来爱若对他说："爱若先生，你马上到集市上去，看看今天有什么卖的。”

爱若很快从集市回来了，汇报说到现在为止只有一个农民在卖土豆，有10袋，价格适中，质量很好，他带回几个让经理看，这个农民过一会儿还会弄几筐西红柿上市，据他看价格还公道，可以进一些货。这种价格的西红柿总经理可能会要，所以他不仅带回了几个西红柿作样品，而且把那个农民也带来了，他现在正在外面等回话呢。

总经理看一眼红了脸的布若，说：“现在你明白为什么爱若受到提拔了吧？”

大启迪：人与人的差别是很明显的，只不过有的人只看到自己的优点，而看不到自己的缺点。只有那些聪明人才会对自己有一个全面认识，并且学会扬长避短。

184. 琼斯的法宝

一个人如果是个积极思考者，实行积极思维，喜欢接受挑战和应付麻烦事，那他就成功了一半。

——劳埃尔

当琼斯身体很健康时，他工作十分努力。他是个农夫，在美国威斯康辛州经营一个小农场。他对自己的生活感到很满意，日子就这样年复一年地过着，直到突然间发生了一件事！晚年的琼斯患了全身麻

痹症，卧床不起，几乎失去了生活能力，可他却没有怨天尤人。是的，他的身体是麻痹了，但是他的心理并未受到影响。他能思考，他确实在思考，并做出了计划。有一天，正当他致力于思考和计划时，他认识了那个最重要的活人（自己）和他的法宝（积极的心态），他做出了重大的决定。

琼斯积极的心态使他满怀希望，乐观向上，他把他的计划讲给家人听。

“我再不能用我的手劳动了，”他说，“所以我决定用我的心从事劳动，如果你们愿意的话，你们每个人都可以代替我的手、脚和身体。让我们把农场的每一亩可耕地都种上玉米。然后我们就养猪，用所收的玉米喂猪。在猪还幼小肉嫩时，我们就把它宰掉，做成香肠，然后把它包装起来，用一种牌号出售。我们可以在全国各地的零售店出售这种香肠。”他低声轻笑，接着说道：“这种香肠将像热糕点一样出售。”

这种香肠确实像热糕点一样出售了！几年后，“琼斯仔猪香肠”走进千家万户，成为都市最能引起人们胃口的一种食品。

琼斯在有生之年看到自己成为百万富翁，但他还取得了比财富更大的成就，那就是找到了“积极的心态”这个法宝。因此，他克服了生理上的重重障碍，成为有用的人。

大启迪：成功者是积极主动的，失败者则是消极被动的。成功者常挂在嘴边的一句话是：有什么我能帮忙的吗？而失败者的口头禅则是：那不干我的事。培养积极思维的原则为：言行像你希望成为的人那样；要心怀积极、必胜的想法；用美好的感觉、信心与目标去影响别人。

185. 智商的意义

这个世界上没有绝对的智者，一个聪明的人并不是指他事事都比别人高明，而仅是指在某一方面的天赋。

——塞涅卡

艾萨克在部队服役时，曾参加过一种全体士兵都参加的智力测验，他获得了160分的高分。要知道，部队中从没出现过这么高的分数，而且标准值也才是100分，于是艾萨克理所当然地被称为天才。众口一词的称赞并没有改变艾萨克的境遇，第二天，艾萨克仍是一名列兵，最高职务也不过是担任伙食值勤员，但那种感觉却是相当美妙的。

以后，艾萨克一生中一直得这样的高分，所以艾萨克有充足的理由相信自己非常聪明，同时希望别人也这样看他。然而，实际上的问题是：智商高又意味着什么呢？也许仅仅表明他很善于做智力测验题，而出题者很可能是智力类型和爱好都跟他类似的人。他们编制的学究式的题目就真的能衡量人的智力水平吗？

举个例子吧。艾萨克过去有位汽车修理师，他不大可能在智商测验中得到超过80分的成绩。所以艾萨克总是想当然地认为自己比他聪明得多。然而，每当艾萨克的汽车出了毛病，艾萨克总得急急忙忙地去找他，焦急地注视着他检查汽车的相应部位，对他的分析如聆神谕般洗耳恭听——而他总是能把艾萨克的汽车修好。

那么，如果让这位修理师来主持智商测验，或者让一位木匠、一

个农夫，再不就是除了学究以外任何一个人来设计题目，结果都会表明艾萨克是一个笨蛋，而且艾萨克也真的会是一个笨蛋。如果不让艾萨克使用从学院里学习来的语言技巧，如果艾萨克不得不用双手去做一些复杂而艰苦的工作……艾萨克干得肯定很差劲。

再来谈谈艾萨克的汽车修理师吧。他有个习惯，每次见到艾萨克都爱说些笑话。有一次，他从引擎盖下抬起头来说：

“博士，有一个又聋又哑的人来到一家五金店买钉子，他把两个手指头并拢放在柜台上，用另一只手做了几次锤击动作，店员给他拿来一把锤子。他摇摇头，指了指正在敲击的那两个手指头，店员便给他拿来了钉子，他选出合适的就走了。那么，博士，听好了，接着进来了一个瞎子，他要买剪刀，你猜他是怎样表示的呢？”

艾萨克举起右手，用食指和中指做了几次剪刀动作。修理师一看，开心地哈哈大笑起来，“啊！你这个笨蛋。他当然是用嘴巴说要买剪刀呀。”接着他又颇为得意地说：“今天我用这个问题把所有的主顾都考了一下。”

“上当的人多吗？”艾萨克急着问。

“不少。”他说，“但我事先就断定你一定会上当。”

“那为什么？”艾萨克不无诧异地问。

“因为你受的教育太多了，博士，从这一点上就可以知道你不会太聪明的。”

艾萨克有一种非常不安的感觉：他的话确实有道理。

大启迪：其实，一个人的智商并不是绝对的，它的价值由社会给予我们的生活环境所决定。智商测验在很大程度上是用一个并非公正的标准，对我们进行的不公正测试。所以，千万不要相信那些测试，而要相信我们自己的能力。

186. 精打细算的美德

节俭是商业成功的必要条件，商人一定要严格要求自己不浪费，要先赚钱，再考虑花钱。

——盖蒂

19世纪石油巨头成千上万，最后只有洛克菲勒独领风骚，其成功绝非偶然。有关专家在分析他的致富之道时发现，精打细算是他取得成就的主要原因。

洛克菲勒踏入社会后的第一个工作，就是在一家名为休威·泰德的公司当簿记员，这为他以后的生涯打下了良好的基础。由于他在该公司的勤恳、认真、严谨，不仅把本职工作做得井井有条，还几次在送交商行的单据上查出了错漏之处，为公司节省了数笔可观的支出，因此深得老板的赏识。

后来，洛克菲勒在自己的公司中，更是注重成本的节约，提炼加工原油的成本也要计算到第3位小数点。为此，他每天早上一上班，就要求公司各部门将一份有关净值的报表送上来。经过多年的商业洗礼，洛克菲勒能够准确地查阅报上来的成本开支、销售以及损益等各项数字，并能从中发现问题，以此来考核每个部门的工作。1879年，他质问一个炼油厂的经理："为什么你们提炼一加仑原油要花1分8厘2毫，而东部的一个炼油厂干同样的工作只要9厘1毫？"就连价值极微的油桶塞子他也不放过，他曾写过这样的信："上个月你厂汇报手头有1

119个塞子，本月初送去你厂10 000个，本月你厂使用9 527个，而现在报告剩余912个，那么其他的680个塞子哪里去了？”

洞察入微，刨根究底，不容你打半个马虎眼。正如后人对他的评价，洛克菲勒是统计分析、成本会计和单位计价的一名先驱，是今天大企业的“一块拱顶石”。

大启迪：在商人、企业家中，不少人对这种精打细算的节俭作风不以为然，还认为太迂腐，太苛刻。有些人，事业发展了，便逐渐丢掉了经商的根本，仅把挥霍金钱作为生活的目的。

187. 聪明的商人

真正的智慧是发生在出人意料之处，有许多惊人之举隐含着巨大的智慧。

——培根

从前，有位名叫狄利斯的商人和他长大成人的儿子一起出海远行。他们随身带上了满满一箱子珠宝，准备在旅途中卖掉，但是没有向任何人透露过这一秘密。

一天，狄利斯偶然听到水手们在交头接耳。原来，他们已经发现了珠宝，并且正在策划着谋害他们父子俩，以掠夺这些珠宝。

狄利斯听了之后吓得要命，他在自己的小屋内踱来踱去，试图想出个摆脱困境的办法。儿子问他出了什么事情，狄利斯于是把听到的全部告诉了他。

“同他们拼了！”年轻人断然道。

“不，”狄利斯回答说，“他们会制服我们的！”

“那把珠宝交给他们？”

“也不行，他们还会杀人灭口的。”

过了一会，狄利斯怒气冲冲地冲上了甲板，“你这个笨蛋儿子！”他叫喊道，“你从来不听我的忠告！”

“老头子！”儿子叫喊着回答，“你说不出一句值得我听进去的话！”

当父子俩开始互相谩骂的时候，水手们好奇地聚集到周围。老人然后冲向他的小屋，拖出了他的珠宝箱。

“忘恩负义的家伙！”狄利斯尖叫道，“我宁肯死于贫困也不会让你继承我的财富！”

说完这些话，他打开了珠宝箱，水手们看到这么多的珠宝时都倒吸了口凉气。狄利斯又冲向栏杆，在别人阻拦他之前将他的宝物全都投入了大海。

过了一会儿，父子俩都目不转睛地注视着那只空箱子，然后两人躺倒在一起，为他们所干的事而哭泣不止。后来，当他们单独一起呆在小屋里时，父亲说：“我们只能这样做，孩子，再也没有其他的办法可以救我们的命！”

“是的，”儿子答道，“您这个法子是最好的了。”

轮船驶进了码头后，狄利斯同他的儿子匆匆忙忙地赶到了城市的地方法官那里。他们指控了水手们的海盗行为和犯了企图谋杀罪，法官逮捕了那些水手。法官问水手们是否看到老人把他的珠宝投入了大海，水手们都一致说看到过。法官于是判决他们都有罪。

法官说道：“什么人会弃掉他一生的积蓄而不顾呢，只有当他面临生命的危险时才会这样去做吧？”水手们只得赔偿了狄利斯的珠宝，法官因此饶了他们的性命。

大启迪：久经商场磨炼的商人的见识确实高人一等，这种绝处求生的应变智慧使他们既保住了性命，又使钱财失而复得。

188. 千年智慧的结晶

任何人的成功都源自他们的艰苦奋斗，没有一项荣誉是可以不付出一滴汗水而轻易得到的。

——叔本华

数百年前，英国一位聪明的老国王召集了所有聪明的大臣，交待了一个任务："我要你们编一本《各时代的智慧录》，好流传到后世。"

这些聪明的大臣离开老国王以后，工作了很长一段时间，最后完成了一本十二卷的巨作。老国王看了后说："各位大臣，我确信这是各时代的智慧结晶。然而，它太厚了，我怕人们不会去读完它。把它浓缩一下吧！"

这些聪明的大臣又经过长期的努力工作，几经删减之后，完成了一卷书。然而，老国王还是认为太长了，又命令他们继续浓缩。

这些聪明的大臣于是把这本书浓缩成了一句话。老国王看到这句话时，显得很得意，说："各位大臣，这真是各时代的智慧结晶，并且各地的人一旦知道这个真理，我们所担心的大部分问题就可以解决了。”

这句话是：“天下没有免费的午餐。”

美国的雷纳·川伽的例子，可以说是这句话的很好例证。

1828年，川伽先生继承了一笔价值10万美元的产业。到了1838年，他却宣告破产。

川伽先生自己剖析了破产的原因：“我的父亲不但事业成功，而且为人慷慨。在我高中的时候，我只要有用钱的地方，他就允许我随时用银行的帐号开支票；到了我上大学的时候，我更是精于此道了。我完全不知道钱的价值，更不知道要用什么方法去赚取，我只知道如何用父亲的帐号去签写支票。”

幸运的是，川伽先生破产后，及时地调整了自己，全力以赴地投入到工作之中，将失去的产业，都赚了回来。但更重要的是，他把这些宝贵的经验都传给了两个儿子。努力使儿子们明白：凡事均要靠自己的努力，这才是最根本的生存之道。即使有可观的遗产，也不可过多指望！这比单独只给他们财富要有意义多了。

大启迪：这句千锤百炼的话指出，即使是要满足自身生存的最基本需要，也需要自己去做。纵使你的父母能为你提供丰厚的物质基础，也需要自己去做。不然，势必坐吃山空。生活中那些看似免费或费用很低的午餐、馅饼，很可能让你付出别的代价：自信心、勇气、创造力以及更多的奋斗中才能锻炼出的能力。要牢记天底下永远不可能有免费的午餐，做任何事都要付出一定的代价。

189. 蕴藏在小事中的智慧

一个能思考的人，才算是一个力量无边的人；我们要善于运用我们的智慧，为生活开辟道路。

——巴尔扎克

哥伦布是世界上最伟大的航海家之一，为了横越大西洋他筹划了十八年。其间，他受尽别人的嘲笑和奚落，被认为是愚蠢的梦想家，几乎没有人相信他能横越大西洋并且能有激动人心的新发现。

经过无数次辩论和游说，他的真诚和信念最后感动了西班牙国王和王后，他们给了哥伦布远航的船只。哥伦布成功地渡过了大西洋，并发现了美洲大陆。当哥伦布回到西班牙时，他发现新大陆的消息不胫而走，举国上下一片欢腾，人们对他充满了崇敬之情，国王和王后也在宫廷里宴请他，并异常兴奋地听哥伦布讲述他的航海过程中遇到的奇闻轶事。

哥伦布的成功和荣耀引起了很多人的妒忌。“这位哥伦布是何方神圣？他做了什么了不起的事情？”他们说，“他不就是一个贫穷而喜欢做白日梦的意大利舵手吗？别的航船者谁不能像他一样横渡大西洋呢？”

一位西班牙贵族为了向哥伦布表示钦佩之情，就在家中宴请哥伦布。席间有几位狂妄自大的陪客，他们对哥伦布颇有点不屑之意。

“你在大洋彼岸偶然发现了几块陆地，这有什么了不起的呢？”他